材料科学与工程实验系列教材

无机胶凝材料与耐火材料实验教程

主　编　杨力远　南雪丽
副主编　毋雪梅　张佩聪

哈尔滨工业大学出版社
北京大学出版社
国防工业出版社
冶金工业出版社

内 容 提 要

本书选编了包括石灰与石膏、水泥、混凝土与制品、耐火材料共四章78个工艺实验。实验分类为基础型实验、应用型实验和综合(创新)型实验,着重介绍了相关无机非金属材料的工艺制备、性能检测和科研创新过程中重要参数的测定方法与研究路线等内容。

本书可作为高等学校无机非金属材料专业的教材和教学参考书,也可供从事与无机非金属材料有关的科研、生产、检验等各类工程技术人员参考。

图书在版编目(CIP)数据

无机胶凝材料与耐火材料实验教程/杨力远,南雪丽主编. —哈尔滨:哈尔滨工业大学出版社,2012.4
ISBN 978-7-5603-3515-5

Ⅰ.①无… Ⅱ.①杨… ②南… Ⅲ.①无机材料:胶凝材料-教材②无机材料:耐火材料-教材 Ⅳ.①TQ177②TQ175

中国版本图书馆 CIP 数据核字(2012)第 044498 号

责任编辑 范业婷
出版发行 哈尔滨工业大学出版社
社 址 哈尔滨市南岗区复华四道街 10 号 邮编150006
传 真 0451 - 86414749
网 址 http://hitpress. hit. edu. cn
印 刷 哈尔滨工业大学印刷厂
开 本 787mm×1092mm 1/16 印张 19 字数 430 千字
版 次 2012 年 4 月第 1 版 2012 年 4 月第 1 次印刷
书 号 ISBN 978-7-5603-3515-5
定 价 38.00 元

(如因印装质量问题影响阅读,我社负责调换)

《材料科学与工程实验系列教材》总编委会

总主编　崔占全　潘清林　赵长生　谢峻林
总主审　王明智　翟玉春　肖纪美

《材料科学与工程实验系列教材》编写委员会成员单位

（按拼音顺序排序）

北方民族大学	北华航天工业大学	北京科技大学
成都理工大学	大连交通大学	大连理工大学
东北大学	东北大学秦皇岛分校	哈尔滨工业大学
河南工业大学	河南科技大学	河南理工大学
佳木斯大学	江苏科技大学	九江学院
兰州理工大学	南昌大学	南昌航空大学
清华大学	山东大学	陕西理工大学
沈阳工业大学	沈阳化工大学	沈阳理工大学
四川大学	太原科技大学	太原理工大学
天津大学	武汉理工大学	西南石油大学
燕山大学	郑州大学	中国石油大学(华东)
中南大学		

《材料科学与工程实验系列教材》出版委员会

哈尔滨工业大学出版社　黄菊英　杨　桦
　　　　　　　　　　　张秀华　许雅莹
北 京 大 学 出 版 社　杨立范　林章波　童君鑫
国 防 工 业 出 版 社　邢海鹰　辛俊颖
冶 金 工 业 出 版 社　曹胜利　张　卫　刘晓峰

序 言

近年来,我国高等教育取得了历史性突破,实现了跨越式的发展,高等教育由精英教育变为大众化教育。以国家需求与社会发展为导向、走多样化人才培养之路是今后高等教育教学改革的一项重要内容。

作为高等教育教学内容之一的实验教学,是培养学生动手能力、分析问题及解决问题能力的基础,是学生理论联系实际的纽带和桥梁,是高等学校培养创新开拓型和实践应用型人才的重要课堂。因此,实验教学及国家级实验示范中心建设在高等学校建设中至关重要,在高等学校人才培养计划中亦占有极其重要的地位。但长期以来,实验教学存在着以下弊病:

1. 在高等学校的教学中,存在重理论轻实践的现象,实验教学长期处于从属理论教学的地位,大多没有单独设课,忽视对学生能力的培养。

2. 实验教师队伍建设落后,师资力量匮乏,部分实验教师由于种种原因而进入实验室,且实验教师知识更新不够。

3. 实验教学学时有限,且在教学计划中实验教学缺乏系统性,为了理论教学任务往往挤压实验教学课时,实验教学没有被置于适当的位置。

4. 实验内容单调,局限在验证理论;实验方法呆板、落后,学生按照详细的实验指导书机械地模仿和操作,缺乏思考、分析和设计过程,被动地重复几年不变的书本上的内容,整个实验过程是教师抱着学生走;设备缺乏且陈旧,组数少,大大降低了实验效果。

5. 实验室开放程度不够,实验室的高精尖设备学生根本没有机会操作,更谈不上学生亲自动手及培养其分析问题与解决问题的能力。

"百年大计,教育为本;教育大计,教师为本;教师大计,教学为本;教学大计,教材为本。"有了好的教材,就有章可循,有规可依,有鉴可借,有路可走。师资、设备、资料(首先是教材)是高等学校的三大教学基本建设。

为了落实教育部"质量工程"及"卓越工程师"计划,建设好材料类特色专业与国家级实验示范中心,促进"十二五"期间我国材料科学与工程专业实验教学的建设,为我国培养出更多符合建设"创新型国家"需求的合格毕业生,国内涉及材料科学与工程专业实验教学的40余所高校及四家出版社100多名专家、学者,于2011年1月成立了"材料科学与工程实验教学研究会"。"研究会"针对目前国内材料类实验教学的现状,以提升材料实验教学能力和传输新鲜理念为宗旨,团结全国高校从事材料科学与工程类实验教学的教师,共同研究提高我国材料科学与工程类实验教学的思路、方法,总结教学经验;目标是,精心打造出一批形式新颖、内容权威、适合时代发展的材料科学与工程系列实验教材,并经过几年的努力,成为优秀的精品教材。为此,成立"实验系列教材编审委员会",并组成以国内有关专家、院士为首的高水平"实验系列教材总编审指导委员会",其任务是策划教材选题,审查把关教材总体编写质量等;还组成了以教学第一线骨干教师为首的"实验系列教材编写委员会",其任务是,提出、审查编写大纲,编写、修改、初审教材等。此外,哈尔滨工业大学出版社、北京大学出版社、国防工业出版社、冶金工业出版社组成了"实验系列教材出版委员会",协调、承担本实验教材的出版与发行事宜等。

为确保教材品位、体现材料科学与工程实验教材的国家级水平,"编委会"特意对培养目标、编写大纲、书目名称、主干内容等进行了研讨。本系列实验教材的编写,注意突出以下特色:

1. 实验教材的编写与教育部专业设置、专业定位、培养模式、培养计划、各学校实际情况联系在一起;坚持加强基础、拓宽专业面、更新实验教材内容的基本原则。

2. 实验教材的编写紧跟世界各高校教材编写的改革思路,注重突出人才素质、创新意识、创造能力、工程意识的培养,注重动手能力、分析问题及解决问题能力的培养。

3. 实验教材的编写与专业人才的社会需求联系在一起,做到宽窄并举;教材编写充分听取用人单位专业人士的意见。

4. 实验教材的编写突出专业特色,内容深浅度适中,以编写质量为实验教材的生命线。

5. 实验教材的编写注重处理好该实验课与基础课之间的关系,处理好该实验课与其他专业课之间的关系。

6. 实验教材的编写注意教材体系的科学性、理论性、系统性、实用性,不但要编写基本的、成熟的、有用的基础内容,同时也要将相关的未知问题体现在教材中,只有这样才能真正培养学生的创新意识。

7. 实验教材的编写要体现教学规律及教学法,真正编写出教师及学生都感觉得心应手的教材。

8. 实验教材的编写要注意与专业教材、学习指导、课堂讨论及习题集等的成龙配套,力争打造立体化教材。

本材料科学与工程实验系列教材,从教学类型上可分为:基础入门型实验,设计研究型实验,综合型实践实验,软件模拟型实验,创新开拓型实验。在教材题目上,包括材料科学基础实验教程,材料科学与工程实验教程(金属材料分册),材料科学与工程实验教程(高分子分册),材料科学与工程实验教程(焊接分册),材料成型与控制实验教程(塑性成形分册),材料成型与控制实验教程(液态成形分册),超硬材料及制品专业实验教程,腐蚀科学与工程实验教程,表面工程实验教程,金属学与热处理实验教程,金属材料塑性成形实验教程,工程材料实验教程,机械工程材料实验教程,材料现代分析测试实验教程,材料物理与性能实验教程,高分子材料实验教程,陶瓷材料实验教程,无机胶凝材料与耐火材料实验教程等一系列实验教材。在内容上,每个实验包含实验目的、实验原理、实验设备与材料、实验内容与步骤、实验注意事项、实验报告要求、思考题等内容。

本实验系列教材由崔占全(燕山大学)、潘清林(中南大学)、赵长生(四川大学)、谢峻林(武汉理工大学)任总主编;王明智(燕山大学)、翟玉春(东北大学)、肖纪美(北京科技大学、院士)任总主审。

经全体编审教师的共同努力，本实验系列教材将陆续出版发行，我们殷切期望本系列教材的出版能够满足国内高等学校材料科学与工程类各个专业教育改革发展的需要，并在教学实践中得以不断充实、完善、提高和发展。

本材料科学与工程实验系列教材涉及的专业及内容极其广泛。随着专业设置与教学的变化和发展，本实验系列教材的题目还会不断补充，同时也欢迎国内从事材料科学与工程专业的教师加入我们的队伍，通过实验教材编写这个平台，将本专业有特色的实验教学经验、方法等与全国材料实验工作者同仁共享，为国家复兴尽力。

由于编者水平及时间所限，书中不足之处，敬请读者批评指正。

材料科学与工程实验教学研究会
材料科学与工程实验系列教材编写委员会
2011 年 7 月

前　　言

为了适应新的面向 21 世纪的厚基础宽口径的实验教学要求,培养具有扎实的专业基础和较强的运用知识能力的材料科学专业工程技术人员,2011 年 1 月在燕山大学召开了由国内 32 所高等学校材料科学与工程专业参加的"第一届高等学校材料科学与工程实验教学研究会"。会议对无机非金属材料专业实验课程体系优化进行了探讨和研究,决定编写一套材料科学与工程实验系列教材。本书即为本套教材中的《无机胶凝材料与耐火材料实验教程》分册,由郑州大学、兰州理工大学、成都理工大学、佳木斯大学、陕西理工学院和大连交通大学的 8 位教师共同完成。

本教材在结构编排和内容编写方面进行了改革,每章开始以工程实际案例引出实验内容,注意营造活泼的教材风格,并且在每章最后一节增加了综合(创新)型实验内容。全书内容包括石灰与石膏、水泥、混凝土与制品、耐火材料四大部分共 78 个工艺实验,每个专业方向的实验内容均分为基础型实验、应用型实验和综合(创新)型实验。通过循序渐进的训练,使学生加深对本专业理论教学内容的理解,学会本专业所涉及的各种无机非金属材料生产制造过程的控制检验和产品性能的测试方法,了解和掌握本专业常用实验设备的性能及操作方法,为毕业后的实际工作打好基础。

本教材教学总时数为 80~120 学时。材料科学与工程各专业、各层次的学生可根据实际需要选择其中的部分内容或全部内容学习。本书也可作为从事与无机非金属材料有关的科研、生产等各类工程技术人员的参考书。

本书主编为郑州大学杨力远(编写第二章实验一至八、十七、十八)和兰州理工大学南雪丽(编写第一章实验一至四、九至十一),副主编为郑州大学毋雪梅(编写第三章实验一至十五、二十、二十四至二十六)和成都理工大学张佩聪(编写第四章实验三、六、八、九、十五至十八)。参加编写的还有佳木斯大学鞠成(编写第二章实验九至十六)、陕西理工学院谭宏斌(编写第一章实验五至八、十二至十六)、大连交通大学王晶(编写第三章实验十六至十九、二十一至二十三)和郑州大学王淑玲(编写第四章实验一、二、四、五、七、十、十二至十四)。

限于编者水平及时间仓促,书中难免存在疏漏之处,殷切期待使用本书的教师、学生和其他读者给予批评和指正,以便逐步修改和更新。

编　者
2011 年 6 月

目　　录

第一章　石灰与石膏工艺实验

无机胶凝材料可分为气硬性胶凝材料和水硬性胶凝材料两大类。气硬性胶凝材料只能在空气中硬化,而不能在水中硬化,如石灰、石膏等。水硬性胶凝材料既能在空气中硬化,又能在水中硬化,这类材料常统称为水泥。随着科学技术的发展,胶凝材料的种类及其应用也在不断地丰富。本章重点学习气硬性胶凝材料的代表——石灰、石膏的相关实验。

工程实例1　工程中如果不正确使用石灰砂浆常常会出现裂纹,请观察图1.1中(a)、(b)两种已经硬化的石灰砂浆产生的裂纹有何差别,分析其成因。

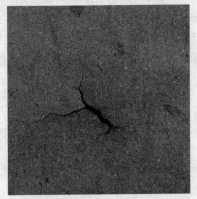　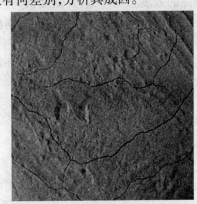

（a）石灰砂浆 A　　　　　　　　　　　（b）石灰砂浆 B

图1.1　两种石灰砂浆

分析　石灰砂浆 A 为凸出放射性裂纹,石灰砂浆 B 为网状干缩性裂纹。

制备石灰时,采用石灰石、白云石、白垩、贝壳等原料经煅烧后,得到块状的生石灰,即 $CaCO_3 \longrightarrow CaO(生石灰)+CO_2\uparrow$。在煅烧过程中,若温度过低或煅烧时间不足,使 $CaCO_3$ 不能完全分解,将会生成"欠火石灰";如果煅烧时间过长或温度过高,将生成颜色较深、块体致密的"过火石灰"。欠火石灰中含有未分解的碳酸钙内核,外部为正常煅烧的石灰,它只是降低了石灰的利用率,不会带来危害;但过火石灰结构致密,孔隙率小,体积密度大,并且晶粒粗大,表面常被熔融的黏土杂质形成的玻璃物质所包覆,与水的作用速度极慢,往往当石灰变硬后才开始熟化,产生体积膨胀,引起已变硬石灰体的隆起鼓包和开裂。为了消除过火石灰的危害,保持石灰膏表面有水(以隔绝空气,防止 $Ca(OH)_2$ 与 CO_2 发生碳化反应)的情况下,在储存池中放置至少一周以上,使其充分熟化,这一过程称为"陈伏"。

石灰砂浆 A 为凸出放射性裂纹,是由于石灰浆的陈伏时间不足,致使其中部分过火石灰在石灰砂浆制作时尚未水化,导致在硬化的石灰砂浆中继续水化成 $Ca(OH)_2$,产生体积膨胀,从而形成膨胀性裂纹。石灰砂浆 B 为网状干缩性裂纹,是因石灰砂浆在硬化过程中干燥收缩所致，尤其是水灰比过大，石灰过多，易产生此类裂纹。

工程实例2　某建筑楼在交付使用后陆续发现内外墙粉刷层发生爆裂，爆裂源为微黄色粉粒或粉料。尤其经阴雨天后，爆裂点迅速增多，破坏范围极大。经了解，粉刷过程已发现该内外墙所用的"水灰"中有一些粗颗粒。对采集的微黄色爆裂物作 X 射线衍射分析，证实除含石英、长石、CaO、$Ca(OH)_2$、$CaCO_3$ 外，还含有较多的 MgO、$Mg(OH)_2$ 以及少量白云石。

分析　该"水灰"含有相当数量的粗颗粒，相当部分为 CaO 与 MgO，这些未充分消解的 CaO 和 MgO 在潮湿的环境下缓慢水化，分别生成 $Ca(OH)_2$ 和 $Mg(OH)_2$，固相体积膨胀，尤其是 MgO 的水化速度更慢，固相体积膨胀达 148%，从而产生爆裂破坏。

工程实例3　某住宅均用普通石膏浮雕板作装饰。使用一段时间后，客厅、卧室效果相当好，但厨房、厕所、浴室的石膏制品出现发霉变形。请分析原因。

分析　石膏建筑制品存在两个很大的缺点：强度低和耐水性差。一般随着湿度的增加石膏制品的强度急剧降低，其强度损失可达 70% 甚至更大，同时蠕变性增大，易发生翘曲变形。厨房、厕所、浴室等地方一般较潮湿，易造成石膏制品强度下降、变形，且还会发霉。欲提高建筑石膏耐水性，可在建筑石膏中掺入一定量的水泥或其他含活性 SiO_2、Al_2O_3 及 CaO 的材料，如粉煤灰、石灰、高炉水淬矿渣粉等。另掺入有机防水剂亦可改善石膏制品的耐水性。

基础型实验

实验一 石灰细度的测定

【实验目的】

了解测定石灰细度的意义,掌握采用干筛法检验石灰细度的方法。

【实验原理】

采用 0.900 mm、0.125 mm 的方孔筛对石灰试样进行筛析实验,用筛上筛余物的质量百分数表示石灰样品的细度。粉体细度的测定方法有很多种,常用的有筛析法、沉降法、激光法、小孔通过法、吸附法等,其中以筛析法最为常用。筛析法有干法和湿法两种,本实验采用干筛法,即将置于筛中一定质量的待测粉体试样,借助于机械振动或手工拍打使其通过筛网,直至筛分完全后,根据筛余物的质量和试样的质量求出粉料的筛余量。

【实验设备及材料】

(1)试验筛:符合 GB 6003 规定,R_{20} 主系列 0.900 mm、0.125 mm 的标准筛一套;

(2)羊毛刷:4 号;

(3)天平:称量为 100 g,感量为 0.1 g;

(4)试样:生石灰粉或消石灰粉。

【实验内容及步骤】

(1)实验准备:实验前所用试验筛应保持清洁、干燥。

(2)准确称取试样 50 g,倒入 0.900 mm、0.125 mm 方孔套筛内。

(3)对筛内样品进行筛分。筛分时一只手握住试验筛,并用手轻轻敲打,在有规律的间隔中,水平旋转试验筛,并在固定的基座上轻敲试验筛,用羊毛刷轻轻地从筛上面刷,直至 2 min 内通过量小于 0.1 g 时为止。分别称量筛余物的质量 m_1,m_2。

(4)结果计算。筛余物质量分数按下式计算:

$$x_1 = \frac{m_1}{m} \times 100\% \tag{1}$$

$$x_2 = \frac{m_1 + m_2}{m} \times 100\% \tag{2}$$

式中　　x_1——0.900 mm 方孔筛筛余物质量分数,% ;

　　　　x_2——0.125 mm 方孔筛、0.900 mm 方孔筛,两筛上的总筛余物质量分数,% ;

　　　　m_1——0.900 mm 方孔筛筛余物质量,g;

　　　　m_2——0.125 mm 方孔筛筛余物质量,g;

　　　　m——样品质量,g。

计算结果保留小数点后 2 位。

【注意事项】

(1)干筛时,要注意使石灰样品均匀地分布在筛布上。

(2)筛子必须保持干燥、洁净,定期作检查和校正。

【思考题】

(1)在建筑工程中石灰有哪些用途?保管中应注意哪些问题?

(2)石灰的细度对石灰消化时的体积有什么影响?

实验二　石灰中二氧化硅的测定

【实验目的】

学习氟硅酸钾容量法和氯化铵重量法测定石灰中二氧化硅的基本实验原理和方法，进而了解碱熔融分解硅酸盐物料的方法及无机盐中二氧化硅的化学分析方法。

【实验原理】

1. 氟硅酸钾容量法

石灰样品经氢氧化钾熔融分解后，二氧化硅转化为可溶性硅酸盐，它在强酸介质中与过量氟化钾和氯化钾形成氟硅酸钾沉淀，反应如下：

$$SiO_3^{2-}+6F^-+6H^+ \Longrightarrow SiF_6^{2-}+3H_2O$$

$$SiF_6^{2-}+2K^+ \Longrightarrow K_2SiF_6 \downarrow$$

由于沉淀溶解度较大，沉淀时需加入过量氯化钾降低其溶解度。将生成的氟硅酸钾沉淀滤出、洗涤，中和滤纸上的残余酸后，加沸水使氟硅酸钾沉淀水解生成等当量的氢氟酸，然后以酚酞为指示剂，用氢氧化钠标准溶液进行滴定。反应如下：

$$K_2SiF_6+3H_2O（沸水）\Longrightarrow 2KF+H_2SiO_3+4HF$$

$$HF+NaOH \Longrightarrow NaF+H_2O$$

由于生成的 HF 对玻璃有腐蚀作用，因此，全套操作必须在塑料容器中进行。

2. 氯化铵重量法

石灰试样加少量无水碳酸钠置于铂坩埚内，放在高温下烧结，用盐酸分解，加固体氯化铵后，在沸水浴上加热蒸发使硅酸凝聚，过滤沉淀，经高温灼烧恒重，用氢氟酸处理后，再经高温灼烧恒重，求得二氧化硅的质量分数。

【实验设备及材料】

1. 实验设备

高温炉、铂坩埚、电炉、干燥器、分析天平（感量 0.000 1 g）、蒸发皿（150 mL）、表面皿、沸水浴、平头玻璃棒、胶头扫棒、滤纸、塑料杯、玻璃三脚架等。

2. 试剂

（1）氟硅酸钾容量法

①硝酸（浓）；

②氯化钾（固体）；

③氟化钾溶液（150 g/L）：将 15 g 氟化钾放在塑料杯中，加 50 mL 水溶解后，再加

20 mL硝酸,用水稀释至100 mL,加固体氯化钾至饱和,放置过夜,倾出上层清液,储存于塑料瓶中备用;

④氯化钾-乙醇溶液(50 g/L):将5 g氯化钾溶于50 mL水中,用95%乙醇稀至100 mL,混匀;

⑤酚酞指示剂乙醇溶液(10 g/L):将1 g酚酞溶于95%乙醇中,并稀释至100 mL;

⑥氢氧化钠标准溶液(0.05 mol/L):将10 g氢氧化钠溶于5 L水中,充分摇匀,储存于塑料桶中。

标定方法:准确称取0.300 0 g苯二甲酸氢钾置于400 mL烧杯中,加入约150 mL新煮沸的冷水(用氢氧化钠溶液中和至酚酞呈微红色),使其溶解,然后加入7~8滴酚酞指示剂乙醇溶液(10 g/L),以氢氧化钠标准溶液滴定至微红色为终点,记录所用氢氧化钠标准溶液的体积V。

氢氧化钠溶液对二氧化硅的滴定度按下式计算:

$$T_{SiO_2} = \frac{m \times 15.02 \times 1\ 000}{V \times 204.2} \tag{1}$$

式中　T_{SiO_2}——每毫升氢氧化钠标准溶液相当于二氧化硅的毫克数,mg/mL;

　　　m——苯二甲酸氢钾质量,g;

　　　V——氢氧化钠标准溶液的体积,mL;

　　　204.2——苯二甲酸氢钾的摩尔质量,g;

　　　15.02——二氧化硅的摩尔质量,g。

(2)氯化铵重量法

①氯化铵(固体);

②盐酸;

③盐酸(1+1):将浓盐酸以同体积水稀释;

④盐酸(3+97):将3体积浓盐酸以97体积水稀释;

⑤硝酸;

⑥氢氟酸;

⑦硫酸(1+4):将1体积浓硫酸,在不断搅拌下缓慢倒入4体积水中;

⑧焦硫酸钾(固体)。

【实验内容及步骤】

1.氟硅酸钾容量法分析步骤

(1)准确称取试样约0.300 0 g,放入清洁、干燥的铂坩埚中,加入4 g氢氧化钠盖上盖,并留有缝隙,于高温炉内升温至600~650 ℃熔融20 min,取出冷却。

(2)用热水将熔融物浸出,倒入塑料杯中,并洗净铂坩埚,洗液也倒入塑料杯中然后依次加15 mL硝酸及10 mL氟化钾溶液(150 g/L),冷却后加固体氯化钾,仔细搅拌至饱和并有少量氯化钾析出。

(3)于冷水中静置15~20 min,用中速滤纸过滤,塑料杯及沉淀用氯化钾溶液(50 g/L)洗3次,将滤纸连同沉淀取下,置于原塑料杯中,沿杯壁加入10 mL氯化钾-乙醇溶液(50 g/L)及 1 mL 酚酞指示剂乙醇溶液(10 g/L)。

(4)用(0.05 mol/L)氢氧化钠标准溶液中和未洗净的酸,至溶液呈微红色,然后加入200 mL 沸水(煮沸,用氢氧化钠溶液中和至酚酞呈微红色),用(0.05 mol/L)氢氧化钠标准溶液滴定至微红色,记录所用氢氧化钠标准溶液的体积 V。

(5)结果计算。二氧化硅的质量分数按下式计算:

$$x_1 = \frac{T_{SiO_2} \times V}{m \times 1\ 000} \times 100\% \tag{2}$$

式中 T_{SiO_2}——每毫升氢氧化钠标准溶液相当于二氧化硅的毫克数,mg/mL;

V——滴定时消耗氢氧化钠标准溶液的体积,mL;

m——试样质量,g。

2. 氯化铵重量法分析步骤

(1)准确称取试样约 0.500 0 g,置于铂坩埚中,加入 0.3 g 研细的无水碳酸钠,混匀,将铂坩埚放入 950~1 000 ℃高温炉内熔融 10 min,取出冷却。

(2)将熔融块倒入 150 mL 瓷蒸发皿中,加数滴水润湿,盖上表面皿从皿口滴加 5 mL盐酸(1+1)及 2~3 滴硝酸,待反应停止后,取下表面皿用平头玻璃棒压碎块状物,使试样充分分解,然后用胶头扫棒以盐酸(3+97)擦洗坩埚内壁数次,溶液合并于蒸发皿中(总体积不超过 20 mL 为宜)。

(3)将蒸发皿置于沸水浴上,蒸发皿上放一玻璃三脚架,再盖上表面皿。蒸发至糊状后,加 1 g 氯化铵,充分搅拌,然后继续在沸水浴上蒸发至近干(约 15 min)。取下蒸发皿加 20 mL 热盐酸(3+97),搅拌,使可溶性盐类溶解。以中速定量滤纸过滤,用胶头扫棒以热盐酸(3+97)擦洗玻璃棒及蒸发皿,并洗涤沉淀 10~12 次,滤液及洗液保存在 250 mL容量瓶内。

(4)在沉淀上加数滴硫酸(1+4),然后将沉淀及滤纸一并移入已恒重的铂坩埚中,先在电炉上低温烤干,再升高温度使滤纸充分灰化,再于 950~1 000 ℃的高温炉内灼烧40 min,取出坩埚,置于干燥器内冷却 10~15 min,称量,如此反复灼烧直至恒重,向坩埚内加数滴水润湿沉淀,再加 3 滴硫酸(1+4)和 5~7 mL 氢氟酸,置于水浴上缓慢加热挥发,至开始逸出三氧化硫白烟时取下坩埚,稍冷,再加 2~3 滴硫酸(1+4)和 3~5 mL 氢氟酸,继续加热挥发,至三氧化硫白烟完全逸尽。取下坩埚,放入 950~1 000 ℃高温炉内灼烧30 min,取出稍冷,放在干燥器内冷却至室温,称量。如此反复灼烧直至恒重。

(5)坩埚内残渣加入 0.5 g 焦硫酸钾,在电炉上从低温逐渐加热至完全熔融,用热水和数滴盐酸(1+1)溶出,并入分离二氧化硅后的滤液中,然后加水稀释至标线摇匀,此液可供测铁、铝、钙、镁用。

(6)结果计算。二氧化硅的质量分数按下式计算:

$$x_2 = \frac{m_1 - m_2}{m} \times 100\% \tag{3}$$

式中 m_1——未经氢氟酸处理的沉淀和坩埚的质量,g;

m_2——经氢氟酸处理后的残渣和坩埚的质量,g;

m——试样质量,g。

【注意事项】

(1)检验试样应有代表性。检验时,将试样混匀以四分法缩取 25 g,在玛瑙钵内研细,全部通过 80 μm 方孔筛,用磁铁除铁后,装入磨口瓶内供分析用。

(2)分析天平不应低于四级,最大称量为 200 g,天平和砝码应定期进行检定。

(3)称取试样应准确至 0.000 2 g,试剂用量与分析步骤严格按照本实验规定进行。

(4)化学分析用水应是蒸馏水或去离子水,试剂为分析纯和优级纯。所用酸和氨水,未注明浓度均为浓酸和浓氨水。

(5)滴定管、容量瓶、移液管应进行校正。

(6)分析前,试样应于 100~105 ℃烘箱中干燥 2 h,然后置于干燥器中冷却至室温。

(7)各项分析结果质量分数的数值应保留小数点后 2 位。

(8)以硝酸溶解样品时为放热反应,溶液温度升高,此时加入氯化钾至饱和,则放置后温度下降,氯化钾结晶析出太多,从而给过滤、洗涤等操作带来困难,因此在加入硝酸后,应将溶液冷却至室温,氯化钾至饱和为好。

(9)在加入氯化钾时,一定要经过不断的仔细搅拌,使其真正过饱和。

(10)用氯化钾水溶液洗涤沉淀时,操作要迅速,同时要控制洗涤次数(2~3 次)与洗液用量(≤25 mL 为宜)。

(11)用氢氧化钠中和残余酸的操作也应迅速完成,特别是当室温较高时,若中和时间过长,氟硅酸钾沉淀易水解而使测定结果偏低。

(12)由于氟硅酸钾沉淀的水解反应是吸热反应,因此必须加沸水才有利于其水解。所用沸水须预先用氢氧化钠溶液中和至酚酞变微红,以消除水质对测定结果的影响。在用氢氧化钠溶液滴定过程中,溶液的温度不应低于 70 ℃。

【思考题】

(1)在测定石灰样品中的 SiO_2 时需要熔融,能否采用瓷坩埚?

(2)利用氟硅酸钾容量法和氯化铵重量法测定石灰中的 SiO_2 各有什么优缺点?

实验三　石灰中氧化钙的测定

【实验目的】

熟悉用 EDTA-配位滴定法测定石灰中氧化钙的方法。

【实验原理】

乙二胺四乙酸(简称 EDTA,用 H_4Y 表示)难溶于水,在分析中不宜使用,通常使用其二钠盐即乙二胺四乙酸二钠($Na_2H_2Y \cdot 2H_2O$,也简称 EDTA)配制成标准滴定溶液使用。Ca^{2+} 与 EDTA 在 pH8~13 时能定量络合形成无色的 CaY^{2-} 络合物,由于该络合物不很稳定,所以以 EDTA 滴定钙只能在碱性溶液中进行,在 pH8~9 滴定时易受 Mg^{2+} 干扰,所以一般在 pH>12 的溶液中进行滴定。在 pH>12 的溶液中,以氟化钾(质量分数为 2%)掩蔽硅酸,以三乙醇胺掩蔽铁、铝,以 CMP 为指示剂,用 EDTA 二钠标准溶液直接滴定钙。钙离子与钙黄绿素生成的络合物为绿色荧光,钙黄绿素指示剂本身为橘红色,因此滴定至终点时溶液绿色荧光消失,而呈现橘红色。

【实验设备及材料】

1. 实验设备

高温炉、铂坩埚、玻璃棒、坩埚钳、烧杯(300 mL、400 mL)、容量瓶(250 mL)、天平(感量为 0.01 g)、分析天平(感量为 0.000 1 g)等。

2. 试剂

(1)碳酸钾-硼砂(1+1)混合熔剂:将 1 份质量的碳酸钾与 1 份质量的无水硼砂混匀研细,储存于磨口瓶中。

(2)硝酸(1+6):将 1 体积的硝酸与 6 体积的水混合。

(3)盐酸(1+1):将浓盐酸以同体积水稀释。

(4)氟化钾溶液(20 g/L):将 2 g 氟化钾($KF \cdot 2H_2O$)溶于 100 mL 水中,储存在塑料瓶中。

(5)三乙醇胺(1+2):将 1 体积三乙醇胺与 2 体积的水混合。

(6)CMP 混合指示剂:全称钙黄绿素-甲基百里香酚蓝-酚酞(1+1+0.2)混合指示剂。准确称取 1 g 钙黄绿素,1 g 甲基百里香酚蓝,0.2 g 酚酞,与 50 g 已在 105~110 ℃烘干过的硝酸钾混合研细,储存于磨口瓶中。

(7)氢氧化钾溶液(200 g/L):将 20 g KOH 溶于 100 mL 水中。

(8)EDTA 二钠标准溶液(0.015 mol/L):将 5.6 g 乙二胺四乙酸二钠置于烧杯中,加约 200 mL 水,加热溶解,过滤。用水稀释至 1 L。

【实验内容及步骤】

(1)试样溶液制备:准确称取约 0.5 g 已在 105~110 ℃烘干过的石灰样,置于铂坩埚中,加 2 g 碳酸钾-硼砂混合熔剂,混匀,再以少许熔剂擦洗玻璃棒,并铺于试样表面。盖上坩埚盖(留有缝隙),从低温开始逐渐升高温度至气泡停止发生后,在 950~1 000 ℃下继续熔融 3~5 min,然后用坩埚钳夹持坩埚旋转,使熔融物均匀地附着于坩埚内壁。冷却至室温后,将坩埚及盖一并放入已加热至微沸的盛有 100 mL 硝酸的 300 mL 烧杯中,并继续保持微沸状态,直至熔融物完全分解。用水洗净坩埚及盖,然后将溶液冷却至室温,移入 250 mL 容量瓶中,加水稀释至标线,摇匀,供测定用。

(2)准确吸取 25 mL 制备的试样溶液,放入 400 mL 烧杯中。

(3)加 5 mL 盐酸及 5 mL 质量分数为 2%氟化钾溶液搅拌并放置 2 min 以上。

(4)用水稀释至约 200 mL。

(5)加 4 mL 三乙醇胺及适量的 CMP 混合指示剂,以质量分数为 20%氢氧化钾溶液调节溶液出现绿色荧光后再过量 7~8 mL(此时溶液 pH 大于 13)。

(6)用 0.015 mol/L EDTA 二钠标准溶液滴定至溶液绿色荧光消失呈现红色。

(7)结果计算。氧化钙的质量分数按下式计算:

$$x = \frac{T_{CaO} \cdot V \cdot 10}{m \times 1\,000} \times 100\% \tag{1}$$

式中　T_{CaO}——每毫升 EDTA 二钠标准溶液相当于氧化钙的毫克数,mg/mL;

　　　V——滴定时消耗 EDTA 二钠标准溶液的体积,mL;

　　　m——试样质量,g;

　　　10——试样溶液的总体积与所分取试样溶液的体积之比。

(8)上述步骤平行测定三次,取平均值,计算结果保留 2 位小数。

【注意事项】

(1)试样中 Mg^{2+} 的含量较高时,由于生成的氢氧化镁沉淀吸附了少量 Ca^{2+},终点时易反色,测定结果相应偏低。为避免这一现象,在调节溶液的 pH 值时,可采用滴加而不是一次加入氢氧化钾溶液的方法,使氢氧化镁沉淀缓慢形成,则可减少对 Ca^{2+} 的吸附作用。

(2)其他注意事项同实验二中的注意事项(1)~(7)。

【思考题】

(1)测定石灰中的钙时要加入一定量的氟化钾溶液,为什么?其加入量是否越多越有利于结果测量的准确性?

(2)石灰石、生石灰、消石灰(熟石灰)各自的化学分子式是什么?三者之间有怎样的联系?

实验四　石灰中氧化镁的测定

【实验目的】

熟悉利用络合滴定原理测定石灰中氧化镁含量的方法。

【实验原理】

用络合滴定原理测定镁,目前一般采用差减法,即在一份 pH 为 10 溶液中,以三乙醇胺、酒石酸钾钠掩蔽铁、铝,氟化钾消除二氧化硅对钙、镁的干扰,用酸性铬蓝 K-萘酚绿 B 混合指示剂,以 EDTA(乙二胺四乙酸二钠)标准溶液滴定钙、镁总量;而在另一份 pH>12.5 的溶液中用 EDTA 标准溶液滴定钙,用钙镁总量减去钙含量,即计算出氧化镁的含量。

【实验设备及材料】

1.实验设备

高温炉、铂坩埚、坩埚夹、烘干箱、烧杯(300 mL、400 mL)、容量瓶(250 mL)、天平(感量为 0.01 g)、分析天平(感量为 0.000 1 g)、试纸等。

2.试剂

(1)碳酸钾-硼砂(1+1)混合熔剂:将 1 份质量的碳酸钾与 1 份质量的无水硼砂混匀研细,储存于磨口瓶中;

(2)硝酸(1+6):将 1 体积的硝酸与 6 体积的水混合;

(3)氟化钾溶液(20 g/L):将 2 g 氟化钾($KF \cdot 2H_2O$)溶于 100 mL 水中,储存在塑料瓶中;

(4)三乙醇胺(1+2):1 体积三乙醇胺以 2 体积水稀释;

(5)酒石酸钾钠溶液(100 g/L):将 10 g 酒石酸钾钠溶液溶于 100 mL 水中;

(6)氨水(1+1):将浓氨水以同体积水稀释;

(7)EDTA 标准溶液(0.015 mol/L):将 5.6 g 乙二胺四乙酸二钠(简称 EDTA)置于烧杯中,加约 200 mL 水,加热溶解,过滤,用水稀释至 1 L;

(8)酸性铬蓝 K-萘酚绿 B(1∶2.5)混合指示剂:称取 1 g 酸性铬蓝 K、2.5 g 萘酚绿 B 和 50 g 已在 100～105 ℃烘箱干燥 2 h 的硝酸钾混合研细,储存于磨口瓶中备用;

(9)氨水-氯化铵缓冲溶液(pH10):称取 67.5 g 氯化铵溶于 200 mL 水中,加氨水 570 mL,用水稀释至 1 L。

【实验内容及步骤】

(1)试样溶液制备:准确称取约0.5 g已在105~110 ℃烘干过的石灰样,置于铂坩埚中,加2 g碳酸钾-硼砂混合熔剂,混匀,再以少许熔剂擦洗玻璃棒,并铺于试样表面。盖上坩埚盖(留有缝隙),从低温开始逐渐升高温度至气泡停止发生后,在950~1 000 ℃下继续熔融3~5 min,然后用坩埚钳夹持坩埚旋转,使熔融物均匀地附着于坩埚内壁。冷却至室温后,将坩埚及盖一并放入已加热至微沸的盛有100 mL硝酸的300 mL烧杯中,并继续保持微沸状态,直至熔融物完全分解。用水洗净坩埚及盖,然后将溶液冷却至室温,移入250 mL容量瓶中,加水稀释至标线,摇匀,供测定用。

(2)吸取25 mL制备的试样溶液。放入400 mL烧杯中,加入5 mL氟化钾溶液(20 g/L),搅拌并放置2 min。

(3)用水稀释至约200 mL,加4 mL三乙醇胺(1+2)及1 mL酒石酸钾钠(100 g/L),以氨水(1+1)调节溶液pH至约10(用精密试纸检验),然后加入20 mL氨水-氯化铵缓冲溶液(pH为10)及适量的酸性铬蓝K-萘酚绿B(1:2.5)混合指示剂,以(0.015 mol/L)EDTA标准溶液滴定接近终点时应缓慢滴定至纯蓝色。

(4)结果计算。氧化镁的质量分数按下式计算:

$$x = \frac{T_{MgO} \cdot (V_2 - V_1) \times 10}{m \times 1\ 000} \times 100\%$$

式中　T_{MgO}——每毫升EDTA标准溶液相当于氧化镁的毫克数,mg/mL;

V_1——滴定钙时所消耗的EDTA标准溶液体积,mL;

V_2——滴定钙、镁时所消耗的EDTA标准溶液体积,mL;

10——全部试样溶液与所取试样溶液的体积比;

m——试样质量,g。

(5)上述步骤平行测定三次,取平均值,计算结果保留2位小数。

【注意事项】

(1)要获得准确的结果,必须对硅、铁、铝等离子的干扰进行消除。即以三乙醇胺、酒石酸钾钠混合掩蔽铁、铝离子的干扰,以氟化钾消除二氧化硅的干扰。

(2)测定氧化镁时的滴定速度不宜过快,且滴定终点时应加强溶液的搅拌。

(3)其他注意事项同实验二中注意事项的(1)~(7)。

【思考题】

(1)氟化钾用以消除二氧化硅的干扰,如果其加入量过多或不足时对测定结果会有什么影响?

(2)如果钙的测定不准确,对镁的测定结果是否有影响?

实验五　石膏细度的测定

【实验目的】

用筛分法测定石膏细度,熟练掌握测定步骤,能进行数据处理。

【实验原理】

本实验分别采用0.8 mm、0.4 mm、0.2 mm、0.1 mm方孔筛对石膏试样进行筛析实验,用筛网上所得筛余物的质量占试样原始质量的百分数来表示石膏样品的细度。

【实验设备及材料】

精度为0.1 g的天平或电子秤;网孔边长分别为0.8 mm、0.4 mm、0.2 mm和0.1 mm规格的试验筛,并在筛顶用筛盖封闭,在筛底用接收盘封闭;烘箱;干燥器。

【实验内容及步骤】

(1)从制备好的试样中取出约210 g,在(40±4)℃下干燥至恒重(干燥时间相隔1 h的两次称量之差不超过0.2 g时,即为恒重),并在干燥器中冷却至室温。

(2)将试样按下述步骤连续测定两次。

在0.8 mm试验筛下部安装接收盘,称取试样100.0 g后,倒入其中,盖上筛盖。一只手拿住筛子,略微倾斜地摆动筛子,使其撞击另一只手。撞击的速度为125次/min。每撞击一次都应将筛子摆动一下,以便使试样始终均匀地散开。每摆动25次后,把试验筛旋转90°,并对着筛帮重重拍几下,继续进行筛分。当1 min的过筛试样质量不超过0.4 g时,则认为筛分完成。称量0.8 mm试验筛的筛上物作为筛余量,细度以筛余量与试样原始质量(100.0 g)之比的百分数形式表示,精确至0.1%。

(3)按照上述步骤,用0.4 mm试验筛筛分已通过0.8 mm试验筛的试样,并应不时地对筛帮进行拍打,必要时在背面用毛刷轻刷筛网,以免筛网堵塞。当1 min的过筛试样质量不超过0.2 g时,则认为筛分完成。称量0.4 mm试验筛的筛上物作为筛余量,细度以筛余量与试样原始质量(100.0 g)之比的百分数形式表示,精确至0.1%。

(4)将通过0.4 mm试验筛的试样拌合均匀后,从中称取50.0 g试样,按上述步骤用0.2 mm试验筛进行筛分。当1 min的过筛试样质量不超过0.1 g时,则认为筛分完成。称量0.2 mm试验筛的筛上物作为筛余量,细度以筛余量与试样原始质量(100.0 g)之比的百分数形式表示,精确至0.1%。

(5)按照上述步骤,用0.1 mm试验筛筛分已通过0.2 mm试验筛的试样。当1 min

的过筛试样质量不超过 0.1 g 时,则认为筛分完成。称量 0.1 mm 试验筛的筛上物作为筛余量,细度以筛余量与试样原始质量(100.0 g)之比的百分数形式表示,精确至 0.1%。

【注意事项】

(1)采用每种试验筛(0.8 mm、0.4 mm、0.2 mm、0.1 mm)两次测定结果的算术平均值作为试样的各细度值。

(2)对每种筛分析而言,两次测定值之差不应大于平均值的 5%,并且当筛余量小于 2 g 时,两次测定值之差不应大于 0.1 g;否则,应再次测定。

【思考题】

在筛分时,重拍筛帮有什么作用?

实验六　石膏结晶水含量的测定

【实验目的】

通过称重法测量石膏中的结晶水含量,熟练掌握测定步骤,能进行数据处理。

【实验原理】

在(230±5)℃下将预先烘干的试样脱水至恒重,用加热前和加热后试样质量差与加热前试样质量之比的百分数来表示石膏结晶水含量。

【实验设备及材料】

带盖称量瓶,高温烘箱(温度能控制在(230±5)℃)或中温炉,硅胶干燥器,感量为0.000 1 g的分析天平,石膏。

【实验内容及步骤】

1.试样制备

(1)从按规定保存的实验室样品中称取100 g石膏,试样必须充分混匀,细度需全部通过孔径为0.2 mm的方孔筛,然后放在一个封闭的容器中,铺成最大厚度为10 mm的均匀层,静置18～24 h,容器中的温度为(20±2)℃,相对湿度为65%±5%。

(2)试样在(40±4)℃的烘箱内加热1 h,取出,放入干燥器中冷至室温,称量。如此反复加热、冷却、称量,直至恒重。每次称重之前在干燥器中冷却至室温。冷却后立即测定结晶水的含量。

(3)把剩余的试样保存在密封的瓶子中。

2.操作程序

(1)准确称取2 g试样,放入已干燥至恒重的带有磨口塞的称量瓶中,在(230±5)℃的烘箱或中温炉内加热45 min(加热过程中称量瓶应敞开盖)。

(2)用坩埚钳将称量瓶取出,盖上磨口塞(但不应盖得太紧),放入干燥器中于室温下冷却15 min,将磨口塞紧密盖好,称量,再将称量瓶敞开盖放入烘箱内于同样的温度下加热30 min。

(3)取出,放入干燥器中于室温下冷却15 min。如此反复加热、冷却、称量,直至恒重。

(4)再重复测定一次。

3. 结果的计算

结晶水的质量分数按下式计算：

$$W = \frac{m - m_1}{m} \times 100\% \qquad (1)$$

式中 W——结晶水的质量分数，%；

        m——加热前试样的质量，g；

        m_1——加热后试样的质量，g。

【注意事项】

（1）制作试样时，当有效烘干时间相隔 1 h 的两次连续称重之差不超过 0.2 g 时，即可认为恒重。

（2）试样加热冷却后称量，重复两次称重之差不应超过 0.5 mg。

（3）两次测定结果之差不应大于 0.15%。

【思考题】

干燥后的石膏试样脱去结晶水的温度为多少？

实验七　石膏中氧化钙的测定

【实验目的】

用滴定法测量石膏中的氧化钙，熟练掌握测定步骤，能进行数据处理。

【实验原理】

在 pH＝13 以上强碱性溶液中，以三乙醇胺为掩蔽剂，用钙黄绿素–甲基百里香酚蓝–酚酞混合指示剂，以 EDTA 标准滴定溶液滴定。

【实验设备及材料】

1. 实验设备

银坩埚，表面皿，电炉，分析天平（感量为 0.000 1 g），天平（感量为 0.01 g），称量瓶，滴定管。

2. 试剂

石膏，氢氧化钠，硝酸，盐酸，三乙醇胺，钙黄绿素，甲基百里香酚蓝，酚酞，氢氧化钾，EDTA。

(1) 盐酸(1+5)：1 份体积的浓盐酸与 5 份体积的水相混合。

(2) 三乙醇胺(1+2)：1 份体积的三乙醇胺与 2 份体积的水相混合。

(3) 钙黄绿素–甲基百里香酚蓝–酚酞混合指示剂（简称 CMP 混合指示剂）：称取 1.000 g 钙黄绿素、1.000 g 甲基百里香酚蓝、0.200 g 酚酞与 50 g 已在 105 ℃烘干过的硝酸钾(KNO_3)混合研细，保存在磨口瓶中。

(4) 氢氧化钾溶液(200 g/L)：将 200 g 氢氧化钾(KOH)溶于水中，加水稀释至 1 L。

(5) EDTA 标准滴定溶液[c(EDTA)＝0.015 mol/L]：称取约 5.6 g EDTA（乙二胺四乙酸二钠）置于烧杯中，加入约 200 mL 水，加热溶解，过滤，用水稀释至 1 L。

【实验内容及步骤】

1. 测定方法

(1) 称取约 0.5 g 试样(m)，精确至 0.000 1 g。

(2) 置于银坩埚中，加入 6 ~ 7 g 氢氧化钠，在 650 ~ 700 ℃的高温下熔融 20 min。取出冷却，将坩埚放入已盛有 100 mL 近沸腾水的烧杯中，盖上表面皿，于电炉上加热。

(3) 待熔块完全浸出后，取出坩埚，用水冲洗坩埚和盖，在搅拌下一次加入 25 mL 盐酸，再加入 1 mL 硝酸。用热盐酸(1+5)洗净坩埚和盖，将溶液加热至沸腾，冷却，然后移入 250 mL 容量瓶中,用水稀释至标线,摇匀。此溶液 A 供测定氧化钙用。

（4）吸取 25.00 mL 溶液 A,放入 300 mL 烧杯中,加水稀释至约 200 mL,加 5 mL 三乙醇胺(1+2)及少许的钙黄绿素-甲基百里香酚蓝-酚酞混合指示剂,在搅拌下加入氢氧化钾溶液至出现绿色荧光后再过量 5~8 mL,此时溶液在 pH=13 以上。

（5）用 EDTA 标准滴定溶液[c(EDTA)= 0.015 mol/L]滴定至绿色荧光消失并呈现红色。

2. 结果表示

（1）氧化钙的质量分数按下式计算:

$$x_{CaO} = \frac{T_{CaO} \times V \times 10}{m \times 1\ 000} \times 100\%$$

式中　x_{CaO}——氧化钙的质量分数,%;

　　　T_{CaO}——每毫升 EDTA 标准滴定溶液相当于氧化钙的质量,mg/mL;

　　　V——滴定时消耗 EDTA 标准滴定溶液的体积,mL;

　　　10——全部试样溶液与所分取试样溶液的体积比;

　　　m——试料的质量,g。

（2）EDTA 标准滴定溶液对氧化钙滴定度的计算:

$$T_{CaO} = c(EDTA) \times 56.08$$

式中　T_{CaO}——每毫升 EDTA 标准滴定溶液相当于氧化钙的质量,mg/mL;

　　　56.08——CaO 的摩尔质量,g/mol。

【注意事项】

（1）同一实验室的允许差为 0.25%。

（2）不同实验室的允许差为 0.40%。

【思考题】

将试样置于银坩埚中,加入氧化钠,在 650~700 ℃的高温下煅烧的目的是什么?

实验八　石膏中三氧化硫的测定

【实验目的】

用滴定法测量石膏中的三氧化硫,熟练掌握测定步骤,能进行数据处理。

【实验原理】

在酸性溶液中,用氯化钡溶液沉淀硫酸盐,经过滤灼烧后,以硫酸钡形式称量。测定结果以三氧化硫计。

【实验设备及材料】

1. 实验设备

坩埚,电炉,烧杯,滤纸,马弗炉,天平(感量为0.01 g),分析天平(感量为0.000 1 g),漏斗,玻璃棒。

2. 试剂

石膏,盐酸,氯化钡,硝酸银。

(1)盐酸(1+1):1份体积的浓盐酸与1份体积的水相混合。

(2)氯化钡溶液(100 g/L):将100 g二水氯化钡($BaCl_2 \cdot 2H_2O$)溶于水中,加水稀释至1 L。

(3)无氯离子:按规定洗涤沉淀数次后,用数滴水淋洗漏斗的下端,用数毫升水洗涤滤纸和沉淀,将滤液收集在试管中,加几滴硝酸银溶液(硝酸银溶液(10 g/L):将1 g硝酸银($AgNO_3$)溶于90 mL水中,加10 mL硝酸(HNO_3),摇匀),观察试管中溶液是否浑浊;如果浑浊,继续洗涤并定期检查,直至硝酸银检验不再浑浊为止。

【实验内容及步骤】

1. 测定方法

(1)称取约0.2 g试样(m_0),精确至0.000 1 g,置于300 mL烧杯中,加入30~40 mL水使其分散。

(2)加10 mL盐酸(1+1),用平头玻璃棒压碎块状物,慢慢加热溶液,直至试样分解完全。将溶液加热微沸5 min。

(3)用中速滤纸过滤,用热水洗涤10~12次。调整滤液体积至200 mL,煮沸,在搅拌下滴加15 mL氯化钡溶液。继续煮沸数分钟,然后移至温热处静置4 h或过夜(此时溶液的体积应保持在 200 mL)。

(4)用慢速滤纸过滤,用温水洗涤,直至检验无氯离子为止。将沉淀及滤纸一并移入已灼烧恒量的瓷坩埚中,灰化后在 800 ℃的马弗炉内灼烧 30 min,取出坩埚置于干燥器中冷却至室温,称量。反复灼烧,直至恒重(m_1)。

2. 结果表示

三氧化硫的质量分数按下式计算:

$$x_{SO_3} = \frac{m_1 \times 0.343}{m_0} \times 100\%$$

式中　　x_{SO_3}——三氧化硫的质量分数,% ;

　　　　m_1——灼烧后沉淀的质量,g;

　　　　m_0——试料的质量,g;

　　　　0.343——硫酸钡对三氧化硫的换算系数。

【注意事项】

(1)同一实验室的允许差为 0.25%。

(2)不同实验室的允许差为 0.40%。

(3)马弗炉:隔焰加热炉,在炉膛外围进行电阻加热。应使用温度控制器,准确控制炉温,并定期进行校验。

【思考题】

在溶液中滴加氯化钡溶液的原因。

应用型实验

实验九　石灰体积安定性的测定

【实验目的】

了解石灰体积安定性的概念,学习石灰体积安定性的测试方法,分析影响石灰体积安定性的因素及工程中因安定性不良所带来的后果。

【实验原理】

将石灰试体加热到 100 ~ 105 ℃烘干 4 h 后取出,通过观察其外形的变化来检验石灰的体积安定性。如果石灰试体出现溃散、裂纹、鼓包现象中的任意一项即为石灰的体积安定性不合格;如果无上述现象出现则表示体积安定性合格。

【实验设备及材料】

1.实验设备

天平(称量为 200 g,感量为 0.2 g),量筒(250 mL),牛角勺,蒸发皿(300 mL),石棉网板(外径为 125 mm,石棉含量为 72%),烘箱(最高温度为 200 ℃)。

2.试剂

实验用水必须是(20±2)℃的清洁自来水。

【实验内容及步骤】

(1)称取石灰试样 100 g,倒入 300 mL 蒸发皿内,加入(20±2)℃的清洁自来水约 120 mL,在 3 min 内拌合成稠浆。

(2)一次性浇注于两块石棉网板上,其饼块直径为 50 ~ 70 mm,中心高 8 ~ 10 mm。

(3)成饼后在室温下放置 5 min 后,将饼块移至另两块干燥的石棉网板上,然后放入烘箱中加热到 100 ~ 105 ℃烘干 4 h 取出。

(4)结果评定。烘干后饼块用肉眼检查无溃散、裂纹、鼓包称为体积安定性合格;若出现三种现象中之一者,表示体积安定性不合格。

【注意事项】

(1)实验前石灰试样应预先于 100 ~ 105 ℃烘箱中干燥 2 h,然后置于干燥器中冷却至室温。

(2)石灰浆的制取速度要迅速。

(3)肉眼观察要仔细。

【思考题】

(1)石灰的体积安定性不良会在使用中产生什么影响?

(2)影响石灰体积安定性的因素有哪些?

实验十　石灰消化速度的测定

【实验目的】

掌握石灰消化速度的测定方法,进一步理解石灰的消化过程及影响消化速度的因素。

【实验原理】

石灰的消化过程用下面的热化学式表示:

$$CaO+H_2O =\!=\!= Ca(OH)_2+64.9 \text{ kJ}$$

生石灰的消化反应是放热反应,消化时每 1 mol 生石灰放热 64.9 kJ。因为生石灰的结构多孔,其中 CaO 的晶粒尺寸极细,所以它含有极大的内比表面积,当加水混合时,水立即渗入孔内与之发生水化。因此,石灰具有强烈的水化反应能力,它不但水化放出大量热而且放热速度也快。实验以石灰加水后消化达到最高温度时所需要的时间为消化速度(min)。

【实验设备及材料】

保温瓶(瓶胆全长 162 mm,瓶身直径为 61 mm,口内径为 28 mm,容量为 200 mL,上盖用白色橡胶塞,在塞中心钻孔插温度计),长尾水银温度计(量程为 150 ℃),秒表,天平(称量为 100 g,感量为 0.1 g),玻璃量筒(50 mL)。

【实验内容及步骤】

(1)试样制备:将生石灰试样约 300 g,全部粉碎通过 5 mm 圆孔筛,四分法缩取 50 g,在瓷钵内研细至全部通过 0.900 mm 方孔筛,混匀装入磨口瓶内备用。若为生石灰粉,将试样混均,四分法缩取 50 g,装入磨口瓶内备用。

(2)检查保温瓶上盖及温度计装置,温度计下端应保证能插入试样中间。

(3)检查之后,在保温瓶中加入(20±1)℃蒸馏水 20 mL。

(4)称取试样 10 g,精确至 0.2 g,倒入保温瓶的水中,立即开动秒表,同时盖上盖,轻轻摇动保温瓶数次,自试样倒入水中时算起,每隔 30 s 读一次温度。

(5)临近终点仔细观察,记录达到最高温度及温度开始下降的时间,以达到最高温度所需的时间为消化速度(以 min 计)。

(6)以两次测定结果的算术平均值为最终结果,保留到小数点后 2 位。

【注意事项】

(1)试样要具有代表性,混合均匀且用四分法取样。

(2)记录时间及温度要仔细,尤其是在达到最高温度及温度开始下降时。

【思考题】

(1)石灰消化过程有哪些特点?

(2)影响石灰消化速度的因素有哪些?

实验十一　石灰产浆量和未消化残渣含量的测定

【实验目的】

掌握石灰产浆量和未消化残渣含量的测定方法,进一步学习石灰的消化过程及影响其消化的因素。

【实验原理】

石灰的消化过程对于石灰的应用有重要的影响,如果石灰消化不充分,在使用后,由于未消化的部分继续消化而发生爆裂或不正常的膨胀现象,会严重影响到工程质量。因此熟悉石灰的消化过程很重要。石灰的消化过程用下面的热化学式表示:

$$CaO+H_2O = Ca(OH)_2+64.9 \text{ kJ}$$

生石灰的质量越好、产浆量越大,未消化残渣含量越少。生石灰与足量的水在规定时间内反应,未水化颗粒大于 5 mm 的部分为未消化残渣。

【实验设备及材料】

圆孔筛(孔径为 5 mm、20 mm),生石灰浆渣测定仪(见图 1.2),玻璃量筒(500 mL),天平(称量为 1 000 g,感量为 1 g),搪瓷盘(200 mm×300 mm),钢板尺(300 mm),烘箱(最高温度为 200 ℃),保温套。

【实验内容及步骤】

(1)试样制备:将 4 kg 试样破碎全部通过 20 mm 圆孔筛,其中小于 5 mm 以下粒度的试样量不大于 30%,混匀备用;若为生石灰粉,粉样混匀即可。

(2)称取已制备好的生石灰试样 1 kg 倒入装有 2 500 mL((20±5)℃)清水的筛筒内(筛筒置于外筒内)。

(3)筛筒盖上盖,静置消化 20 min,用圆木棒连续搅动 2 min,继续静置消化 40 min,再搅动 2 min。

(4)提起筛筒用清水冲洗筛筒内残渣,至水流不浑浊(冲洗所用的清水仍倒入筛筒内,水总体积控制在 3 000 mL)。

(5)将渣移入搪瓷盘(或蒸发皿)内,在 100~105 ℃烘箱中,烘干至恒重,冷却至室温。

(6)用 5 mm 圆孔筛将残渣进行筛分,称量筛余物。

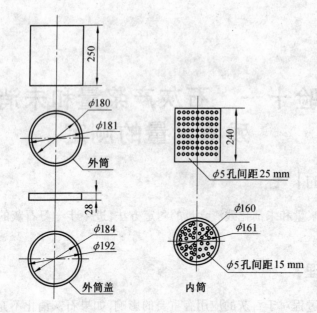

图 1.2　生石灰浆渣测定仪

（7）计算未消化残渣含量。

（8）浆体静置 24 h 后，用钢板尺量出浆体高度（外筒内总高度减去筒口至浆面的高度）。

（9）结果计算（计算结果保留到小数点后 2 位）。

① 产浆量按下式计算：

$$x_1 = \frac{R^2 \pi H}{1 \times 10^6} \tag{1}$$

式中　x_1——产浆量，L/kg；

　　　　π——取 3.14；

　　　　H——浆体高度，mm；

　　　　R——浆筒半径，mm。

② 未消化残渣质量分数按下式计算：

$$x_2 = \frac{m_1}{m} \times 100\% \tag{2}$$

式中　x_2——未消化残渣的质量分数，%；

　　　　m_1——未消化残渣的质量，kg；

　　　　m——样品的质量，kg。

【注意事项】

（1）称量准确，试样混合要均匀。

（2）用清水冲洗筛筒内残渣至水流不浑浊，冲洗所用的清水仍要倒入筛筒内，以保证结果的正确性。

【思考题】

（1）消化不充分的石灰在工程使用中会带来什么影响？

（2）为消除或降低石灰在使用过程中因消化不充分而造成的影响,工程中常采用什么方法？

实验十二 石膏标准稠度用水量的测定

【实验目的】

了解石膏标准稠度、标准稠度用水量的概念;熟练掌握石膏标准稠度的测定步骤,能进行数据处理;分析标准稠度用水量对石膏凝结时间、强度等的影响。

【实验原理】

采用调整水量法测定石膏标准稠度用水量,即通过改变拌合水量,找出使拌制成的石膏料浆达到特定塑性状态所需要的水量。石膏加水搅拌后,注入稠度仪筒体内,随后将筒提起,记录料浆扩展成的试饼两垂直方向上的直径等于(180±15)mm 时的加水量。

【实验设备及材料】

1. 稠度仪

稠度仪由内径为(50±0.1)mm,高为(100±0.1)mm 的不锈钢质筒体(见图 1.3),240 mm×240 mm 的玻璃板以及筒体提升机构组成。筒体上升速度为 150 mm/s,并能下降复位。

2. 搅拌器具

(1)搅拌碗:用不锈钢制成,碗口内径为 180 mm,碗深为 60 mm。

(2)拌合棒(见图 1.4):由三个不锈钢丝弯成的椭圆形套环组成,钢丝直径为 1 ~ 2 mm,环长约 100 mm。

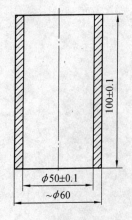

图 1.3 稠度仪的筒体

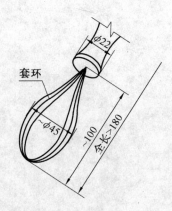

图 1.4 拌合棒

3.衡器

感量为 1 g 的天平或电子秤。

4.石膏

【实验内容及步骤】

（1）先将稠度仪的筒体内部及玻璃板擦净,并保持湿润,将筒体复位,垂直放置于玻璃板上。将估计的标准稠度用水量的水倒入搅拌碗中。称取试样 300 g,在 5 s 内倒入水中。

（2）用拌合棒搅拌 30 s,得到均匀的石膏浆,然后边搅拌边迅速注入稠度仪筒体内,并用刮刀刮去溢浆,使浆面与筒体上端面齐平。

（3）从试样与水接触开始至 50 s 时,开动仪器提升按钮。待筒体提去后,测定料浆扩展成的试饼两垂直方向上的直径,计算其算术平均值。

（4）记录料浆扩展直径等于(180±15)mm 时的加水量。加入的水的质量与试样的质量之比,以百分数表示。

（5）取二次测定结果的平均值作为该试样标准稠度用水量,精确至 1%。

【注意事项】

（1）本实验取两次结果的平均值,不可只做一次代替。

（2）在做实验前,试样的处理按 GB/T 17669.1 要求处理。实验室样品应保存在密闭的容器中。

（3）实验条件应符合 GB/T 17669.1 的规定。实验室温度为(20±2)℃,实验仪器、设备及材料(试样、水)的温度应为室温;空气相对湿度为 65% ±5%;大气压为 0.86 ~ 1.06 MPa。

（4）实验前将稠度仪的筒体内部及玻璃板擦净,并保持湿润,否则实验误差过大。

【思考题】

将石膏浆注入稠度仪筒时,为什么要边注入边搅拌?

实验十三　石膏凝结时间的测定

【实验目的】

掌握石膏凝结时间的测定方法,了解石膏凝结时间的概念,分析影响石膏凝结硬化的因素。

【实验原理】

石膏胶凝材料的价值在于半水石膏或脱水石膏能够水化硬化。半水石膏加水后进行的化学反应可用下式表示:

$$CaSO_4 \cdot \frac{1}{2}H_2O + \frac{3}{2}H_2O = CaSO_4 \cdot 2H_2O + 19.2 \text{ J/g SO}_3$$

伴随浆体中的水分因水化和蒸发而逐渐减少,石膏浆体中凝聚结构及结晶结构网的逐渐形成和发展,石膏逐渐硬化产生结构强度。石膏凝结时间用标准稠度凝结时间测定仪测定。当试针在不同凝结程度的净浆中自由沉落时,试针下沉的深度随凝结程度的提高而减小。根据试针下沉的深度就可判断石膏的初凝和终凝状态,从而确定初凝时间和终凝时间。

【实验设备及材料】

标准稠度凝结时间测定仪,搅拌器,天平(感量为 1 g)。

【实验内容及步骤】

按标准稠度用水量称量水,并把水倒入搅拌碗中。称取试样 200 g,在 5 s 内将试样倒入水中。用拌合棒搅拌 30 s,得到均匀的料浆,倒入环模中,然后将玻璃底板抬高约 10 mm,上下振动 5 次。用刮刀刮去溢浆,并使料浆与环模上端齐平。将装满料浆的环模连同玻璃底板放在仪器的钢针下,使针尖与料浆的表面相接触,且离开环模边缘大于 10 mm。迅速放松杆上的固定螺丝,针即自由地插入料浆中。每隔 30 s 重复一次,每次都应改变插点,并将针擦净、校直。

记录从试样与水接触开始,至试针第一次碰不到玻璃底板所经历的时间,此即试样的初凝时间。记录从试样与水接触开始,至试针第一次插入料浆的深度不大于 1 mm 所经历的时间,此即试样的终凝时间。

取两次测定结果的平均值,作为该试样的初凝时间和终凝时间,精确至 1 min。

【注意事项】

试样的凝结时间由上述步骤连续测定 2 次,取平均值。

【思考题】

分析石膏凝结硬化过程的影响因素。

实验十四　石膏强度的测定

【实验目的】

掌握石膏抗折强度和抗压强度的测定方法;分析影响石膏强度的因素。

【实验原理】

抗折强度是指在弯矩作用下,石膏试样断裂时,单位面积所受的力。抗折强度用三点法测定,即将试件成型面侧立,置于抗折试验机的两根支撑辊上;试件各棱边与各辊保持垂直,并使加荷辊与两根支撑辊保持等距;开动抗折试验机后逐渐增加荷载,最终使试件断裂,根据弯矩与截面边长的立方之比,得到试件的强度值。

抗压强度是指在单向压力作用下,石膏试样破坏时,受压面单位面积上所承受的荷载。将试件成型面侧立,置于抗压夹具内,并使抗压夹具的中心处于上、下夹板的轴心上,保证上夹板球轴通过试件受压面中心。开动抗压试验机,使试件在开始加荷后 $20 \sim 40$ s 内破坏,根据试件破坏时的载荷与受压面积之比,计算得到抗压强度。

【实验设备及材料】

(1)电子秤(感量为 1 g)。

(2)成型试模应符合 JC/T 726 的要求。

(3)搅拌容器应符合 GB/T 17669.1 的要求。拌合用的容器和制备试件用的模具应能防漏,应使用不与硫酸钙反应的防水材料(如玻璃、铜、不锈钢、硬质钢等,不包括塑料)制成。

(4)拌合棒由三个不锈钢丝弯成的椭圆形套环组成,钢丝直径为 $1 \sim 2$ mm,环长约 100 mm。

(5)抗折试验机(符合 JC/T 724 要求),抗压试验机(符合 JC/T 724 要求)。

【实验内容及步骤】

1. 试件的制备

(1)一次调和制备的石膏量,应能填满制作三个试件的试模,并将损耗计算在内,所需料浆的体积为 950 mL,采用标准稠度用水量,用下式计算出建筑石膏用量和加水量。

$$m_{\mathrm{g}} = \frac{950}{0.4 + (W/P)} \tag{1}$$

式中　m_{g}——石膏的质量,g;

W/P——标准稠度用水量,应符合 GB/T 17669.4 的规定,%。

$$m_w = m_g \times (W/P) \qquad (2)$$

式中 m_w——加水量,g。

（2）在试模内侧薄薄地涂上一层矿物油,并使连接缝封闭,以防料浆流失。

（3）先把所需加水量的水倒入搅拌容器中,再把已称量的建筑石膏倒入其中,静置 1 min,然后用拌合棒在 30 s 内搅拌 30 圈。接着以 3 r/min 的速度搅拌,使料浆保持悬浮状态,然后用勺子搅拌至料浆开始稠化(即当料浆从勺子上慢慢落到浆体表面刚能形成一个圆锥为止)。

（4）一边慢慢搅拌一边把料浆舀入试模中。将试模的前端抬起约 10 mm,再使之落下,如此重复 5 次以排除气泡。

（5）当从溢出的料浆判断已经初凝时,用刮刀刮去溢浆,但不必反复刮抹表面。终凝后,在试件表面做上标记,并拆模。

2.试件的存放

（1）遇水后 2 h 就将做力学性能实验的试件,脱模后存放在实验室环境中。

（2）需要在其他水化龄期后作强度实验的试件,脱模后立即存放于封闭处。在整个水化期间,封闭处空气的温度为 (20 ± 2)℃,相对湿度为 $90\% \pm 5\%$。每一类建筑石膏试件都应规定试件龄期。

（3）到达规定龄期后,用于测定湿强度的试件应立即进行强度测定。用于测定干强度的试件先在 (40 ± 4)℃的烘箱中干燥至恒重,然后迅速进行强度测定。

3.试件的数量

每类存放龄期的试件至少应保存三条,用于抗折强度的测定。做完抗折强度测定后得到的不同试件上的三块半截试件用做抗压强度测定。

4.抗折强度的测定

（1）实验仪器:电动抗折试验机应符合 JC/T 724 的要求。

（2）操作程序:实验用试件三条,将试件置于抗折试验机的两根支撑辊上,试件的成型面应侧立。试件各棱边与各辊保持垂直,并使加荷辊与两根支撑辊保持等距。开动抗折试验机后逐渐增加荷载,最终使试件断裂。记录试件的断裂荷载值或抗折强度值。

（3）结果的表示方法:抗折强度按下式计算为

$$R_f = \frac{6M}{b^3} = 0.002\,34P \qquad (3)$$

式中 R_f——抗折强度,MPa;

P——断裂荷载,N;

M——弯矩,N·mm;

b——试件方形截面边长,$b=40$ mm。

R_f 值也可从 JC/T 724 所规定的抗折试验机的标尺中直接读取。

计算三个试件抗折强度平均值,精确至 0.05 MPa。如果所测得的三个 R_f 值与其平均值之差不大于平均值的 15%,则用该平均值作为抗折强度值;如果有一个值与平均值之差大于平均值的 15%,应将此值舍去,以其余两个值计算平均值;如果有一个以上的值与平均值之差大于平均值的 15%，则用三个新试件重做实验。

5. 抗压强度的测定

（1）实验仪器：抗压夹具应符合 JC/T 725 的要求。实验期间，上、下夹板应能无摩擦地相对滑动。压力试验机示值相对误差不大于 1%。

（2）操作程序：对已做完抗折实验后的不同试件上的三块半截试件进行实验。将试件成型面侧立，置于抗压夹具内，并使抗压夹具的中心处于上、下夹板的轴心上，保证上夹板球轴通过试件受压面中心。开动抗压试验机，使试件在开始加荷后 20 ~ 40 s 内破坏。

（3）结果的表示方法：抗压强度按下式计算为

$$R_c = \frac{P}{S} = \frac{P}{2\ 500} \tag{4}$$

式中　R_c——抗压强度，MPa；

　　　P——破坏荷载，N；

　　　S——试件受压面积，$2\ 500\ \mathrm{mm}^2$。

计算三块试件抗压强度平均值，精确至 0.05 MPa。如果所测得的三个 R_c 值与其平均值之差不大于平均值的 15%，则用该平均值作为试样抗压强度值；如果有一个值与平均值之差大于平均值的 15%，应将此值舍去，以其余两个值计算平均值；如果有一个以上的值与平均值之差大于平均值的 15%，则用三块新试件重做实验。

【注意事项】

强度测试时，所测得的三个强度值与其平均值之差不大于平均值的 15%，则用该平均值作为抗折强度值；如果有一个值与平均值之差大于平均值的 15%，应将此值舍去。

【思考题】

分析影响试样强度的因素。

实验十五　石膏硬度的测定

【实验目的】

掌握石膏硬度的测定方法。

【实验原理】

将钢球置于试件上,测量在固定荷载作用下球痕的深度,经计算得出石膏试件的硬度。

【实验设备及材料】

石膏硬度计具有一直径为 10 mm 的硬质钢球,把钢球置于试件表面的一个固定点上,将一固定荷载垂直加到该钢球上,使钢球压入被测试件,然后静停,保持荷载,最终卸载。荷载精度为 2% ,感量为 0.001 mm。

【实验内容及步骤】

对已做完抗折实验后的不同试件上的三块半截试件进行实验。在试件成型的两个纵向面(即与模具接触的侧面)上测定石膏硬度。

将试件置于硬度计上,并使钢球加载方向与待测面垂直。每个试件的侧面布置三点,各点之间的距离为试件长度的 1/4,但最外点应至少距试件边缘 20 mm。先施加 10 N 荷载,然后在 2 s 内把荷载加到 200 N,静置 15 s。移去荷载 15 s 后,测量球痕深度。

石膏硬度按下式计算:

$$H = \frac{F}{\pi D t} = \frac{200}{\pi \times 10 \times t} \frac{6.37}{t} \tag{1}$$

式中　　H—— 石膏硬度,N/mm^2;

　　　　t—— 球痕的平均深度,mm;

　　　　F—— 荷载,200 N;

　　　　D—— 钢球直径,10 mm。

取所测的 18 个深度值的算术平均值 t 作为球痕的平均深度,再按式(1)计算石膏硬度,精确至 0.1。球痕显现出明显孔洞的测定值不应计算在内。球痕深度小于 0.159 mm 或大于 1.000 mm 的单个测定值应予以剔除,并且球痕深度超出 $t(1 \pm 10\%)$ 范围的单个测定值也应予以剔除。

【注意事项】

球痕深度小于 0.159 mm 或大于 1.000 mm 的单个测定值应予以剔除。

【思考题】

分析影响试样硬度测试准确性的原因。

综合(创新)型实验

实验十六　石膏胶凝材料改性研究

【实验目的】

利用相关实验规范,实施自行设计石膏胶凝材料的改性方案;选取恰当技术指标,评定石膏胶凝材料的改性效果;通过实验总结与答辩,掌握综合设计实验的一般方法和技巧。

【实验原理】

用石膏胶凝材料生产的石膏制品有诸多优点,如质轻、不燃、吸音、节能等,因而被广泛应用于现代建筑中,但由于其耐水性差,制约了其应用范围。石膏胶凝材料耐水性差的原因是:二水石膏溶解度较大,20 ℃时为 2.08 g/L,超过水泥水化产物水化硅酸钙、钙矾石等溶解度 30 倍以上;内部组织呈多孔状,空隙率高达 50% ~70%,含有大量毛细孔、凝胶孔及微裂纹,具有庞大内比表面积的多空硬化体。解决的方法有:掺入水硬性胶凝材料,如硅酸盐水泥等,或无机活性材料,如矿渣、粉煤灰等;掺入减水剂,降低水胶比,从而降低硬化体孔隙率,改善硬化体微孔结构,提高硬化强度和耐水性;掺入有机硅防水剂,提高硬化体耐水性。有机硅乳液浸渍,堵塞硬化体内部孔隙,从而降低硬化体孔隙率,改善硬化体微孔结构,提高硬化强度和耐水性;硬化体表面处理,如在制品表面涂刷防水涂料或浸泡草酸溶液等,使制品表面致密,减少了水从表面向硬化体内部渗透的能力。

【实验设备及材料】

1.实验设备

(1)稠度仪,内径为(50±0.1)mm,高为(100±0.10)mm 的铜质筒体,240 mm×240 mm 的玻璃板,筒体上升速度为 15 cm/s,并能下降复位;

(2)搅拌碗,用不锈钢制成,碗口内径为 16 cm,碗深 6 cm;

(3)搅拌锅,采用 GB 177 中的搅拌锅,在锅外壁上装有把手,便于手持;

(4)拌合棒,由三个不锈钢丝弯成的椭圆形套环组成,钢丝直径为 1 ~ 2 mm,环长约100 mm,宽约 45 cm,具有一定弹性;

(5)不锈钢直尺,分度值为 1 mm;

(6)天平,称量为 1 000 g,感量为 1 g;

（7）凝结时间测定仪,采用 GB 1346 中的水泥凝结时间测定仪;

（8）刮平刀,采用 GB 177 中的刮片刀;

（9）4 cm×4 cm×16 cm 三联试模;

（10）电动抗折试验机;

（11）压力试验机与抗压夹具,压力机最大荷载以 200 ~300 kN 为宜,抗压夹具由硬钢制成;

（12）电热鼓风干燥箱,控温器灵敏度为±1 ℃。

2. 实验材料

（1）建筑石膏,其各项性能指标符合标准《建筑石膏》（GB 9776—88）的规定。

（2）硅酸盐水泥,其各项性能指标符合国家标准《硅酸盐水泥、普通硅酸盐水泥》（GB 175—1999）的规定。

（3）矿渣,其各项性能指标符合国家标准《用于水泥中的粒化高炉矿渣》（GB/T203—1994）要求的矿渣磨细;或各项性能指标符合国家标准《用于水泥与混凝土中的粒化高炉矿渣粉》（GB/T 18046—2000）规定的矿渣粉。

（4）粉煤灰,其各项性能指标符合《用于水泥与混凝土中的粉煤灰》（GB 1596—91）的规定。实验采用原状灰或磨细灰。

（5）石灰,各项性能指标符合标准《建筑生石灰》（JC/T 479—92）要求的生石灰磨细;或各项性能指标符合标准《建筑消石灰粉》（JC/T 418—92）要求的消石灰;或各项性能指标符合标准《建筑生石灰粉》（JC/T 480—92）要求的生石灰粉。

（6）减水剂和有机硅防水剂等外加剂,各项性能指标符合国家标准《混凝土外加剂》（GB 8076—1997）的规定。

（7）有机硅乳液,市售。

（8）防水涂料,市售。

（9）草酸溶液,市售。

【实验内容及步骤】

实验中可能测试的技术指标有:标准稠度用水量、凝结时间、抗折强度、抗压强度、试件质量等。现按实验类型分述如下:

（1）配合比设计

以未采取任何改性措施的建筑石材为基准,当采取不同的改性措施时,改性用的原料可根据下述方案进行:

①用水硬性胶凝材料改性。硅酸盐水泥的掺量可以考虑为硅酸盐水泥∶石膏 = 0∶100、10∶90、20∶80、30∶70、40∶60、50∶50、60∶40 等。

②用火山灰活性材料改性。火山灰活性材料为矿渣时,矿渣掺量可以考虑为石膏∶矿渣 = 0∶100、10∶90、20∶80、30∶70 等。矿渣的细度可以考虑为粉磨 0.5 h、1 h、1.5 h、2 h 等。

火山灰活性材料为粉煤灰时,粉煤灰掺量可以考虑为粉煤灰∶石膏 = 0∶100、10∶90、20∶80、30∶70、40∶60 等。粉煤灰的细度可以考虑为原状灰、粉磨 0.5 h、1 h、

1.5 h、2 h 等。

用复合火山灰活性材料(如矿渣+粉煤灰)时,掺量和细度的确定参考上述建议。

为了充分发挥火山灰活性材料的活性,可以在使用火山灰材料的同时,使用活性激发剂。石膏本身也是火山灰材料的硫酸盐激发剂,也可使用硫酸钠(质量掺量为胶凝材料总量的1%~2%)作为硫酸盐激发剂,石灰(质量掺量为胶凝材料总量的1%~5%)水泥熟料(质量掺量为胶凝材料总量的5%~10%)作为碱激发剂等。

③用减水剂改性。减水剂的品种选用萘系减水剂,质量掺量为胶凝材料总量的0%~1.0%。

④用有机硅乳液改性。质量掺量为胶凝材料总量的 0%、0.1%、0.25%、0.5%、1.0% 等。

未采取任何改性措施的实验称为基准实验,对应试件称为基准试件;采取改性措施的实验称为改性实验,对应试件称为改性试件。

当改性用的材料为硅酸盐材料、矿渣粉、粉煤灰时,改性材料为内掺,即按建议的掺量取代部分建筑石膏,而胶凝材料总量不变。例如,用20%的矿渣粉进行改性,即胶凝材料总量为100%,其中石膏:矿渣=80:20,用20%的矿渣等质量取代20%的石膏。

当改性用的材料为石灰、减水剂、防水剂、激发剂等用量较少的物质时,改性材料为外掺,即按建议的掺量另外加入,不取代建筑石膏,胶凝材料总量略有增加。例如,用0.5%的减水剂改性,减水剂的加入量为建筑石膏质量的0.1%,而建筑石膏仍为不加减水剂之前的用量。

配合比设计中的未尽事宜仍按标准《建筑石膏》(GB 9776—88)的规定进行。

(2)标准稠度用水量

按标准《建筑石膏》(GB/T 17669.4—1999)的规定进行。

(3)凝结时间

按标准《建筑石膏》(GB/T 17669.4—1999)的规定进行。

(4)力学性能及其相关性能实验

抗折强度、抗压强度的实验统称为力学性能实验。

力学性能及其相关性能实验采用标准稠度用水量,用 4 cm×4 cm×16 cm 试模成型,测定其在规定养护条件下各龄期强度。

由于要通过不同条件下力学性能的变化来考察硬化体的耐水性,所以力学性能实验比单纯的建筑石膏要复杂,它分为饱水前后强度、干湿循环前后强度、溶蚀前后强度等。

①饱水前后强度及软化系数。石膏硬化体耐水性差的重要表现之一为硬化体的强度在干燥状态下与在饱水状态下有很大的不同,前者比后者高得多。通过理论学习已经知道,材料在饱和状态下的强度 f_w(MPa)除以材料在干燥状态下的强度 f(MPa)称为材料的软化系数 K_p,它表明材料抵抗水破坏作用的能力,即耐水性。

试件在室内空气中自然养护,平均温度为 20 ℃,平均相对湿度为75%。

测定干燥强度用绝干试件,是在(40±2)℃烘干至恒重。测定饱和吸水强度用吸水饱和试件,是将试件在 20 ℃左右的水中泡 24 h。实验中可同时测定抗折强度和抗压强度两种强度的变化。

石膏硬化体软化系数按下式计算：

$$K_p = \frac{f_w}{f}$$ (1)

式中 f_w——石膏试件在吸水饱和状态下的抗折或抗压强度，MPa；

f——石膏试件在干燥状态下的抗折或抗压强度，MPa；

K_p——石膏硬化体的软化系数（0~1）。

可以通过改性后石膏硬化体软化系数的增加情况来评价改性效果。

②干湿循环前后强度。干湿循环实验制度为 20 ℃水中 1 d、空气中 1 d 为一循环，进行 15 次循环。通过测定干湿循环前后试件的抗折或抗压强度，计算出干湿循环损失率 L，计算方法如下：

$$L = \frac{S - S'}{S} \times 100\%$$ (2)

式中 L——干湿循环后试件的抗折或抗压强度损失率，%；

S——干湿循环前试件的抗折或抗压强度，MPa；

S'——干湿循环后试件的抗折或抗压强度，MPa。

通过干湿循环前后强度的变化也能衡量石膏硬化体的耐水性，因而可以通过改性后石膏硬化体干湿循环强度损失的减少情况来评价改性效果。

③溶蚀前后强度。溶蚀实验制度为在 2 800 mL/min 的流速的流水中浸泡 10 d。通过测定溶蚀实验前后试件的抗折或抗压强度，计算出溶蚀实验强度损失率 K_f，计算方法如下：

$$K_f = \frac{F - F'}{F} \times 100\%$$ (3)

式中 K_f——溶蚀实验后试件的抗折或抗压强度损失率，%；

F——溶蚀实验前试件的抗折或抗压强度，MPa；

F'——溶蚀实验后试件的抗折或抗压强度，MPa。

通过溶蚀实验前后强度的变化也能衡量石膏硬化体的耐水性，因而可以通过改性后石膏的硬化体溶蚀实验强度损失的减少情况来评价改性效果。

（5）其他耐水性指标实验

①吸水率。石膏试件的吸水率实验是将尺寸为 4 cm×4 cm×16 cm 的试件做好标记，在（40±2）℃烘干至恒重，称其质量 m，记录后放入 20 ℃左右的水中，按宽度方向竖起，间隔不少于 10 mm，上端距水面不少于 20 mm。2 h 后将试样从水中取出，用湿毛巾擦去表面水分，再称量试件质量 m_1。按下式计算其吸水率：

$$W = \frac{m_1 - m}{m} \times 100\%$$ (4)

式中 W——石膏试件的质量吸水率，%；

m——石膏试件干燥状态下的质量，g；

m_1——石膏试件吸水饱和状态下的质量，g。

可以通过改性后石膏硬化体吸水率的减少情况来评价改性效果。

②溶蚀率。溶蚀实验制度为在 2 800 mL/min 流速的流水中浸泡 10 d。也可采用静水浸泡 30 d 或人工间歇淋雨,模拟雨量可为 1 100 mm 或 3 300 mm。溶蚀实验前后,试件均应在(40±2)℃烘干至恒重。

通过测定溶蚀实验前后试件的质量,计算出溶蚀实验质量损失率(简称溶蚀率),计算方法如下:

$$q = \frac{Q-Q'}{Q} \times 100\%$$ (5)

式中　q——溶蚀实验后试件的质量损失率,%;

　　　Q——溶蚀实验前试件的干燥质量,g;

　　　Q'——溶蚀实验后试件的干燥质量,g。

通过溶蚀实验前后质量的变化也能衡量石膏硬化体的耐水性,因而可以通过改性后石膏硬化体溶蚀实验质量损失率的减少情况来评价改性效果。

【实验报告要求】

报告内容包括立题依据、原理、测试方法及有关数据,原材料的原始分析数据,常规与微观特性检验的数据、图片或图表,试制经过及结论,并提出存在问题。如果是论文或科研课题,要对某一专题研究的深度提出观点、论点。在论文最后应注明查阅的中外资料的名称、作者姓名、出版单位、出版日期以及页数,按序号写清楚。

【注意事项】

(1)标准稠度用水量。所有改性措施应以不显著增加标准稠度用水量为前提。

(2)凝结时间。有的改性措施可能会显著延长凝结时间,但仍应在正常施工允许范围之内。

(3)抗折强度和抗压强度。由于有的改性措施可能会显著延长凝结时间,因此强度实验的龄期可能会因此需进行调整。例如,除了测定 2 h 强度之外,可能还会测定 1 d、3 d、7 d、28 d 等龄期的强度。

(4)将实验得到的数据进行归纳、整理与分类并进行数据处理与分析,找出规律性或用数理统计方法建立关系式或经验公式。如果认为某些数据不可靠可补作若干实验或采用平行验证实验,对比后决定数据取舍。

【思考题】

分析掺入水硬性胶凝材料、减水剂、有机硅或表面处理,提高石膏耐水性能的原因。

参考文献

[1] 辽宁省建筑材料研究所(起草). JC/T 478.1—92 建筑石灰试验方法物理试验方法 [S]. 北京:中国标准出版社,1993.

[2] 建筑材料科学研究院水泥科学研究所(起草). GB/T 5762—2000 中华人民共和国国家标准建材用石灰石化学分析方法[S]. 北京:中国标准出版社,2000.

[3] 辽宁省建筑材料研究所(起草). JC/T 478.2—92 建筑石灰试验方法化学分析方法 [S]. 北京:中国标准出版社,1993.

[4] 徐伏秋,张秋芬. 硅酸盐工业分析实验[M]. 北京:化学工业出版社,2009.

[5] 陈运本,陆洪彬. 无机非金属材料综合实验[M]. 北京:化学工业出版社,2007.

[6] 中国新型建筑材料工业杭州设计研究院(起草). 国家标准 GB/T 17669.5—1999 建筑石膏 粉料物理性能的测定[S]. 北京:中国标准出版社,1999.

[7] 中国新型建筑材料工业杭州设计研究院(起草). 国家标准 GB/T 17669.2—1999 建筑石膏结晶水含量的测定[S]. 北京:中国标准出版社,1999.

[8] 中国建筑材料科学研究院水泥科学与新型建材研究所(起草). 国家标准 GB/T5484—2000 石膏化学分析方法[S]. 北京:中国标准出版社,2000.

[9] 中国新型建筑材料工业杭州设计研究院(起草). 国家标准 GB/T 17669.4—1999 建筑石膏 净浆物理性能的测定[S]. 北京:中国标准出版社,1999.

[10] 中国新型建筑材料工业杭州设计研究院(起草). 国家标准 GB/T 17669.3—1999 建筑石膏力学性能的测定[S]. 北京:中国标准出版社,1999.

[11] 彭小芹. 建筑材料工程专业实验[M]. 北京:中国建材工业出版社,2004.

第二章　水泥工艺实验

水泥是一种粉状水硬性胶凝材料,目前有 35 个标准 40 个品种近 110 个强度等级或类型,其中产量最大的是通用硅酸盐水泥。水泥广泛应用于工业、农业、水利、交通、国防、城乡建设等领域,是一种用量巨大的建筑材料,在国民经济建设中占有重要地位。据中国国家发改委公布数据显示,2010 年中国水泥产量为 186 796 万吨,占世界水泥产量近1/2,连续多年居世界首位。然而,由于各种生产工艺并存,质量事故时有发生。

案例 1　据《工程质量》杂志 2000 年第 5 期资料显示,某地市当年进入施工现场的水泥,不合格率高达 14.2%,其中安定性不合格的为 8.7%,强度不合格的为 5.2%,凝结时间不合格的为 0.6%,细度不合格的为 0.8%,强度和安定性两指标重叠不合格的为 1.1%。

案例 2　江苏省无锡市荷叶住宅区 3#楼,七层砖混结构,建筑面积 3 840 m²,1994 年 10 月开工建设,1995 年 4 月发现 4~7 层使用了宜兴市某水泥厂生产的安定性不合格水泥,留下巨大安全隐患,经检测后决定拆除。

案例 3　1995 年 5 月,上海市锦浦大厦 20 层钢筋混凝土剪力墙结构,建筑面积为 21 280 m²,混凝土设计强度等级为 C30,其中 11~14 层误用某厂生产安定性不合格的普通 425 标号水泥,经检测,最后只好将 11~14 楼层报废,全部拆除,损失巨大。

案例 4　安徽省宿州市某公司承建的一所中学科技馆,四层框架结构,建筑面积为 4 040 m²,一层部分柱混凝土强度设计等级为 C30,采用现浇生产,于 1997 年 4 月 25 日至 5 月 12 日浇注,误用了安定性不合格的水泥。对工程进行现场勘察,发现部分柱体有明显龟裂。采用钻芯"压蒸"法,检测混凝土芯样压蒸前后的体积膨胀值和强度降低程度后,判定一层部分柱体拆除,直接损失 3 万多元。

案例 5　据福建省工商局网站报道,2010 年 1 月 18 日,家住福建省莆田市仙游县城关镇的陈先生诉称:他于 2009 年 12 月 10 日、12 月 26 日,先后两次向水泥经销商郑先生购买福建某水泥厂生产的水泥,用在浇灌自建的二层平板上。在第二层平板浇灌后的第二天,陈先生就发现该平板中有 10 多平方米面积无法凝结,用手指甲可刮出洞来。经仙游县工商局调解处理,最后该水泥厂同意给消费者陈先生一次性经济补偿 5 000 元。

案例 6　据水泥商情网报道,2009 年 3 月,四川古蔺县二郎镇聂某等 9 名消费者以 315 元的单价,从古蔺县某水泥厂购买水泥 81 吨,在房屋修建中或完工后,发现水泥存在脱落、不凝固等严重质量问题,要求厂家赔偿。古蔺县消委会调查后发现:这些水泥均系不合格产品。最终厂方一次性赔偿聂某等 9 人 7.39 万元,并受到严肃处理。

百年大计,质量第一。如何强化水泥企业质量管理意识,提高水泥产品质量及其稳定性,是我国水泥行业管理和科研人员面临的一项长期而艰巨的任务。

基础型实验

实验一　水泥生料易烧性实验

易烧性是水泥生料按一定制度煅烧后的氧化钙吸收反应程度。它是测试水泥生料煅烧难易程度的最直接的物理性能指标。

【实验目的】

对水泥生料的易烧性进行实验和评价。

【实验原理】

按一定的煅烧制度对一种水泥生料进行煅烧后,测定其游离氧化钙含量。用游离氧化钙含量表示该生料的煅烧难易程度。游离氧化钙越低,生料易烧性越好。

【实验设备及材料】

1.实验设备

(1)ϕ305 mm×305 mm 实验球磨机;

(2)预烧用高温炉:额定温度不小于 1 000 ℃;

(3)煅烧用高温炉:额定温度不小于 1 600 ℃,仪表精度不低于 1.0 级;

(4)电热干燥箱;

(5)平底耐高温容器、坩埚夹钳;

(6)试体成型模具(见图2.1),材质为 45 号钢。

2.试样制备

(1)以实验室制备的生料或掺适量煤灰混匀的工业生料作为实验生料。实验室使用 ϕ305 mm×305 mm 的球磨机制备生料,一次制备一种生料约 1 kg。同一配比生料的细度系列中,应包括 0.080 mm 筛筛余(10±1)% 的细度。所有生料的 0.2 mm 筛筛余不得大于1.5%。

(2)取同一配比同一细度的均匀生料 100 g,置于洁净容器中,边搅拌边加入 20 mL 蒸馏水,拌合均匀。

(3)每次取湿生料(3.6±0.1)g,放入试体成型模内,手工锤制成 ϕ13 mm×13 mm 的圆柱形小试体。

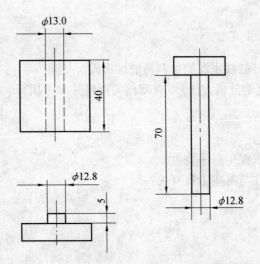

图 2.1　生料易烧性实验试体成型模具

3.实验温度

试体煅烧可按下列温度进行:1 350 ℃;1 400 ℃;1 450 ℃。

特殊需要时,也可增加其他温度。

【实验内容及步骤】

1.实验步骤

(1)将试体放在 105～110 ℃的电热干燥箱内烘至少 60 min。

(2)取相同试体 6 个为一组,均匀且不重叠地直立于平底耐高温容器内。

(3)将盛有试体的容器放入恒温 950 ℃的预烧高温炉内,恒温预烧 30 min。

(4)将预烧完毕的试体随同容器立即放到恒温至实验温度的煅烧高温炉内,恒温煅烧 30 min。容器尽可能放置在热电偶端点的正下方。煅烧时间从放样开门起到取样开门止。

(5)煅烧后取出的试体置于空气中自然冷却。

(6)将冷却后的 6 个试体一起研磨至全部通过 0.080 mm 方孔筛,装入贴有标签的磨口小瓶内。

(7)按 GB/T 176 测定游离氧化钙含量。或者使用快速自动分析仪器进行测量。

2.结果表示

(1)以各实验温度煅烧后试样的游离氧化钙含量作为易烧性实验结果。

(2)两次对比实验结果的允许绝对误差见表 2.1。

表 2.1　允许绝对误差

游离氧化钙含量/%	允许绝对误差/%
≤3.0	0.30
>3.0	0.40

【注意事项】

（1）本方法适用于硅酸盐水泥的生料易烧性实验。

（2）GB 176《水泥化学分析方法》可查阅相关资料并参考执行。

【思考题】

（1）为什么要测定水泥生料易烧性？

（2）水泥生料易烧性与哪些因素有关？

实验二 水泥生料中碳酸钙滴定值的测定

硅酸盐水泥半成品——生料由石灰石、黏土和少量校正原料按一定比例配成。在普通硅酸盐水泥生产中,为了对生料的质量进行快速、准确的控制,除要测定各氧化物的质量分数外,还需要检验碳酸钙滴定值的合格率是否符合工艺指标,这是生料质量控制的重要项目之一。

【实验目的】

掌握水泥生料碳酸钙滴定值的测定方法。

【实验原理】

水泥生料中的碳酸钙和碳酸镁与盐酸标准溶液作用,生成相应的盐类和碳酸(碳酸又分解为 CO_2 与 H_2O),以酚酞为指示剂,用氢氧化钠标准溶液滴定过剩的盐酸,根据消耗标准氢氧化钠溶液的体积和浓度,计算出生料中碳酸钙的滴定值,反应如下:

$$CaCO_3 + 2HCl \longrightarrow CaCl_2 + H_2O + CO_2 \uparrow$$
$$MgCO_3 + 2HCl \longrightarrow MgCl_2 + H_2O + CO_2 \uparrow$$
$$NaOH + HCl \longrightarrow NaCl + H_2O$$

【实验设备及材料】

(1)碱性滴定管、烧杯、天平(感量为 0.01 g)、分析天平(感量为 0.000 1 g)、锥形瓶 250 mL、石膏板加热电炉等。

(2)氢氧化钠、盐酸、苯二甲酸氢钾、酚酞指示剂、煮沸蒸馏水等。

【实验内容及步骤】

1.试剂及配置

(1)酚酞指示剂溶液(10 g/L):将 1 g 酚酞溶于 100 mL 乙醇中。

(2)氢氧化钠标准溶液(0.250 0 mol/L):将 100 g 氢氧化钠溶于 10 L 水中,充分摇匀,储存在带胶塞的硬质玻璃瓶或塑料瓶中。

标定方法:准确称取约 1 g 苯二甲酸氢钾,置于 400 mL 烧杯中,加入约 150 mL 新煮沸并已用氢氧化钠溶液中和至酚酞呈微红色的冷水,搅拌使其溶解,然后加入 2~3 滴 10 g/L 酚酞指示剂溶液,用配好的氢氧化钠标准滴定溶液滴定至微红色。

氢氧化钠标准滴定溶液的浓度按下式计算:

$$c(\text{NaOH}) = \frac{m \times 1\,000}{V \times 204.2} \tag{1}$$

式中　$c(\text{NaOH})$——氢氧化钠标准滴定溶液的浓度,mol/L;

　　　m——苯二甲酸氢钾的质量,g;

　　　204.2——苯二甲酸氢钾的摩尔质量,g/mol。

(3)0.500 0 mol/L 盐酸标准溶液:将 420 mL 盐酸注入 9 660 mL 水中,充分摇匀。

标定方法:准确吸取 10.00 mL 配制好的盐酸初始溶液,注入 400 mL 烧杯中,加入约 150 mL 煮沸过的蒸馏水和 2~3 滴 10 g/L 酚酞指示剂溶液,用已知浓度的氢氧化钠标准滴定溶液滴定至微红色出现。

盐酸标准滴定溶液的浓度按下式计算:

$$c = \frac{c_1 V_1}{10} \tag{2}$$

式中　10——吸取盐酸标准滴定溶液的体积,mL;

　　　c——盐酸标准滴定溶液的浓度,mol/L;

　　　c_1——已知氢氧化钠标准滴定溶液的浓度,mol/L;

　　　V_1——滴定时消耗氢氧化钠标准滴定溶液的体积,mL。

2. 测定步骤

准确称取约 0.5 g 试样,置于 250 mL 锥形瓶中,用少量水将试样润湿,然后从滴定管中准确加入 25 mL,0.5 mol/L 盐酸标准滴定溶液(V_1),用水冲洗瓶口,并用量筒加入 30 mL水,将锥形瓶放在小电炉上加热,待溶液沸腾后继续在电炉上微沸 1 min 取下,用水冲洗瓶口及瓶壁,加 5~6 滴 10 g/L 酚酞指示剂溶液,用 0.25 mol/L 氢氧化钠标准滴定溶液滴定至微红色为止(消耗量为 V_2)。碳酸钙滴定值按下式计算:

$$c(\text{CaCO}_3) = \frac{(c_1 V_1 - c_2 V_2) \times 50}{m \times 1\,000} \times 100\% \tag{3}$$

式中　c_1——盐酸标准滴定溶液的浓度,mol/L;

　　　V_1——加入盐酸标准滴定溶液的体积,mL;

　　　c_2——滴定时消耗氢氧化钠标准滴定溶液的浓度,mol/L;

　　　V_2——滴定时消耗氢氧化钠标准滴定溶液的体积,mL;

　　　50——($\frac{1}{2}\text{CaCO}_3$)的摩尔质量,g/mol;

　　　m——试样的质量,g。

【注意事项】

(1)所用的酸碱滴定管最好是专供测定碳酸钙滴定值用的滴定管。

(2)为防止溶液在沸腾时溅出,可在锥形瓶中预先加入十余粒小玻璃珠。

(3)加酸时应随时摇荡,以防试样黏在瓶底,不易分解。

(4)在锥形瓶口可插上带有玻璃管的橡皮塞。

(5)若生料含煤,滴定终点不够明显,要在明亮处滴定,且速度应慢些。

(6)盛装 NaOH 溶液的瓶口应装有碱石灰干燥管,最好使用聚乙烯塑料广口瓶装 NaOH。

(7)用酸碱中和法测定硅酸盐水泥生料中的碳酸钙滴定值,实验中所消耗的酸除了碳酸钙所消耗酸以外,实际上还包括了碳酸镁的少量有机物所消耗酸,这样计算出来的碳酸钙质量分数称为碳酸钙滴定值。另外,碳酸钙滴定值从理论上讲可以利用分子式 1.789CaO+2.48MgO 计算出来,但由于生料中部分氧化钙和氧化镁是以不溶于盐酸的盐类存在,或者采用石膏做矿化剂,在酸碱滴定时,不能将这部分钙全部测出来,所以实际测定值与理论计算值之间存在一定的差额,在确定碳酸钙滴定值实际控制范围时,要考虑这一因素。

【思考题】

(1)简述生料中碳酸钙滴定值的测定原理。

(2)如何利用碳酸钙滴定值控制生料成分?

实验三 水泥熟料中游离氧化钙的测定

在水泥熟料煅烧过程中,由于原料的成分受物理结构、生料配比、细度、均匀性以及熟料煅烧温度、煅烧时间和冷却制度等因素的影响,有少量的氧化钙没能与酸性氧化物二氧化硅、三氧化二铝和氧化铁等结合形成矿物,而以游离状态存在,称为游离氧化钙。游离氧化钙含量的高低是判断熟料煅烧质量好坏的重要参数之一。游离氧化钙的存在不同程度地影响水泥的安定性和其他性能,因而也是生产质量控制的主要项目之一。另外,在评价生料易烧性时,游离氧化钙也是一个重要指标。

【实验目的】

掌握测定硅酸盐水泥熟料中游离氧化钙含量的方法。

【实验原理】

采用适当的溶剂如甘油-乙醇溶液或乙二醇溶液等,萃取熟料中的游离氧化钙,使其产生相应的钙盐,再用苯甲酸标准溶液或盐酸标准溶液滴定所生成的钙盐,根据所消耗的标准溶液的浓度和体积,计算出试样中的游离氧化钙含量。

1. 甘油-乙醇法的原理

在无水甘油-乙醇混合溶液中,加入硝酸锶做催化剂,加热微沸下与水泥熟料中游离氧化钙作用,生成甘油酸钙。由于甘油酸钙呈弱碱性并溶于溶液中,使酚酞指示剂变红色,然后用苯甲酸标准溶液滴定至溶液红色消失,根据滴定时消耗的苯甲酸标准溶液的用量,计算游离氧化钙的含量。反应式如下:

$$f-CaO + \begin{array}{c} CH_2OH \\ | \\ CHOH \\ | \\ CH_2OH \end{array} \xrightarrow[\text{催化}]{Sr(NO_3)_2} \begin{array}{c} CH_2OH \\ | \\ CHOH \\ | \\ CH_2O \end{array}\Bigg\rangle Ca + H_2O$$

$$\begin{array}{c} CH_2O \\ | \\ CHOH \\ | \\ CH_2O \end{array}\Bigg\langle Ca + 2C_6H_5COOH = \begin{array}{c} CH_2OH \\ | \\ CHOH \\ | \\ CH_2OH \end{array} + Ca(C_6H_5COO)_2$$

2. 乙二醇法的原理

乙二醇在 $65\sim75\ ℃$ 时与水泥熟料中游离氧化钙作用生成弱碱性的乙二醇钙并溶于溶液中,经过滤分离残渣后,以甲基红溴甲酚绿为指示剂,用盐酸标准溶液滴定至溶液由褐色变为橙色。再由消耗的盐酸标准溶液的体积,计算游离氧化钙的含量。反应式如下:

$$f-CaO + \begin{array}{c} CH_2OH \\ | \\ CH_2OH \end{array} = \begin{array}{c} CH_2O \\ | \\ CH_2O \end{array}\!\!\!\!\Big\rangle Ca + H_2O$$

$$\begin{array}{c} CH_2O \\ | \\ CH_2O \end{array}\!\!\!\!\Big\rangle Ca + 2HCl = \begin{array}{c} CH_2OH \\ | \\ CH_2OH \end{array} + CaCl_2$$

甘油乙醇法的特点是准确、可靠,但需进行沸煮回流,耗时较长。乙二醇法耗时较少,但要经过过滤分离残渣,其结果的准确性与甘油乙醇法相似。

【实验设备及材料】

1. 甘油乙醇法

(1)主要设备:电子天平(感量为 0.001 g)、精密天平(感量为 0.000 1 g)、150 mL 锥形瓶、250 mL 量筒、带石膏板加热电炉、回流冷凝装置、滴定装置、干燥器、马弗炉、瓷坩埚等。

(2)实验药品:无水乙醇、氢氧化钠、硝酸锶、苯甲酸、酚酞指示剂、蒸馏水、硅酸盐水泥熟料等。

2. 乙二醇法

(1)主要设备:电子天平(感量为 0.001 g)、精密天平(感量为 0.000 1 g)、200 mL 锥形瓶、250 mL 量筒、抽气过滤装置、带石膏板加热电炉、滴定装置、干燥器、马弗炉、瓷坩埚等。

(2)实验药品:无水乙醇、乙二醇、盐酸、标准碳酸钙、甲基红-溴甲酚绿混合指示剂、蒸馏水、硅酸盐水泥熟料等。

【实验内容及步骤】

1. 甘油乙醇法

(1)试剂及配制

①无水乙醇含量不低于 99.5%(V/V)。

②氢氧化钠无水乙醇溶液(0.01 mol/L)的配制:将 0.2 g 氢氧化钠溶于 500 mL 无水乙醇中。

③无水甘油-乙醇溶液的配制:将 220 mL 甘油放入烧杯中,在有石棉网的电炉上加热、分次加 30 g 硝酸锶,至溶解后在 160~170 ℃ 下加热 2~3 h(脱水),冷却至 60~70 ℃ 后倒入 1 000 mL 无水乙醇中,加入 0.05 g 酚酞指示剂混匀,以 0.01 mol/L 无水氢氧化钠无水乙醇溶液中和至微红色。

④苯甲酸无水乙醇标准溶液(0.1 mol/L)的配制:将预先在干燥器中放置一昼夜的苯

甲酸 12.3 g 溶解于 1 000 mL 无水乙醇中,储存于带胶塞(装有硅胶的干燥管)的玻璃瓶内。

标定方法:准确称取 0.04 ~ 0.05 g 氧化钙预先在 950 ~ 1 000 ℃高温炉内烧至恒定质量,置于 150 mL 干燥锥形瓶内,加入 15 mL 无水甘油乙醇溶液,装上回流冷凝管,在有石棉网的电炉上加热至沸,直至溶液呈深红色,取下锥形瓶,立即用 0.1 mol/L 苯甲酸无水乙醇标准溶液滴定至微红色消失,再如此反复操作,直至加热 10 min 后不再出现红色为止。

⑤结果计算

$$T_{氧化钙} = \frac{m \times 1\ 000}{V} \tag{1}$$

式中　$T_{氧化钙}$——每毫升苯甲酸无水乙醇标准溶液相当于氧化钙的毫克数,mg/mL;

　　　m——氧化钙的质量,g;

　　　V——滴定时消耗 0.1 mol/L 苯甲酸无水乙醇溶液的总体积,mL。

(2)试样制备

熟料磨细后,用磁铁吸除样品中的铁屑,然后装入带有磨口塞的广口玻璃瓶中密封保存。试样总量不得少于 200 g。分析前,将试样混合均匀,以四分法缩减至 25 g,然后取出 5 g 左右放在玛瑙研钵中研磨至全部通过 0.080 mm 方孔筛,再将样品混合均匀。储存在带有磨口塞的小广口瓶中,放在干燥器内保存备用。

(3)测定步骤

准确称取 0.5 g 熟料试样,置于 150 mL 干燥锥形瓶中,加入 15 mL 无水甘油-乙醇溶液,摇匀,装上回流冷凝管,在有石棉网的电炉上加热煮沸 10 min,至溶液呈红色时取下锥形瓶,立即用 0.1 mol/L 苯甲酸无水乙醇标准溶液滴定至红色消失,如此反复操作,直至加热 10 min 后不再出现微红色为止。

试样中游离氧化钙含量按下式计算:

$$w(游离氧化钙)/\% = \frac{T_{氧化钙} V}{m \times 1\ 000} \times 100\% \tag{2}$$

式中　$T_{氧化钙}$——每毫升苯甲酸无水乙醇标准溶液相当于氧化钙毫克数,mg/mL;

　　　m——试样质量,g;

　　　V——滴定时消耗 0.1 mol/L 苯甲酸无水乙醇标准溶液的总体积,mL。

每个试样应分别测两次,当计算所得 w(游离氧化钙)<2% 时,两次结果的绝对误差应在 0.1% 以内,当 w(游离氧化钙)>2% 时,两次结果的绝对误差应在 0.2% 以内。如超出允许范围,应在短时间内进行第三次测定,测定结果与前两次或任一次分析结果之差值符合允许误差规定,则取平均值;否则,应查找原因,重新按上述步骤进行分析。

2. 乙二醇法

(1)试剂及配制

①无水乙醇:含量不低于 99.5%(V/V)。

②乙二醇:含量不低于 99.5%(V/V)。每升乙二醇中加入 5 mL 甲基红-溴甲酚绿混合指示剂溶液(甲基红-溴甲酚绿混合指示剂溶液:将 0.05 g 甲基红与 0.05 g 溴甲酚绿溶

于约 50 mL 无水乙醇中)。

③盐酸标准溶液(0.1 mol/L)的配制:将 8.5 mL 盐酸(市售品)加水稀释至 1 L,摇匀。

取一定量碳酸钙于瓷坩埚中,在 950～1 000 ℃下灼烧至恒重。从中称取0.04～0.05 g氧化钙,精确至 0.1 mg,置于干燥的内装一搅拌子的 200 mL 锥形瓶中,加入 40 mL 乙二醇,盖紧锥形瓶,用力摇荡,在 65～70 ℃水浴上加热 30 min,每隔 5 min 摇荡一次(也可用机械连续振荡代替)。用放有合适孔隙率滤纸的烧结玻璃过滤漏斗抽气过滤。用无水乙醇仔细洗涤锥形瓶和沉淀共三次,每次用量 10 mL。卸下滤液瓶,用盐酸标准溶液滴定至溶液颜色由褐色变为橙色。

盐酸标准溶液对氧化钙的滴定度按下式计算:

$$T_{氧化钙} = \frac{m \times 1\,000}{V} \tag{3}$$

式中　$T_{氧化钙}$——每毫升盐酸标准溶液相当于氧化钙的毫克数,mg/mL;

　　　V——滴定时消耗盐酸标准溶液的体积,mL;

　　　m——氧化钙的质量,g。

(2)测定步骤

称取约 1 g 试样,精确至 0.1 mg,置于干燥的内装一根搅拌子的 200 mL 锥形瓶中,加 40 mL 乙二醇,盖紧锥形瓶,用力摇荡,在 65～70 ℃水浴上加热 30 min,每隔 5 min 摇荡一次,也可用机械连续振荡代替。

用放有合适孔隙率滤纸的烧结玻璃过滤漏斗抽气过滤。用无水乙醇或热的乙二醇仔细洗涤锥形瓶和沉淀共三次,每次用量 10 mL。卸下滤液瓶,用 0.1 mol/L 盐酸标准溶液滴定至溶液由褐色变为橙色。试样中游离氧化钙含量按下式计算:

$$w(游离氧化钙)/\% = \frac{T_{氧化钙} \times V}{m \times 1\,000} \times 100\% \tag{4}$$

式中　$T_{氧化钙}$——每毫升盐酸标准溶液相当于氧化钙的毫克数,mg/mL;

　　　m——试样的质量,g;

　　　V——滴定时消耗盐酸标准溶液的体积,mL。

数据处理方法同甘油乙醇法。

【注意事项】

(1)用甘油乙醇法所测得的氧化钙,实际上是游离氧化钙与氢氧化钙的总量。因此在测定过程中,试样、试剂和仪器均要注意防水。试样和试剂必须无水,保存时注意密封。甘油吸水能力强,沸煮后要抓紧时间进行滴定,以防吸水。沸煮尽可能充分,尽量减少滴定次数。

(2)分析游离氧化钙的硅酸盐熟料试样必须充分磨细至全部通过 0.080 mm 方孔筛。熟料中游离氧化钙除分布于中间体外,尚有部分游离氧化钙以矿物的包裹体存在,被包裹在 A 矿等矿物晶粒内部。若试样较粗,这部分游离氧化钙将难以与甘油反应,测定时间拉长,测定结果偏低。此外,煅烧温度较低的欠烧熟料,游离氧化钙含量较高,但却较易磨细。因此,制备试样时,应把试样全部磨细过筛并混匀,不能只取其中容易磨细的试样进行分析,而把难磨的试样抛去。

(3)甘油无水乙醇溶液必须用 0.01 mol/L 的 NaOH 溶液中和至微红色(酚酞指示),使溶液呈弱碱性,以稳定甘油酸钙。若试剂存放一段时间,由于吸收了空气中的 CO_2 等使微红色褪去,此时必须再用 NaOH 溶液中和至微红色。

(4)甘油与游离石灰反应比较慢,在甘油无水乙醇溶液中加入适量的无水硝酸锶可起催化作用。无水氯化钡、无水氯化锶也是有效的催化剂。甘油无水乙醇溶液中的乙醇是助溶剂,促进石灰和甘油酸钙溶解。

(5)沸煮的目的是加速反应,加热温度不宜太高,微沸即可,以防试液飞溅。若在锥形瓶中放入几粒小玻璃球珠,可减少试液的飞溅。

【思考题】

(1)甘油乙醇法测定游离氧化钙的原理是什么?

(2)乙二醇法测定游离氧化钙的原理是什么?

(3)如何能保证测量结果的准确性?

实验四 水泥熟料岩相结构观测

利用显微镜对熟料进行结晶矿物岩石学的直接观察来鉴定熟料的真实矿物组成,具有重要的意义。通过显微镜的观察,可以知道化学分析所不能表达的熟料岩相结构,如相的形态、大小、相互关系和分布状况等。这些矿物结构上的特征,往往与熟料的质量有密切的关系。同样,熟料的岩相结构也反映出熟料生产过程中各种工艺因素的影响,如两种具有相似的化学成分及相应的计算矿物组成的熟料,往往会由于原料的矿物结构、生料的细度和均匀程度、熟料烧成温度、在高温带通过的时间以及熟料冷却速度等不同,而使熟料最终的岩相结构有很大的差异。因此,对熟料进行岩相观察,可帮助工厂及时发现熟料质量波动的原因,起到加强控制生产和产品质量的作用。

【实验目的】

掌握熟料岩相分析步骤和方法;利用反光显微镜对硅酸盐水泥熟料的岩相结构进行观察;学会识别熟料主要矿物。

【实验原理】

将块状或粉状样品胶合成的小块,经过磨平抛光,制成一个很光亮的表面,称为光片。光片用特定的化学试剂浸蚀后,以金相显微镜(亦称反光显微镜)在反射光下观察样品的显微结构和矿物组成。

【实验设备及材料】

1.实验仪器设备

(1)4XCE反光显微镜(或同类反光显微镜),如图2.2所示。

反光显微镜是金相显微镜与矿相显微镜的总称,目前硅酸盐工业上使用较多的是金相显微镜。反光显微镜的构造与偏光显微镜有相似的镜座、镜臂、镜筒、目镜、物镜及载物台等,还有一个特殊的装置,即垂直照明器。各种反光显微镜上的垂直照明器,式样不完全相同,但其构造与原理基本相似。

(2)高清晰彩色摄像器。

(3)电脑及图像采集系统。

(4)台式磨片机(双盘直径为200 mm、转速为1 400 r/min)。

(5)300 W电炉、坩埚、成型模具。

(6)酸腐蚀容器、电吹风、麂皮、干燥皿、滤纸、试剂瓶等。

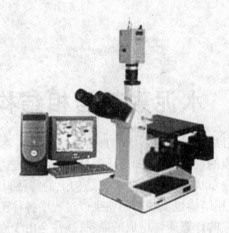

图 2.2　4XCE 反光显微镜

2. 实验原材料

(1)工业硫黄粉(熔点为 115 ℃、沸点为 444.6 ℃、燃烧温度为 248~261 ℃)。

(2)2.5 μm 氧化铝粉。

(3)220 号、320 号、600 号、1000 号耐水砂纸。

(4)无水酒精。

(5)1% 硝酸溶液。

(6)1% 氯化铵溶液。

3. 观测用硅酸盐水泥熟料

【实验内容及步骤】

1. 光片制作

(1)大块熟料试样:可直接制成光片,不需要浇注成型。把块状试样磨成光片就可以在反光显微镜下进行观察。

(2)硫黄光片:取样要有代表性。一般将不同试样敲碎成大小约为 3~5 mm 颗粒,选取几颗置于光片钢模内活塞上,然后将熔融成液状的工业硫黄注入模内,待硫黄冷却凝固后脱模,取出光片。若制备粉末硫黄光片,先将试样粉和硫黄粉混合均匀,加热熔融后倒入模内。

(3)电木粉光片:将试样粉和电木粉先混合均匀,倒入带有模底和模盖的套筒内,然后置于电木成型机上,在边加热边施以压力的条件下成型。待温度达 190 ℃并保持在(190±5)℃,压力达 330 kg/cm² 时,试样成型完毕,冷却后将光片取出。

(4)环氧树脂光片:这种光片与硫黄光片的成型方法基本相同,亦是将 5 mm 以下的试样颗粒放在光片模内的活塞上,然后把加有硬化剂的环氧树脂倒入模内,经硬化后脱模。如果是粉末试样,可以把粉末倒入环氧树脂内充分搅拌均匀后,再倒入光片模内使之硬化。

按照不同的要求,制备的光片又分为粗粒、细粒和粉末光片三种。粗粒光片用于窑前快速分析,通过观察从窑前瞬时抽取的熟料样品的矿物组成和显微结构特征,及时了解生产工艺过程中所发生的不正常现象。细粒光片是将大量样品经过缩分后,破碎至颗粒小于 5 mm,取其中一部分制成的光片。细粒光片既保持了熟料矿物原来结构的完整状态,又有较好的代表性,在细致研究熟料的结构及矿物定量时经常采用。粉末光片的优点是有较好的代表性,但熟料的结构已在制作粉末时部分受到破坏。粉末片宜在精确测定矿物的含量时应用。

2. 光片磨光

经铸制的光片试样表面粗糙、形变层厚,在显微镜检查之前,必须经过磨光和抛光。试样的磨制在整个显微观察分析中起着极其重要的作用,直接影响其显微结构分析的结果。成型后试样的磨制一般经过粗磨、中磨和细磨。粗磨是用较粗的磨料将试样磨出一个平面,对于成型的试样要磨到试样颗粒均匀地露出表面。然后用水洗净,依次换用较细的磨料进行中磨和细磨,以便逐步将前次磨料造成的擦痕磨平,直到将试样表面磨制平整光滑为止。在细磨中,同时要将光片四周的棱角微微地磨去,以免光片细磨和抛光时划破布料和呢绒,还可防止光片边缘破碎掉块,以致划破平面产生擦痕。

(1)用 220 号耐水砂纸,在台式磨片机上粗磨至试样表面平整,颗粒显露(约需 2 min),并将试样倒边(小于 1 mm),用清水或无水酒精冲净试样上残渣。

(2)用 320 号耐水砂纸,在台式磨片机上细磨 2 min,用清水或无水酒精冲净试样上残渣。

(3)用 600 号耐水砂纸,在台片磨片机上细磨 2 min,用清水或无水酒精冲净试样上残渣。

(4)用 1000 号耐水砂纸,在台片磨片机上细磨 2 ~ 3 min,用清水或无水酒精冲净试样上残渣。用肉眼检查研磨情况,要求光片基本无擦痕,有光泽感。

3. 光片抛光

试样经磨光后,仍有细微磨痕及表面形变层,这将影响正确的观察显示,因而必须通过抛光加以消除。抛光加工的目的是制造出平坦而且加工变形层很小、没有擦痕的表面。常用的抛光研磨剂为细度小于 3 μm 的氧化铝粉、氧化铬粉、氧化铁粉和金刚石等。

抛光加工方法有机械抛光、电解抛光、化学抛光等。对水泥熟料而言,机械抛光最为普遍。机械抛光一般分为两步,即试样磨光后先粗抛,后细抛。制出的光片应达到如下的要求:

(1)光片的孔洞少(除矿物自身孔隙和解理外)或无孔洞。

(2)较硬的矿物应无擦痕,较软的矿物可略有不妨碍观察矿物的轻微擦痕。

(3)较硬和较软矿物之间的突起界线差别不宜太大,否则会影响光片的显微观察和显微照相。

(4)同一光片磨光程度,无论是中间部分或边缘部分,反光程度应基本一致。

(5)光片表面光滑,具镜面反射的特点,细小矿物和胶结矿物都能很好地显露。

(6)光片中矿物种类和结构特点显露清楚,能满足观察的要求。

首先将细绒布料按磨光面金属盘的大小剪下一块,最好用沥青平坦地粘贴在金属磨盘上,也可将布料用磨盘的外箍箍在盘上,便可以进行光片的抛光。加酒精和 2.5 μm 氧化铝粉。须注意用一块专用的试样把无水酒精和抛光粉研磨分布均匀后,再将光片放上抛光。用粉量一般以一开始就一次加妥为最好。因为氧化铝粉经过研磨后,颗粒越磨越细,光片的平面也随之越来越细致,如再加新粉,反而会使光片表面变得粗糙。光片抛光时先拿牢执平试样并与抛织物接触,压力要适当。若用力过大表面易发热变灰暗,使形变扰动层加厚,不利于抛好试样;其次,抛光时试样应逆着抛光盘转动,同时也要由抛光盘的边到中心往复移动,并随时转动光片方向,如抛光时光片始终以一个方位停留在抛光机上不动,就会使光片中的软硬矿物之间产生一个方向性的针状条痕;另外抛光加无水酒精量要少一点,干一点磨,光片平面容易达到细致光滑;抛光时间不宜过长,一般根据矿物硬度和使用的布料情况而定。硅酸盐矿物硬度不太大,约磨 5 ~ 10 min 即可,但这不是绝对的,磨光时间的长短还要看细磨和粗磨光工作的基础。在抛光过程中,应随时在反光显微镜下检查和观察光片的抛光程度,力求清除光面上的细小麻点和擦痕。

4. 光片浸蚀

矿物光片经过抛光以后,在表面上覆盖着一层厚度为几微米的非晶质薄膜,这种非晶质薄膜填充了矿物显微结构中的裂缝及晶体边缘空隙,导致看不出晶体的内部结构和不同晶体之间的界限。当用特定试剂作用于光片表面时,开始是非晶质薄膜被溶解,并显现出矿物的某些结构特征;试剂继续作用引起矿物表面不同程度的溶解,或生成带有色彩的沉淀。如果作用过甚就破坏或掩盖了起初所显示的结构,为此要避免试体被试剂过度浸蚀。使用的试剂大部分为酸碱或络合剂。浸蚀试剂的种类、浓度、浸蚀温度和时间,必须根据被浸蚀的矿物进行选择,不同的浸蚀效果见表2.2。

表 2.2　常见硅酸盐水泥熟料浸蚀剂和浸蚀条件

编号	浸蚀试剂名称	浸蚀条件	显形的矿物
1	质量分数为1%的氯化氨水溶液	20 ℃　5 ~ 7 s	阿利特,贝利特,方镁石,游离氧化钙,中间体
2	质量分数为1%的硝酸酒精溶液	20 ℃　2 ~ 3 s	阿利特,贝利特,方镁石,游离氧化钙,中间体
3	蒸馏水	20 ℃　2 ~ 3 s	游离氧化钙
4	质量分数为5%的氢氧化钠水溶液	20 ℃　30 s	黑色中间物,白色中间物
5	—		方镁石

光片在浸蚀之前,应用麂皮仔细擦干净。如光片预先用油浸蚀观察过,须除去表面的浸油。光面上染有油污,可能引起浸蚀实验的失败。

光片浸蚀时用棉签蘸取浸蚀液轻擦试样表面即能达浸蚀作用,可将矿物表面的杂物清除干净,矿物的显微结构(包括晶体界线、解理、双晶及矿物的环带结构与包裹体等)清晰,矿物的着色情况良好。在室温下浸蚀光片,浸蚀时间要随温度高低作适当调整,室温升高浸蚀时间要减少,反之浸蚀时间要适当延长。

5. 显微观察与图像采集

显微观察及图像采集是岩相分析中的一个重要环节。为了得到影像清晰、反差合适的显微照片,从试样准备、显微镜的调节等,每个环节都必须认真做好。

(1)反光显微镜的调节

①调节光源。装上物镜和目镜,调节孔径光阑至 10 mm 处(可在光阑的刻度上读

出），接通电源，观察视域中亮度是否均匀（视域中出现最亮的部分是居于中间还是偏斜一边），当发现视域中亮度不均时，要调节灯座（转动灯座时，要使偏心圈和灯座的两红点对齐），使视域最亮并均匀，然后再拧转偏心圈，固定灯座，有些质量较好的显微镜上的照明光源调节较复杂，要严格遵照显微镜说明书上规定的步骤操作。

②调节视场光阑。当尽量缩小视场光阑时，光阑圈的小亮圆点应能精确对准目镜十字丝交点。如有偏斜，可调节视场光阑的中心校正螺丝，直至小亮圆点对准目镜十字丝交点。为了避免边缘杂乱光线的干扰，视场光阑圈最大只能开启到其边缘与视域相重合的大小。

③调节孔径光阑。孔径光阑的作用有两个，一是挡去射向视域边缘有害的漫反射光线，二是调节视域中光的亮度，控制影像的反差。因此孔径光阑的调节，要根据观察对象的不同，随时进行，一般在高倍显微镜下观察时，为了增大物镜的光孔角，提高显微镜的分辨力，要适当放大孔径光阑；在低倍显微镜下观察时，为了增强影像的反差，可以适当缩小孔径光阑。

（2）反光显微镜的使用

①先轻轻地将显微镜搬出，对照说明书，检查部件是否齐全，有无损坏。

②安装物镜与目镜。取下物镜和目镜筒中的防尘盖，装上目镜、物镜，本实验中取放大倍数为目镜 10×，物镜 25×、40×。

③安置光片与载物台时，先检查光片的反射面是否水平。若不平，则用一些纸屑或其他东西垫平，作用是在转换视域的过程中，光片不致碰到物镜而使物镜受损。

④接通电源，注意电源电压与显微镜使用电压一致。

⑤调节电源。保证视域光线均匀，明亮。

⑥调节焦距。先粗调，将物镜尽可能地接近光片，用肉眼观察保持一条细缝，切记物镜不能接触镜头，否则镜头将被损坏。然后细调，使物镜渐渐远离光片，这个过程中，眼睛始终在目镜中观察光片，直到看到清晰的岩相结构为止。

（3）图像采集

①选择具有代表性的区域，调整好亮度和对比度。

②利用图片显示软件把选好的清晰的视域截取下来。

③根据软件提示把图片传输至电脑保存。

6. 实验结果分析

硅酸盐水泥熟料中的主要矿物有阿利特（A 矿）、贝利特（B 矿）和存在于这些物质中间的中间体。不同熟料还可能有少量的游离氧化钙、游离氧化镁（方镁石）等物质。

用金相显微镜检查光片的抛光质量时，抛光很好的光片，已显出熟料的轮廓。用试剂浸蚀后，各种矿物在显微镜下呈现出不同的颜色，它们的结构已清晰可辨。烧成良好的硅酸盐水泥熟料经过试剂浸蚀后，A 矿呈完整的柱状或板状，边缘整齐，无圆形或不完整形状，晶体大小均齐。B 矿呈圆形颗粒，多数有交叉条纹，晶体大小均齐。A 矿和 B 矿呈单个晶体或小堆相互交错、均匀分布。白色中间相亮度比较大，分布均匀，黑色中间相分明或者只有点滴状和树枝状黑色中间相。游离氯化钙较少，孔洞少，且分布均匀，如图 2.3、图 2.4 所示。

图2.3 熟料岩相结构示意图(Prof. Dr. Johann Plank)　　图2.4 正常煅烧熟料的岩相照片

（1）阿利特

阿利特是硅酸盐水泥熟料的主要矿物组成部分。已知它的成分是硅酸三钙（3 氧化钙·SiO_2）与氧化镁形成的固溶体。阿利特为板状或柱状的晶体，在光片中多呈六角形，如图2.3～图2.5 所示。

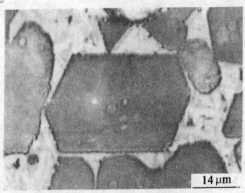

图2.5 六方板状阿利特与中间体

由于光片中同一种矿物的不同颗粒具有不同方向的切面，晶体的发育程度也有所不同，所以也有五角形、四角形甚至圆形或不规则的形状。常发现阿利特呈环状结构，有时能见到简单双晶。用 1% 氯化铵水溶液，在 20 ℃浸蚀 5～7 s，光片中阿利特多呈蓝色，已有部分呈红棕色。产生颜色的差别可能与晶体切面方位有关。对同一晶体不同切面来讲，浸蚀剂的反应速度可能不一致。

（2）贝利特

贝利特的主要成分是 β 型的硅酸二钙（β-2 氧化钙·SiO_2），其中固溶有氧化铁及氧化镁等少量组分。通常经过质量分数为 1% 的氯化铵水溶液浸蚀后，贝利特表面被染成棕黄色，晶体多呈圆形或椭圆形，其表面光滑或有各种不同条纹的双晶槽痕，如图2.6 所示。

有两对以上成锐角交叉的槽痕，称为交叉双晶；槽痕互相平行的，称为是平行双晶。慢冷的熟料中，贝利特形状不规则，称为不规则（他形）贝利特。

（3）中间体

分布在阿利特和贝利特中间的物质称为中间体。中间物质中有铁铝酸钙、铝酸钙、组

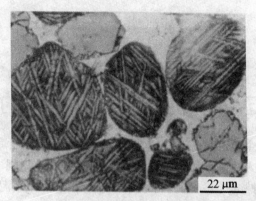

图2.6　具有交叉双晶槽痕的贝利特与中间体

成不定的玻璃体和碱质化合物等。用金相显微镜观察中间体,发暗部分常称为黑色中间体,主要成分是铝酸三钙,含铁玻璃质和碱质化合物,它们一般呈片状、柱状或点滴状。所谓黑色中间体,颜色不是墨黑的,只是它在中间体中因反光能力比较弱比较暗些而已。白色中间体的主要成分是铁铝酸钙(6 氧化钙 · $2Al_2O_3$ · Fe_2O,4 氧化钙 · Al_2O_3 · Fe_2O_3、2 氧化钙 · Fe_2O_3 或它们之间的固溶体),因有较强的反光能力故区别于黑色中间体呈无色或白色。硅酸盐水泥熟料含铁量高,即铁率(Al_2O_3/Fe_2O_3)低时,白色中间体较多。如图2.4~图2.6所示。

【注意事项】

(1)注意选择有代表性的硅酸盐水泥熟料进行岩相分析。

(2)用熔化硫黄浇注模块时,必须注意防止硫黄溢出燃烧,引发危险。

(3)研磨时的第一道粗磨砂纸不能太粗,否则将产生过多的深划痕。这样会延长后道工序的研磨时间;而且深划痕也不易完全消除,影响磨片质量。但是砂纸过细,将延长粗磨时间。

(4)粗磨和中磨时,在砂纸上不断注清水。这样不仅有利于提高研磨效率,而且清洗了砂纸,延长了寿命。但是,如果水量过大,将在试样和砂纸间形成较厚水膜,反而降低了磨片效率。只要保证水呈滴状连续加入,即可保证砂纸的湿润,此时的磨片效率最高。

(5)细磨或抛光时,为了阻止熟料矿物与水发生反应,必须用无水酒精进行分散和清洗。

【思考题】

(1)A 矿、B 矿和中间相在不同的浸蚀条件下,各呈现什么颜色?

(2)反光显微镜图像中,如何从形状上区别各种矿物?

(3)抛光时为什么强调用无水酒精作为清洗剂?

实验五 水泥中三氧化硫的测定

水泥中的三氧化硫主要由石膏、熟料（特别是以石膏做矿化剂煅烧的熟料）和混合材引入。在水泥制造时加入适量石膏可以调节凝结时间，还具有增强、减缩等作用。制造膨胀水泥时，石膏还是一种膨胀组分，赋予水泥以膨胀等性能。但水泥中的三氧化硫含量过多，会引起安定性不良问题。因此，在水泥生产过程中必须严格控制水泥中的三氧化硫含量。

测定水泥中三氧化硫含量的方法有很多种，如硫酸钡重量法、磷酸熔样–氯化亚锡还原–碘量法（碘量法）以及离子交换法等。

【实验目的】

学习利用硫酸钡重量法、碘量法和离子交换法测定硅酸盐水泥中三氧化硫的含量。

【实验原理】

1.硫酸钡重量法原理

用盐酸分解试样，使试样中不同形态的硫全部转变成可溶性的硫酸盐，以氯化钡做沉淀剂，使之生成硫酸钡沉淀。此沉淀的溶解度极小，化学性质非常稳定，经灼烧后称量，再换算得出三氧化硫的含量。反应式如下：

$$Ba^{2+}+SO_4^{2-}\Longrightarrow BaSO_4\downarrow（白色）$$

2.碘量法原理

水泥中的硫主要以硫酸盐（石膏）存在，部分硫则存在于硫化钙、硫化亚锰、硫化亚铁等硫化物中。用磷酸溶解水泥试样时，在水泥中的硫化物与磷酸发生下列反应，生成磷酸盐和硫化氢气体：

$$3CaS+2H_3PO_4\Longrightarrow Ca_3(PO_4)_2+3H_2S\uparrow$$

$$3MnS+2H_3PO_4\Longrightarrow Mn_3(PO_4)_2+3H_2S\uparrow$$

$$3FeS+2H_3PO_4\Longrightarrow Fe_3(PO_4)_2+3H_2S\uparrow$$

在有还原剂氯化亚锡存在并加热的条件下，用浓磷酸溶解试样时，不仅硫化物与磷酸发生上述反应，硫酸盐也将与磷酸反应，生成的硫酸与还原剂氯化亚锡发生氧化还原反应，放出硫化氢气体：

$$3CaSO_4+2H_3PO_4\Longrightarrow Ca_3(PO_4)_2+3H_2SO_4$$

$$3H_2SO_4+12SnCl_2\Longrightarrow 6SnCl_4+6SnO_2+3H_2S\uparrow$$

根据碘酸钾溶液在酸性溶液中析出碘的性质，在 H_2S 的吸收液中加入过量的碘酸钾标准溶液，使在溶液酸化时析出碘，并与硫化氢作用。剩余的碘则用硫代硫酸钠回滴：

$$IO_3^- + 5I^- + 6H^+ \Longrightarrow 3I_2 + 3H_2O$$

$$H_2S + I_2 \Longrightarrow 2HI + S$$

$$2Na_2S_2O_3 + I_2 \Longrightarrow 2NaI + Na_2S_4O_6$$

利用上述反应,先用磷酸处理试样,使水泥中的硫化物生成硫化氢逸出,然后用氯化亚锡-磷酸溶液处理试样,测定试样中的硫酸盐含量。

3. 离子交换法原理

水泥中的三氧化硫主要来自作为缓凝剂的石膏。在强酸性阳离子交换树脂 $R-SO_3 \cdot H$ 的作用下,石膏在水中迅速溶解,离解成 Ca^{2+} 和 SO_4^{2-} 离子。Ca^{2+} 离子迅速与树脂酸性基团的 H^+ 离子进行交换,析出 H^+ 离子,它与石膏离解所得 SO_4^{2-} 生成硫酸直至石膏全部溶解,其离子交换反应式为

$$CaSO_4(固体) \Longrightarrow Ca^{2+} + SO_4^{2-}$$

$$+$$

$$2(R-SO_3 \cdot H)$$

$$\Updownarrow$$

$$(R-SO_3)_2 \cdot Ca + 2H^+ \tag{1}$$

或 $\qquad CaSO_4 + 2(R-SO_3 \cdot H) \Longrightarrow (R-SO_3)_2 \cdot Ca + H_2SO_4 \tag{2}$

在石膏与树脂发生离子交换的同时,水泥中的 C_3S 等矿物将水解,生成氢氧化钙与硅酸:

$$3CaO \cdot SiO_2 + nH_2O \longrightarrow Ca(OH)_2 + SiO_2 \cdot mH_2O \tag{3}$$

所得氢氧化钙,一部分与树脂发生离子交换,另一部分与硫酸作用,生成硫酸钙,再与树脂交换,反应式为

$$Ca(OH)_2 + 2(R-SO_3 \cdot H) \Longrightarrow (R-SO_3)_2 \cdot Ca + 2H_2O \tag{4}$$

$$Ca(OH)_2 + H_2SO_4 \Longrightarrow CaSO_4 + 2H_2O \tag{5}$$

$$CaSO_4 + 2(R-SO_3 \cdot H) \Longrightarrow (R-SO_3)_2 \cdot Ca + H_2SO_4 \tag{6}$$

熟料矿物水解,当水解产物参与离子交换达到平衡时,并不影响石膏与树脂进行交换生成的硫酸量,但使树脂消耗量增加,同时溶液中硅酸含量的增多,使溶液 pH 值减小,用氢氧化钠滴定滤液时,所用指示剂必须与加入溶液的硅酸量相适应。

当石膏全部溶解后,将树脂及残渣滤除,所得的滤液由于 C_3S 等水解的影响,其中尚含氢氧化钙和硫酸钙。为使存在于滤液中的氢氧化钙中和,并使滤液中尚未转化的氢氧化钙全部转化成等当量的硫酸,必须在滤除树脂和残渣后的滤液中再加入树脂进行第二次交换,其反应按式(4)、式(6)进行。然后滤除树脂,用已知浓度的氢氧化钠标准溶液滴定生成的硫酸,根据消耗氢氧化钠标准溶液的用量,计算试样中三氧化硫的质量分数:

$$2NaOH + H_2SO_4 \Longrightarrow NaSO_4 + 2H_2O$$

在强酸性阳离子交换树脂中,若含钠型树脂时,它提供交换的阳离子为 Na^+,与石膏交换的结果将生成硫酸钠,使交换产物硫酸量减少,由氢氧化钠溶液滴定算得的三氧化硫含量偏低。强酸性阳离子交换树脂出厂时一般为钠型,所以在使用时须预先用酸处理成氢型。用过的树脂(主要是钙型),可用酸进行再生,使其重新转变成氢型以继续使用。

【实验设备及材料】

1.硫酸钡重量法

（1）主要仪器设备：分析天平（感量0.000 1 g）、烧杯（300 mL）、量筒、试管、沉淀过滤漏斗、滤纸、玻璃棒、吹洗瓶、加热电炉、马弗炉、瓷坩埚等。

（2）药品与材料（试剂及配制）

①盐酸（1+1）：用1份体积的市售盐酸与1份体积的水相混合。

②氯化钡溶液（100 g/L）：将100 g二水氯化钡（$BaCl_2 \cdot 2 H_2O$）溶于水中，加水稀释至1 L。

③硝酸银溶液（5 g/L）：将5 g硝酸银（$AgNO_3$）溶于水中，加10 mL硝酸（HNO_3），用水稀释至1 L。

④检查Cl^-离子。按规定洗涤沉淀数次后，用数滴水淋洗漏斗的下端，用数毫升水洗涤纸和沉淀，将滤液收集在试管中，加几滴硝酸银溶液，观察试管中溶液是否浑浊。如浑浊，继续洗涤并定期检查，直至用硝酸银检验不再浑浊为止。

（2）试样制备

取具有代表性的均匀样品，磨细后采用四分法缩分至100 g左右，用磁铁吸去筛余物中的金属铁，研磨使其全部通过0.080 mm方孔筛。将样品充分混匀后，装入带有磨口塞的瓶中并密封保存。

2.碘量法

（1）主要仪器设备

测定硫化物及硫酸盐的仪器装置如图2.7所示。

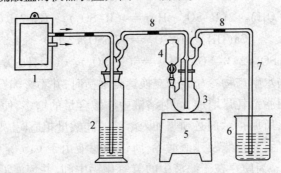

图2.7　碘量法实验仪器装置示意图

1—微型空气泵；2—洗气瓶（250 mL，内盛100 mL硫酸铜溶液（50 g/L））；3—反应瓶（100 mL）；4—加液漏斗（20 mL）；5—电炉（600 W，与1～2 kV·A调压器相连接）；6—吸收杯（400 mL，内盛300 mL水及20 mL氨性硫酸锌溶液）；7—导气管；8—硅橡胶管

（2）药品与材料（试剂及配制）

①硫酸铜溶液（50 g/L）：将50 g硫酸铜溶于水中，并稀释至1 L。

②氨性硫酸锌溶液（100 g/L）：将100 g硫酸锌（$ZnSO_4 \cdot 7H_2O$）溶于水后加700 mL

氨水，用水稀释至 1 L。静止 24 h，过滤后使用。

③硫酸（1+2）：200 mL 水中缓慢加入 100 mL 硫酸。

④无水碳酸钠（Na_2CO_3）：将无水碳酸钠用玛瑙研钵研细至粉末状保存。

⑤氯化亚锡–磷酸溶液：将 1 000 mL 磷酸放在烧杯中，在通风橱中于电热板上加热脱水，至溶液体积缩减至 850～950 mL 时，停止加热。待溶液温度降至 100 ℃ 以下时，加入 100 g 氯化亚锡（$SnCl_2 \cdot 2H_2O$），继续加热至溶液透明，且无大气泡冒出为止（此溶液的使用期一般以不超过两周为宜）。

⑥明胶溶液（5 g/L）：将 0.5 g 明胶（动物胶）溶于 100 mL 70～80 ℃ 的水中。用时现配。

⑦碘酸钾标准溶液（0.03 mol/L）：将 5.4 g 碘酸钾溶于 200 mL 新煮沸过的冷水中，加入 5 g 氢氧化钠及 150 g 碘化钾，溶解后移入棕色玻璃广口瓶中，再以新煮沸过的冷水稀释至 5 L，摇匀。

⑧重铬酸钾基准溶液（0.03 mol/L）：称取 1.470 g 已于 150～180 ℃ 烘过 2 h 的重铬酸钾，精确至 0.1 mg，置于烧杯中，用 100～150 mL 水溶解后，移入 1 000 mL 容量瓶中，用水稀释至标线，摇匀。

⑨硫代硫酸钠标准溶液（0.03 mol/L）：将 37.5 g 硫代硫酸钠溶于 200 mL 新煮沸过的冷水中，加入约 0.25 g 无水碳酸钠，搅拌溶解后移入棕色玻璃广口瓶中，再以新煮沸过的冷水稀释至 5 L，摇匀，静置 14 d 后使用。

⑩淀粉溶液（10 g/L）：将 1 g 淀粉（水溶性）置于小烧杯中，加水调成糊状后，加沸水稀释至 100 mL，再煮沸约 1 min，冷却后使用。

⑪硫代硫酸钠标准溶液浓度的标定：取 15.00 mL 重铬酸钾基准溶液放入带有磨口塞的 200 mL 锥形瓶中，加 3 g 碘化钾及 50 mL 水，溶解后加入 10 mL 硫酸（1+2），盖上磨口塞，于暗处放置 15～20 min。用少量水冲洗瓶壁及瓶塞，用硫代硫酸钠标准溶液滴定至淡黄色，加入约 2 mL 淀粉溶液，再继续滴定至蓝色消失。

另以 15 mL 水代替重铬酸钾基准溶液，按上述分析步骤进行空白实验。

硫代硫酸钠标准溶液的浓度按下式计算：

$$c(Na_2S_2O_3) = \frac{0.03 \times 15.00}{V_2 - V_1}(mol/L) \tag{1}$$

式中　0.03——重铬酸钾基准溶液的浓度，mol/L；

　　　V_1——空白实验时消耗硫代硫酸钠标准溶液的体积，mL；

　　　V_2——滴定时消耗硫代硫酸钠标准溶液的体积，mL；

　　　15.00——加入重铬酸钾基准溶液的体积，mL。

⑫碘酸钾标准溶液与硫代硫酸钠标准溶液体积比的标定：取 15.00 mL 碘酸钾标准溶液于 200 mL 锥形瓶中，加 25 mL 水及 10 mL 硫酸（1+2），在摇动下用硫代硫酸钠标准溶液滴定至淡黄色，加入约 2 mL 淀粉溶液，再继续滴定至蓝色消失。

碘酸钾标准溶液与硫代硫酸钠标准溶液体积比按下式计算：

$$K_1 = \frac{15.00}{V_3} \tag{2}$$

式中　K_1——每毫升硫代硫酸钠标准溶液相当于碘酸钾标准溶液的毫升数;

V_3——滴定时消耗的硫代硫酸钠标准溶液的体积,mL;

15.00——加入碘酸钾标准溶液的体积,mL。

⑬碘酸钾标准溶液对三氧化硫的滴定度按下式计算:

$$T_{SO_3} = \frac{c(Na_2S_2O_3)V_3 \times 40.03}{15.00} \tag{3}$$

式中　T_{SO_3}——每毫升硫酸钾标准溶液相当于三氧化硫的毫克数,mg/mL;

$c(Na_2S_2O_3)$——硫代硫酸钠标准溶液的浓度,mol/L;

V_3——标定体积比 K_1 时消耗的硫代硫酸钠标准溶液的体积,mL;

40.03——$\frac{1}{2}SO_3$ 的摩尔质量,g/mol;

15.00——标定体积比 K_1 时加入的碘酸钾标准溶液的体积,mL。

3. 离子交换法

(1)主要仪器设备

H 型 732 苯乙烯强酸性阳离子交换树脂(1×12)、分析天平(感量为 0.000 1 g)、烧杯(150 mL)、量筒、试管、沉淀过滤漏斗、滤纸、玻璃棒、吹洗瓶、磁力加热搅拌装置、石膏板加热电炉等。

(2)药品与材料(试剂及配制)

①H 型 732 苯乙烯强酸性阳离子交换树脂(1×12):将 250 g 钠型 732 苯乙烯强酸性阳离子交换树脂(1×12)用 250 mL 95%(V/V)乙醇浸泡过夜,然后倾出乙醇,再用水浸泡 6~8 h。将树脂装入离子交换柱(直径约 5 cm,长约 70 cm)中,用 1 500 mL 盐酸(1+3)以每分钟 5 mL 的流速进行淋洗。然后再用蒸馏水逆洗交换柱中的树脂,直至流出液中无氯离子。将树脂倒出,用布氏漏斗以抽气泵抽滤,然后储存在广口瓶中备用(树脂久放后,使用时应用水清洗数次)。

用过的树脂应浸泡在稀酸中,当积至一定数量后,倾出其中夹带的不溶残渣,然后再用上述方法进行再生。

②酚酞指示剂:将 1 g 酚酞溶于 100 mL 95%(V/V)乙醇中。

③氢氧化钠标准溶液(0.06 mol/L):将 24 g 氢氧化钠溶于 10 L 水中,充分摇匀,储存于带胶塞(装有钠石灰干燥管)的硬质玻璃瓶或塑料瓶内。称取约 0.3 g 苯二甲酸氢钾,精确至 0.1 mg,置于 400 mL 烧杯中,加入约 200 mL 新煮沸过的已用氢氧化钠溶液中和至酚酞呈微红色的冷水,搅拌使其溶解,加入 6~7 滴酚酞指示剂溶液,用氢氧化钠标准溶液滴定至微红色。

氢氧化钠标准溶液的浓度为

$$c(NaOH) = \frac{m \times 1\,000}{V \times 204.2}(mol/L) \tag{4}$$

式中　m——苯二甲酸氢钾的质量,g;

V——滴定时消耗氢氧化钠标准溶液的体积,mL;

204.2——苯二甲酸氢钾的摩尔质量,g/mol。

氢氧化钠标准溶液对三氧化硫的滴定度为

$$T_{SO_3} = c(\text{NaOH}) \times 40.03 \ (\text{mg/mL}) \tag{5}$$

式中　$c(\text{NaOH})$——氢氧化钠标准溶液的浓度，mol/L；

　　　40.03——$\frac{1}{2}SO_3$ 的摩尔质量，g/mol。

【实验内容及步骤】

1. 硫酸钡重量法

称取约 0.5 g 水泥试样，精确至 0.1 mg，置于 300 mL 烧杯中，加入 30～40 mL 水使其分散。加 10 mL 盐酸(1+1)，用平头玻璃棒压碎块状物，慢慢地加热溶液，直至水泥完全分解。将溶液加热微沸 5 min。用中速滤纸过滤，用热水洗涤 10～12 次。调整滤液体积至 200 mL，煮沸，在搅拌下滴加 10 mL 热的氯化钡溶液，继续煮沸数分钟，然后移至温热处静置 4 h 或过夜(此时溶液体积应保持 200 mL)。用慢速滤纸过滤，温水洗涤，直至检验无氯离子为止。

将沉淀及滤纸一并移入已灼烧恒量的瓷坩埚中，灰化后在 800 ℃ 的马弗炉内灼烧 30 min，取出坩埚置于干燥器中冷却至室温，称量。反复灼烧，直至恒重。

试样中三氧化硫质量分数按下式计算：

$$w(SO_3) = \frac{m_1 \times 0.343}{m} \times 100\% \tag{6}$$

式中　m_1——灼烧后沉淀的质量，g；

　　　m——试样的质量，g；

　　　0.343——硫酸钡对三氧化硫的换算系数。

同一试样应分别测两次，两次结果的绝对误差应在 0.15% 以内。如超出允许范围，应在短时间内进行第三次测定，若结果与前两次或任一次分析结果之差符合规定，则取平均值，否则，应查找原因，重新按上述步骤进行分析。

2. 碘量法

称取 0.5 g 试样，精确到 0.1 mg，置于图 2.7 中的 100 mL 的干燥反应瓶 3 内，加 10 mL 磷酸，置于电炉 5 上加热至沸，然后继续在微沸温度下加热至无大气泡、液面平静、无白烟出现时为止。放冷，加入 10 mL 氯化亚锡-磷酸溶液，按图 2.7 中仪器装置方法连接各部件。

开启空气泵 1，保持通气速度为每秒 4～5 个气泡，于电压 200 V 下加热 10 min，然后将电压降至 180 V，加热 5 min 后停止加热，取下吸收杯 6，关闭空气泵。

用水冲洗插入吸收液内的玻璃管 7，加 10 mL 明胶溶液，用滴定管准确加入 15.00 mL 0.03 mol/L 的碘酸钾标准溶液，在搅拌下一次加入 30 mL 硫酸(1+2)，用 0.03 mol/L 硫代硫酸钠标准溶液滴定至淡黄色，加入 2 mL 淀粉溶液，再继续滴定至蓝色消失。

三氧化硫质量分数按下式计算：

$$w(SO_3) = \frac{T_{SO_3}(V_1 - K_1 V_2)}{m \times 1\ 000} \times 100\% \tag{7}$$

式中　T_{SO_3}——每毫升碘酸钾标准溶液相当于三氧化硫的毫克数,mg/mL;

V_1——加入碘酸钠标准溶液的体积,mL;

V_2——滴定时消耗的硫代硫酸钠标准溶液的体积,mL;

K_1——每毫升硫代硫酸钠标准溶液相当于碘酸钾标准溶液的毫升数;

m——试样的质量,g。

数据处理方法同硫酸钡重量法。

3. 离子交换法

称取 0.2 g 试样,精确至 0.1 mg,置于已盛有 5 g 树脂、带有搅拌子及 10 mL 热水的 150 mL 烧杯中,摇动烧杯使其分散。向烧杯中加入 40 mL 沸水,置于磁力搅拌器上,加热搅拌 10 min,用快速滤纸过滤,并用热水洗涤烧杯与滤纸上的树脂 4~5 次。滤纸及洗液收集于另一装有 2 g 树脂及带有搅拌子的 150 mL 烧杯中(此时溶液体积在 100 mL 左右)。再将烧杯置于磁力搅拌器上搅拌 3 min,用快速滤纸过滤,再用热水冲洗烧杯与滤纸上的树脂 5~6 次,滤液及洗液收集于 300 mL 烧杯中。

向溶液中加入 5~6 滴酚酞指示剂溶液,用 NaOH 标准溶液(0.06 mol/L)滴定至微红色。保存这些树脂以便再生。

三氧化硫的质量分数按下式计算:

$$w(SO_3) = \frac{T_{SO_3} \times V}{m \times 1\,000} \times 100\% \qquad (8)$$

式中　T_{SO_3}——每毫升氢氧化钠标准溶液相当于三氧化硫的毫克数,mg/mL;

V——滴定时消耗的氢氧化钠标准溶液的体积,mL;

m——试样的质量,g。

数据处理方法同硫酸钡重量法。

【注意事项】

1. 硫酸钡重量法

(1)为了减少共存离子的干扰,沉淀过程应在稀溶液中以及加热煮沸的条件下进行。产生沉淀后,应煮沸 3~5 min,并在温热处静止 4 h 或过夜。

(2)沉淀在灼烧前应使滤纸充分灰化。若有未燃尽的碳粒存在,将沉淀直接置于高温下灼烧时,可能会有部分硫酸钡被还原成硫化钡,使测定结果偏低:

$$BaSO_4 + 2C = BaS + 2CO_2 \uparrow$$

2. 碘量法

(1)硅酸盐水泥试样的称取量,以三氧化硫含量为 10~15 mg 为宜。

(2)为消除试样中硫化物的影响,还原前先往带试样的反应瓶中加入 5 mL 不含氯化亚锡的磷酸,在通风柜中微热至不再冒泡(约 5 min),将反应生成的硫化氢逐去。然后再补加 5 mL 含氯化亚锡的磷酸溶液,进行还原反应。

(3)还原硫酸盐时,加热时间及加热温度要严格控制。还原反应在 250~300 ℃进行较快。使用 600 W 专用电炉时,应加调压变压器,在 220 V 保持 10 min,然后在 180 V 保持 5 min,可使还原反应进行完全。如温度较低,反应时间不够,试样分解不完全;如温度过高,反应时间太长,磷酸将生成焦磷酸和有毒的偏磷酸,强烈腐蚀反应瓶。

(4)还原过程中通气速度为 2 ~ 10 mL/s 较为适宜(此时出气口每秒冒 4 ~ 5 个气泡),过慢,反应产生的硫化氢不能全部赶至吸收池;过快,则吸收不完全,都将导致结果偏低。

(5)还原反应结束后,应先拆下吸收杯中的进气管,再拆下反应瓶,最后关闭空气泵。如按相反次序操作,则吸收液会发生倒流,进入反应瓶而使反应瓶炸裂,实验作废,且易发生事故。

(6)向吸收液中加入硫酸溶液(1+2)时,要充分搅拌(用进气管搅拌),防止部分生成的硫化氢逸出,而未能与同时生成的碘反应,使结果偏低。硫酸溶液(1+2)加入量要控制在 30 mL 左右,不要过多,以防溶液酸度过高。如果氢离子浓度超过 1 mol/L,则滴定时淀粉和碘将生成红色化合物,使终点不正常。

(7)用硫代硫酸钠标准滴定溶液回滴时,杯中溶液温度不应太高,以防碘挥发,且温度高时,淀粉与碘的显色反应不灵敏。回滴速度也不应太快,且应加强搅拌,防止硫代硫酸钠溶液局部过浓,遇酸形成极不稳定的硫代硫酸而分解,使结果偏低。

(8)淀粉溶液要现用现配,加防腐剂,不能久置,防止淀粉水解产生具有还原作用的化合物,起到硫酸钠的作用,而使结果偏高。

(9)磷酸–氯化亚锡溶液每次不宜多配制,使用时间不宜超过两周,因为在酸性介质中,氯化亚锡被空气中的氧氧化,导致三氧化硫测定结果偏低。

3. 离子交换法

(1)为了避免 C_3S 和 C_2S 大量水化,第一次交换时溶液体积不应过大,以 50 mL 为宜。

(2)树脂用量必须严加控制,因树脂加少时,交换不完全,而树脂加多时则大大加速 C_3S 和 C_2S 的水化作用,故树脂量以干树脂量 2 g 为宜。

(3)第一次交换后,过滤洗涤 3 ~ 4 次足够,次数不宜太多,以防止 C_3S、C_2S 水化。

(4)当水泥中掺入的是硬石膏或混合石膏时,由于某些硬石膏溶解慢,而离子交换时间较短,以至于石膏不能完全提取到溶液中去,使测定值偏低。可适当延长搅拌时间,也可适当增加树脂的用量以及将试样研磨得更细一些。

(5)若水泥采用氟石膏、盐田石膏或磷石膏做缓凝剂,由于 F^-、Cl^-、PO_4^{3-} 等离子将与 NaOH 反应,使滴定结果偏高。这时宜采用离子交换分离–EDTA 返滴定法或硫酸盐返滴定法。

4. 测定方法的适应性

上述各种测定方法因其测试原理不同,因而它们的适应性也不同。

硫酸钡重量法测水泥中三氧化硫含量准确、测量范围宽、适应性强,但耗时长,不宜做生产控制例行分析方法。碘量法快速、适应性强。离子交换法较为简便、快速,对掺加天然二水石膏和某些天然硬石膏的水泥适用。但如果水泥熟料煅烧时加入石膏做矿化剂,或是使用某些硬石膏、混合石膏、磷石膏及氟石膏做缓凝剂,则须采取改良的离子交换法如静态离子交换分离–EDTA 返滴定法等方法。

【思考题】

（1）为什么要测定硅酸盐水泥中的三氧化硫？

（2）简述硫酸钡重量法测定原理。

（3）简述碘量法测定原理。

（4）简述离子交换法测定原理。

实验六　水泥细度检验(筛析法)

水泥细度就是水泥的分散度,是水泥厂用于日常检查和控制水泥质量的重要参数。水泥细度的检验方法有筛析法、比表面积测定法、颗粒平均直径与颗粒组成的测定等方法。筛析法是最常用的控制水泥或类似粉体细度的方法之一。

【实验目的】

掌握测定硅酸盐水泥经过标准筛进行筛分后的筛余量的方法。

【实验原理】

本实验按照国家标准 GB/T 1345—2005《水泥细度检验方法　筛析法》进行。用一定孔径的筛子筛分水泥时,留在筛子上面的较粗颗粒占水泥总量的比例,在一定程度上反映了物料的粗细程度。

【实验设备及材料】

1.负压筛法

(1)仪器设备

①天平:感量不大于 0.01 g。

②负压筛析仪:由筛座、负压筛、负压源及收尘器组成。其中筛座由转速为(30±2) r/min 的喷气嘴、负压表、控制板、微电机及壳体等构成(见图2.8)。

筛析仪负压可调范围为 4 000 ~ 6 000 Pa。喷气嘴上口平面与筛网之间距离为 2 ~ 8 mm。负压源和收尘器由功率大于等于 600 W 的工业收尘器和小型旋风收尘筒组成或用其他具有相当功能的设备组成。

③筛子:采用方孔边长 0.080 mm 的铜丝筛布,筛框上口直径为 150 mm,下口直径为 142 mm,高 25 mm。

(2)硅酸盐水泥样品。

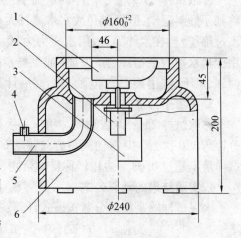

图 2.8　负压筛筛座示意图

1—喷气嘴;2—微电机;3—控制板开口;4—负压表接口;5—负压源及收尘器接口;6—壳体

2. 水筛法

（1）仪器设备

①天平：感量不大于 0.01 g。

②筛子：采用方孔边长 0.080 mm 的铜丝网筛布，筛框有效直径为 125 mm，高 80 mm。

③筛座：用于支承筛子，并能带动筛子转动，转速为 50 r/min。

④喷头：直径为 55 mm，面上均匀分布 90 个孔，孔径为 0.5~0.7 mm。安装高度：喷头底面和筛网之间距离为 35~75 mm。

（2）硅酸盐水泥样品。

3. 手工干筛法

（1）仪器设备

①天平：感量不大于 0.01 g。

②筛子：采用方孔边长 0.08 mm 的钢丝网筛布，筛框有效直径为 150 mm，高 50 mm。筛布应紧绷在筛框上，接缝必须严密，并附有筛盖。

（2）硅酸盐水泥样品。

【实验内容及步骤】

1. 负压筛法

称取试样 25 g，置于洁净的负压筛中，盖上筛盖，放在筛座上，开动筛析仪连续筛 2 min。在此期间如有试样附在筛盖上，可用橡皮锤轻轻敲击，使试样落下。筛毕，用天平称量筛余物，计算筛余质量分数。

2. 水筛法

称取试样 25 g，置于洁净的水筛中，立即用淡水冲洗至大部分细粉通过后（冲洗时要将筛子倾斜摆动，既要避免放水水流过大将水泥溅出筛外，又要防止水泥铺满筛网使水通不过筛子）放在水筛架上，用水压力为（0.05±0.02）MPa 的喷头连续冲洗 3 min。筛毕，用少量水把筛余物冲到蒸发皿（或烘样盘）中，等水泥颗粒全部沉淀后，小心倒出上部的清水，烘干，并用天平称量筛余物，然后计算出筛余质量分数。

3. 手工干筛法

称取试样 25 g，倒入筛内。用一只手执筛往复摇动，另一只手轻轻拍打，拍打速度每分钟约 120 次，每 40 次向同一方向转动 60°，使试样均匀分布在筛网上，直至每分钟通过试样量不超过 0.03 g 为止。称量筛余物，计算出筛余质量分数。

4. 实验结果的计算公式

水泥试样筛余质量分数按下式计算：

$$F = \frac{R_S}{W} \times 100\%$$

式中　F——水泥试样筛余质量分数，%；

　　　R_S——水泥试样筛余质量，g；

　　　W——水泥试样质量，g。

结果计算至 0.1%。

为了使实验结果具有可比性,可采用试验筛修正系数方法修正计算结果。

【注意事项】

1. 负压筛法

(1)筛析实验前,应把负压筛放在筛座上,盖上筛盖,接通电源,检查控制系统,调节负压至 4 000～6 000 Pa 范围内。

(2)负压筛析工作时,应保持水平,避免外界振动和冲击。

(3)实验前要检查被测样品,不得受潮、结块或混有其他杂质。

(4)每做完一次筛析实验,应用毛刷清理一次筛网,其方法是用毛刷在试验筛的正、反两面刷几下,清理筛余物。但每个实验后在试验筛的正反面刷的次数应相同,否则会大大影响筛析结果。

(5)如果连续使用时间过长(一般超过 30 个样品时),应检查负压值是否正常,如不正常,可将吸尘器卸下,打开吸尘器将筒内灰尘和过滤布袋上附着的灰尘等清理干净,使负压恢复正常。

2. 水筛法

(1)水泥样品充分拌匀,通过 0.9 mm 方孔筛,记录筛余物情况,要防止过筛时混进其他水泥。

(2)冲洗压力必须保证(0.05±0.02) MPa,否则会使结果不准。

(3)冲洗时试样在筛子内分布要均匀。

(4)水筛筛子应保持洁净,定期检查校正。

(5)要防止喷头孔眼堵塞。

3. 手工干筛法

(1)水泥样品应充分均匀,通过 0.9 mm 方孔筛,记录筛余物情况,要防止过筛时混进其他水泥。

(2)干筛时,要注意使水泥样品均匀地分布在筛布上。

(3)筛子必须经常保持干燥、洁净,定期检查、校正。

在没有负压筛析仪和水筛的情况下,允许用手工干筛法测定。当负压筛法与水筛法或手工干筛法测定的结果不一致时,以负压筛法为准。

【思考题】

(1)为什么要控制水泥的细度?

(2)三种筛分方法各有什么特点?

实验七　水泥细度检验(比表面积法)

水泥比表面积是指单位质量的水泥粉末所具有的总表面积,以 m^2/kg 来表示。水泥的比表面积是水泥的重要性能,比筛余量更能反映水泥颗粒的分散程度。

【实验目的】

学习掌握利用勃氏法测量水泥的比表面积。

【实验原理】

本方法主要根据一定量的空气通过具有一定孔隙率和固定厚度的水泥层时,所受阻力不同而引起流速的变化来测定水泥的比表面积。在一定孔隙率的水泥层中,孔隙的大小和数量是颗粒尺寸的函数,同时也决定了通过料层的气流速度,而气体通过料层的时间是气流速度最直接的反映参数。

【实验仪器及材料】

1. 主要仪器与样品

(1)Blaine 透气仪:如图 2.9 所示,由透气圆筒、压力计、抽气装置等三部分组成。

(2)透气圆筒:内径为(12.70±0.05) mm,由不锈钢制成。圆筒内表面的光洁度为▽6,圆筒的上口边应与圆筒主轴垂直,圆筒下部锥度应与压力计上玻璃磨口锥度一致,二者应严密连接。在圆筒内壁,距离圆筒上口边(55±10) mm 处有一突出的宽度为0.5~1 mm的边缘,以放置金属穿孔板。

(3)穿孔板:由不锈钢或其他不受腐蚀的金属制成,厚度为(1.0±0.1) mm。在其面上,等距离地打有 35 个直径为 1 mm 的小孔,穿孔板应与圆筒内壁密合。穿孔板二平面应平行。

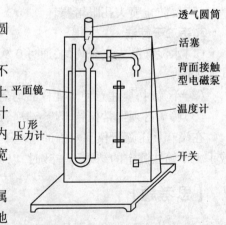

图 2.9　Blaine 透气仪示意图

(4)捣器:用不锈钢制成,插入圆筒时,其间隙不大于0.1 mm。捣器的底面应与主轴垂直,侧面有一个扁平槽,宽度为(3.0±0.3) mm。捣器的顶部有一个支持环,当捣器放入圆筒时,支持环与圆筒上口边部接触,这时捣器底面与穿孔圆板之间的距离为(15.0±0.5) mm。

(5)压力计:U 形压力计尺寸如图 2.10 所示,由外径为 9 mm 的、具有标准厚度的玻璃管制成。压力计一个臂的顶端有一锥形磨口与透气圆筒紧密连接,在连接透气圆筒的压力计臂上刻有环形线。从压力计底部往上 280～300 mm 处有一个出口管,管上装有一个阀门,连接抽气装置。

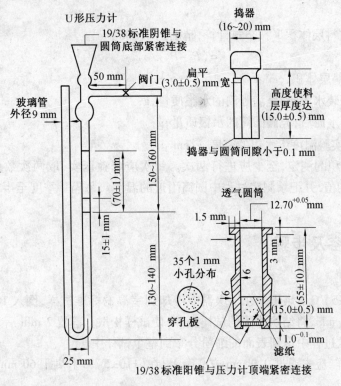

图 2.10　Blaine 透气仪结构及主要尺寸图

（6）抽气装置:用小型电磁泵,也可用抽气球。

（7）滤纸:采用符合国标的中速定量滤纸。

（8）分析天平:感量为 1 mg。

（9）计时秒表:精确读到 0.5 s。

（10）烘干箱。

（11）压力计液体:压力计液体采用带有颜色的蒸馏水。

（12）基本材料:基本材料采用中国水泥质量监督检验中心制备的标准粉体试样。

（13）待测水泥样品。

2. 仪器校准

（1）漏气检查:将透气圆筒上口用橡皮塞塞紧,接到压力计上。用抽气装置从压力计一臂中抽出部分气体,然后关闭阀门,观察是否漏气。如发现漏气,用活塞油脂加以密封。

（2）试料层体积的测定。

①用水银排代法:将两片滤纸沿圆筒壁放入透气圆筒内,用一直径比透气圆筒略小的细长棒往下按,直到滤纸平整放在金属穿孔板上。然后装满水银,用一小块薄玻璃板轻压水银表面,使水银面与圆筒口平齐,并须保证在玻璃板和水银表面之间没有气泡或空洞存

在。从圆筒中倒出水银,称量,精确至0.05 g。重复几次测定,到数值不变为止。然后从圆筒中取出一片滤纸,使用约3.3 g的水泥,按照要求压实水泥层。再在圆筒上部空间注入水银,同上述方法除去气泡、压平、倒出水银称量,重复几次,直到水银称量值相差小于50 mg为止。

②圆筒内试料层体积V按下式计算,精确到0.005 cm³。

$$V=(P_1-P_2)/\rho_{水银} \tag{1}$$

式中　V——试料层体积,cm³;

P_1——未装水泥时,充满圆筒的水银质量,g;

P_2——装水泥后,充满圆筒的水银质量,g;

$\rho_{水银}$——实验温度下水银的密度,g/cm³。

③试料层体积的测定,至少应进行两次。每次应单独压实,取两次数值相差不超过0.005 cm³的平均值,并记录测定过程中圆筒附近的温度。每隔一季度至半年应重新校正试料层体积。

【实验内容及步骤】

1. 试样准备

(1)将(110±5)℃下烘干并在干燥器中冷却到室温的标准试样,倒入100 mL的密闭瓶内,用力摇动2 min,将结块成团的试样振碎,使试样松散。静置2 min后,打开瓶盖,轻轻搅拌,使在松散过程中落到表面的细粉分布到整个试样中。

(2)水泥试样,应先通过0.9 mm方孔筛,再在(110±5)℃下烘干60 min,并在干燥器中冷却至室温。

2. 确定试样量

校正实验用的标准试样量和被测定水泥的质量,应达到在制备的试料层中空隙率为0.500±0.005,计算式为

$$W=\rho V(1-\varepsilon) \tag{2}$$

式中　W——需要的试样量,g;

ρ——试样密度,g/cm³;

V——测定的试料层体积,cm³;

ε——试料层空隙率。

3. 试料层制备

将穿孔板放入透气圆筒的突缘上,用一根直径比圆筒略小的细棒把一片滤纸送到穿孔板上,边缘压紧。称取按上述方法确定的水泥量,精确到0.001 g,倒入圆筒。轻敲圆筒的边,使水泥层表面平坦。再放入一片滤纸,用捣器均匀捣实试料直至捣器的支持环紧紧接触圆筒顶边并旋转2周,慢慢取出捣器。

4. 透气实验

(1)把装有试料层的透气圆筒连接到压力计上,要保证紧密连接不致漏气,并不会使已制备的试料层受到震动而松动。

（2）打开微型电磁泵慢慢从压力计一臂中抽出空气，直到压力计内液面上升到扩大部下端时关闭阀门。当压力计内液体的凹液面下降到第一个刻度线时开始计时，当液体的凹液面下降到第二条刻度线时停止计时，记录凹液面从第一条刻度线下降到第二条刻度线所需的时间。以秒记录，并记下实验时的温度。

5. 数据处理

（1）当被测物料的密度和空隙率均与标准试样相同，实验时温差≤3 ℃时，可按下式计算：

$$S = \frac{S_S \sqrt{T}}{\sqrt{T_S}} \tag{3}$$

如实验时温差大于±3 ℃时，则按下式计算：

$$S = \frac{S_S \sqrt{T} \sqrt{H \eta_S}}{\sqrt{T_S \sqrt{\eta}}} \tag{4}$$

式中　S——被测试样的比表面积，cm^2/g；

　　　S_S——标准试样的比表面积，cm^2/g；

　　　T——被测试样实验时，压力计中液面降落测得的时间，s；

　　　T_S——标准试样实验时，压力计中液面降落测得的时间，s；

　　　η——被测试样实验温度下的空气黏度，$Pa \cdot s$；

　　　η_S——标准试样实验温度下的空气黏度，$Pa \cdot s$。

（2）当被测试样的密度与标准试样相同，孔隙率与标准试样不同，实验时温差≤3 ℃时，可按下式计算：

$$S = \frac{S_S \sqrt{T} (1 - \varepsilon_S) \sqrt{\varepsilon^3}}{\sqrt{T_S} (1 - \varepsilon) \sqrt{\varepsilon_S^3}} \tag{5}$$

如实验时温差大于±3 ℃时，则按下式计算：

$$S = \frac{S_S \sqrt{T} (1 - \varepsilon_S) \sqrt{\varepsilon^3} \sqrt{\eta_S}}{\sqrt{T_S} (1 - \varepsilon) \sqrt{\varepsilon_S^3} \sqrt{\eta}} \tag{6}$$

式中　ε——被测试样试料层中的空隙率；

　　　ε_S——标准试样试料层中的空隙率。

（3）当被测试样的密度和空隙率均与标准试样不同，实验时温差≤3 ℃时，可按下式计算：

$$S = \frac{S_S \sqrt{T} (1 - \varepsilon_S) \sqrt{\varepsilon^3 \rho_S}}{\sqrt{T_S} (1 - \varepsilon) \sqrt{\varepsilon_S^3} \rho} \tag{7}$$

如实验时温度相差大于±3 ℃时，则按下式计算：

$$S = \frac{S_S \sqrt{T} (1 - \varepsilon_S) \sqrt{\varepsilon^3 \rho_S} \sqrt{\eta_S}}{\sqrt{T_S} (1 - \varepsilon) \sqrt{\varepsilon_S^3} \rho \sqrt{\eta}} \tag{8}$$

式中　ρ——被测试样的密度，g/cm^3；

ρ_s——标准试样的密度,g/cm^3。

【注意事项】

(1)水泥比表面积应由两次透气实验结果的平均值确定。如两次实验结果相差2%以上时,应重新实验。计算应精确至10 cm^2/g。10 cm^2/g以下的数值按四舍五入计算。

(2)以 cm^2/g 为单位算得的比表面积值换算为 m^2/kg 单位时,需乘以系数0.1。

(3)标准试样数值需要查询得到,可以查阅 GB 8074《水泥比表面积测定方法(勃氏法)》附录中的参考文件以及比表面积测定仪附带的资料。

(4)比表面积的测定可参照采用 GB 8074《水泥比表面积测定方法(勃氏法)》或 GB 207《水泥比表面积测定方法》,如结果不一致,以勃氏法测得的结果为准。

【思考题】

(1)比较比表面积法和筛余量法对水泥细度表征的差异。

(2)水银排代法实验时,如果发生水银滴落地板的情况,该如何处理?

实验八　水泥颗粒粒度分析

对水泥分散度的表示方法,除了筛分法和比表面积法外,还有测定水泥粒度分布的方法。粒度分析能够具体地测定水泥粉体中不同粒径水泥颗粒所占百分数、一定粒径范围内水泥颗粒的累计百分数、水泥粉体颗粒的特征粒径、相对数目分布图等,对于分析和改善粉磨工艺、提高粉磨效率、预测水泥性能等具有重要意义。

【实验目的】

(1)了解粒度分析仪器的特点及在材料研究中的作用。
(2)了解激光衍射技术的理论和激光衍射法粒度分析原理。
(3)学习掌握激光粒度分析仪的操作方法与步骤,对测试结果误差来源进行初步分析。

【实验原理】

一般的,关于通过颗粒悬浊液体的透光量,符合 Lambert-Beer 定律,即

$$\ln \frac{I_0}{I} = KAcl \tag{1}$$

式中　I_0、I——入射光及透过光的强度,cd;

A——光束中每克颗粒的投影面积,cm^2/g;

c——悬浊液的颗粒浓度(质量浓度),g/cm^3;

l——通过悬浊液的光行程长度,cm;

K——有关光行程系统的常数。

其中,当 l 一定时 $Kl = K_0$(为恒定值)。

以均匀直径 D_γ 的球状颗粒悬浊液为例,设每克试样中的颗粒数为 n 个,则

$$A = n(\pi/4)D_\gamma^2 \tag{2}$$

$$\ln \frac{I_0}{I} = K_0 K' cn(\pi/4) D_\gamma^2 \tag{3}$$

式中　K'——颗粒的折光效率,称为吸光系数。

延伸上述概念,若粒径呈不连续分布,且 $D_1 < D_2 < \cdots < D_i < D_n$,每克试样中粒径为 D_i 的颗粒有 n_i 个,其吸光系数为 K_i,常以形状系数 Φ_i 代替 $\pi/4$,并设当时的透光当量为 I_n,则

$$\ln \frac{I_0}{I_n} = K_0 c \sum_{i=1}^{n} (K_i \Phi_i n_i D_i^2)$$

若在一定位置上测定光量,随着时间的推移,从大颗粒开始,依次地从该处消失颗粒踪迹。而且消失踪迹的颗粒粒径可按 Stokes 定律作出预估。在 $D_n, D_{n-1}, D_{n-2}, \cdots, D_i, \cdots$,分别消失踪迹的时刻所测得的透光量分别为 $I_{n-1}, I_{n-2}, \cdots, I_i, \cdots, I_1$。经推算可按下式求得粒度:

$$\frac{\ln(I_i - 1/I_i)D_i}{\sum_{i=1}^{n}\left[\ln(I_{i-1}/I_i)D_i\right]} = \frac{n_i D_i^3}{\sum_{i=1}^{n}(n_i v_i^2)} \tag{4}$$

这是按平均粒径定义所表示的体积分布或质量分布。

激光粒度分析仪采用超声波分散,减小粉体的团聚作用,根据不同材料的光学特性,选用不同的光学模型,利用光透过法测定粉体粒度。

【实验设备及材料】

(1)LS-C(Ⅲ)型激光粒度仪,珠海欧美克仪器有限公司生产。也可用其他类似的激光粒度分析仪器代替,但须仔细阅读使用说明书,并须经过专门培训。

(2)超声波分散仪。

(3)无水酒精。

(4)硅酸盐水泥样品。

【实验内容及步骤】

1. 样品准备

(1)样品的检验

用目视或显微镜观测,估计水泥样品的粒度范围和形状以及颗粒的分散情况。LS-C(Ⅲ)型激光粒度仪的测试范围是 $0.1 \sim 800\ \mu m$,过细或过粗的粉体样品都无法准确测试,甚至会引起严重故障。有些粉体物料的颗粒本不粗,但因暴露在空气中,发生潮解而结团。对于此类物料,测试之前应先在仪器配送的粗筛上过筛,确保结团物料已分散或滤去后,再进行测试。

(2)分散剂的选择

干的粉体可以用气体或液体分散,应根据粉体特性和测试设备具体性能确定使用气体或者液体分散样品。分散程度应符合测定的目的。

干粉粉碎器一般使用压缩空气或抽真空进行分散,它利用剪切力和颗粒与颗粒之间、颗粒与器壁之间的机械力相结合进行分散。对于干分散,应注意被测定的样品应具有代表性。

许多液体都可以作为分散剂。搅拌合超声振荡都能促进液体中颗粒的分散。可以用显微镜观测分散的效果,也可以用激光衍射仪测定悬浮液,同时用适当的超声波振荡。如果样品充分分散,而且无破碎和溶解,所得的粒度分布应固定不变。

(3)样品制备与制样

取少许样品放在玻璃皿中,滴加少量分散介质,用药匙做研磨操作将样品分散开,然后再用一定量的分散介质将样品浆体全部冲洗至一个烧杯中待用。若有条件,最好在超声波分散器里分散 5 min。

(4)样品的浓度

颗粒在分散剂中的浓度应不低于某个最小的数值。对于多数仪器,为了能够得到一个可以接受的信噪比,样品的体积分数值应不低于 5% ;同样,也应有一个上限。为了避免多重散射(光接连被多个颗粒散射),颗粒大于 20 μm 时,浓度值的上限为 35% ,颗粒小于 20 μm 时,浓度值应小于 15% 。

(5)进样状态的调节

本仪器附带一种干法进样装置,适应颗粒的干法测试。进样装置适应各类普通粉体。对于不同性质的粉体颗粒为了维持遮光比在 10% ~20% 之间,必要时,进行下列操作:

通过面板上调节遮光比旋钮控制进样速度,维持样品光能分布的遮光比在 10% ~20% 之间,确保测试的正确性,如图 2.11 所示。

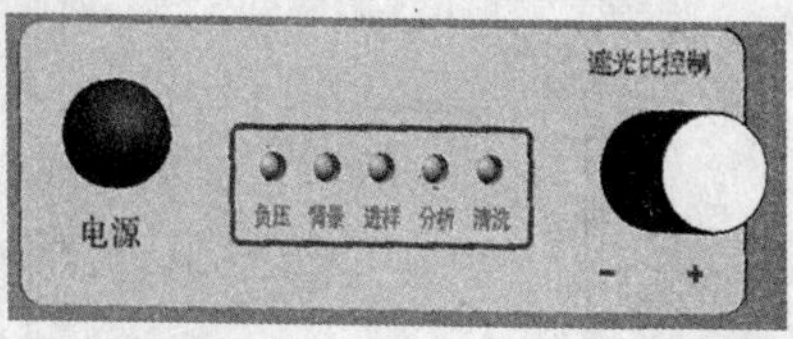

通过进样托盘挡板的调节控制进样速度,维持样品光能分布的遮光比在 10% ~20% 之间,确保测试的正确性(需打开护罩),如图 2.12 所示。

图 2.11　通过面板调节遮光比控制进样速度

2. 系统的开机

仪器的开机请按以下步骤进行,以保证仪器正常工作:

(1)确认供电是否正常,如果正常,则进入下一步。

(2)确认多用电源插座的输入线已可靠地插在电源插座上。确认打印机的电源线、计算机主机的电源线、计算机显示器的电源线、测量单元的电源线、空气压缩机的电源线均已可靠地插在电源插座上,然后打开电源插座的电源开关。

(3)按以下顺序打开各单元的电源开关(各单元的电源显示灯应随即点亮):测量单元—空气压缩机—打印机—显示器—计算机主机—计算机,进入 XP

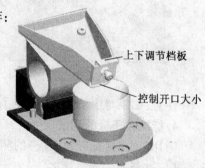

图 2.12　通过面板调节托盘挡板控制进样速度

操作系统的桌面,用鼠标左键双击 OMEC 图标(或类似软件图标),显示器随即出现本仪器的主界面(见图 2.13)。开机过程即告完成。

3. 测量单元预热与系统对中

(1)测量单元预热

如果是重新测量(即开机后已经测过样品),则此步骤可免。只有第一次开机,或关机超过半小时再重新开机,才须预热。

打开本仪器测量单元的电源,一般要等半小时以后,激光功率才能稳定。如果环境温度较低,等待时间还要延长。判断激光功率是否达到稳定的依据是,背景光能分布的零环高度(参考下一步,系统对中)是否稳定。在等待激光功率稳定期间,操作者可以做一些测试前的其他准备工作。

（2）系统对中

所谓系统对中，就是把激光束的中心与环形光电探测器的中心（零环）调成一致。LS-C(Ⅲ)激光粒度分析仪具有自动零环对中功能。

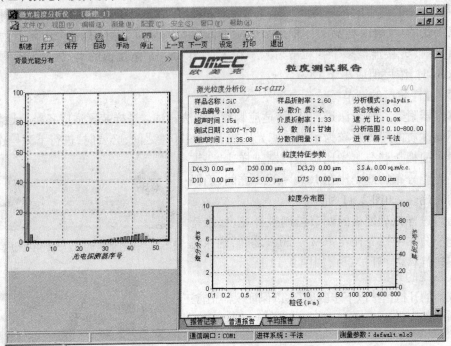

图 2.13　LS-C(Ⅲ)粒度分析仪主界面

注意：如果对中没有完成好，后面的操作很可能是无用的。

4. 标准粒子板的测试

圆片标准样（标准粒子板）的测试是为了检验仪器的测试状态。

（1）选择湿法测量状态。

（2）抽出面板，插入随机附件——圆片标准样（标准粒子板）。

（3）单击手动键，开始自动对中和背景测量。

（4）待背景测量完毕后，出现标准粒子板的光能分布（见图 2.14）。

（5）将圆片标准样（标准粒子板）拉手抽出，出现标准粒子板的光能分布（见图2.15）。

（6）点击手动键，开始分析测试。

（7）出现测试完成窗口，测试完成，保存报告。

5. 自动（干法）测量

LS-C(Ⅲ)激光粒度分析仪的自动测量主要是干法测量，也就是用主机自带进样装置将样品送到测试窗口。自动测量的基本操作如下：

（1）选择干法测量状态，设置参数。

（2）在料盘中加适量待测干粉样品。以能够满足一次测试为原则，此过程可通过实验确定。在保证遮光比 10% ~ 20% 的条件下，不同的样品在不同的测量次数和不同的振动频率下需求的样品量不同。

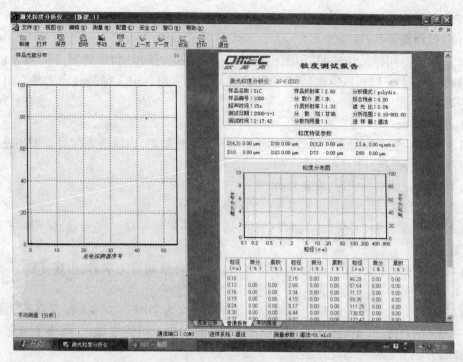

图 2.14　背景测量后状态

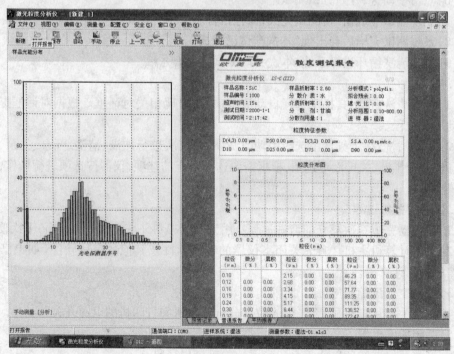

图 2.15　样品分析状态

（3）单击测试主菜单上的自动键，自动测量开始。

（4）系统采样完成后会出现测试完成窗口，随后出现"系统正在清洗…"窗口。

(5)清洗完毕后,系统自动进入待测状态。

(6)保存报告。

(7)更换不同样品测试前,用随机附件——毛刷进行料盘和加样料斗的残余清洗。完成后将进样料斗插回原位置,或者重复自动测量直至料盘中无样品残余。然后可以开始执行上述步骤(3)。

6. 湿法测量

LS-C(Ⅲ)激光粒度分析仪的手动测量主要是湿法测量,也就是用配套的循环进样系统将样品送到测试窗口。

(1)选择湿法测量状态,设置参数。

(2)抽出面板,插入循环进样系统的测试窗口。

(3)准备循环进样系统,加入循环介质,启动循环进样系统。注意:确保循环进样系统内无气泡。

(4)单击手动键,开始自动对中和背景测量。待背景测量完毕后,出现光能分布图。如图2.14所示。

(5)在循环池中加入适量待测样品,控制遮光比为10%～20%(在保证遮光比为10%～20%的条件下,不同的样品需加入的量不同:加少了可继续加入,加多了可通过排放稀释的方法来处理),出现光能分布,如图2.15所示。

(6)点击手动键,开始分析测试。

(7)出现测试完成窗口,测试完成,保存报告。

(8)系统测试完毕后会出现"本次测试已完成"。

(9)手动清洗循环进样系统,本次手动测试结束。

7. 清洗

(1)自动清洗:在工具栏中选择自动清洗项目,出现相关对话框。根据对话框提示完成自动清洗过程。

(2)手动清洗:在工具栏中选择手动清洗项目,依次进行加液、清洗、开泵、关泵、开进液、关进液、开排液、关排液等选项,根据需要选择对应的选项,仪器按选项进行操作,直到完成清洗任务。

8. 仪器的关机过程

(1)让仪器完成一次料仓的清洗过程。用毛刷刷净料斗壁上的剩料,以备下次使用。

(2)关闭计算机主机。首先关闭本仪器的专用软件及其他各应用软件(如果已经打开),然后关闭计算机。

(3)关闭空气压缩机电源。

(4)依次关掉计算机显示器、激光粒度分析仪主机和打印机的电源开关。

(5)关闭插座电源。

(6)将整套仪器的各单元盖上防尘罩。关机过程完成。

【注意事项】

1. 根据具体被测物料的特征选择适宜的分散剂。

2. 激光安全注意事项

（1）仪器应放置在不易被无经验者或未经训练者接触到的地方。尽量避免打开仪器测量单元的外罩。

（2）提醒所有使用者注意激光辐射安全。

（3）在激光束经过的地方贴上警告标签，以提醒相关人员。

（4）决不能逆着激光束往激光器里看，也不可去看经反射镜反射的激光束。

（5）同激光有关的所有修理和维护工作都必须由经仪器厂家培训的人员进行。

3. 电气安全注意事项

（1）仪器插电源线，或在仪器的各单元之间作电气或信号连接时，必须确保电源开关是关着的，否则有可能造成人体触电或仪器损坏。

（2）必须保证电力供应与电源插座旁标示的电压和频率一致。

（3）换保险管时须保证其额定电流为 10 A。

（4）如果供电插座没有接地，则必须在主机外壳上另接一根地线。

4. 被测样品的安全问题

有些被测样品是有毒或易爆品，为确保安全，应做到：

（1）使用前应弄清被测物是否对人体有害？如果是，要弄清安全注意事项。

（2）仪器工作环境应通风良好。

（3）使用者避免过量吸入。

（4）仪器正在测量时不作电气连接，以免产生火花而爆炸。

（5）实验结束后，要立即认真地清洗设备。

【思考题】

（1）激光粒度分析仪的基本原理是什么？

（2）如何防止被激光伤害？

（3）选择液体分散剂的原则是什么？常用哪些液体分散剂？

（4）为何要严格遵守开机和关机步骤？

应用型实验

实验九　水泥标准稠度用水量测定

水泥净浆标准稠度是为使水泥凝结时间、体积安定性等的测定具有准确的可比性而规定的,在一定测试方法下达到规定的稠度。达到这种稠度时的用水量为标准稠度用水量。通过本实验测定水泥净浆达到标准稠度时的用水量,作为水泥的凝结时间、安定性实验用水量的标准。

【实验目的】

(1)了解标准稠度、标准稠度用水量的概念;
(2)测定水泥净浆达到标准稠度时的用水量;
(3)分析标准稠度用水量对水泥凝结时间、体积安定性的影响。

【实验原理】

通过实验不同含水量水泥净浆的穿透性,以确定水泥标准稠度净浆中所需加入的水量。水泥标准稠度用水量的测定有调整水量和固定水量两种方法,如有争议时以调整水量法为准。本实验按 GB/T 1346《水泥标准稠度用水量、凝结时间、安定性检验方法》进行。

1.调整水量法

调整水量法通过改变拌合水量,找出使拌制成的水泥净浆达到特定塑性状态所需要的水量。当一定质量的标准试锥(杆)在水泥净浆中自由降落时,净浆的稠度越大,试锥(杆)下沉的深度(S)越小。当试锥(杆)下沉深度达到固定值($S=(28\pm2)\,mm$)时,净浆的稠度即为标准稠度,此时 100 g 水泥净浆的用水量即为标准稠度用水量(P)。

2.固定水量法

当不同需水量的水泥用固定水灰比的水量调制净浆时,所得的净浆稠度必然不同,试锥(杆)在净浆中下沉的深度也会不同。根据净浆标准稠度用水量与固定水灰比时试锥(杆)在净浆中下沉深度的相互关系统计公式,用试锥(杆)下沉深度(S)算出水泥标准稠度用水量。也可在水泥净浆标准稠度仪上直接读出标准稠度用水量(P)。

【实验设备及材料】

(1)标准法维卡仪。如图 2.16 所示,标准稠度测定用试杆,如图 2.16(c)所示,有效长度为(50±1)mm,由直径为(10±0.05)mm 的圆柱形耐腐蚀金属制成。测定凝结时间时取下试杆,用试针代替试杆。试针由钢制成,如图 2.16(d)、图 2.16(e)所示,其有效长度初凝针为(50±1)mm、终凝针为(30±1)mm,直径为(1.13±0.05)mm。滑动部分的总质量为(300±1)g。

　　盛装水泥净浆的试模应由耐腐蚀的、有足够硬度的金属制成。试模图 2.16(a)为深(40±0.2)mm,顶内径为(65±0.5)mm、底内径为(75±0.5)mm 的截顶圆锥体。每只试模应配备一个大于试模、厚度大于 2.5 mm 的平板玻璃底板。

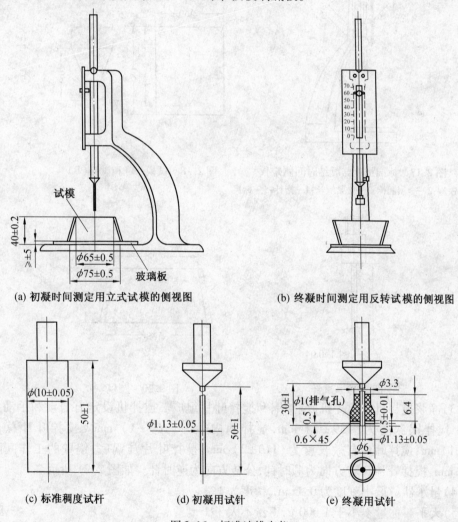

(a) 初凝时间测定用立式试模的侧视图　　　　　(b) 终凝时间测定用反转试模的侧视图

(c) 标准稠度试杆　　　　(d) 初凝用试针　　　　(e) 终凝用试针

图 2.16　标准法维卡仪

　　(2)代用法维卡仪。如图 2.17 所示,仪器由铁座 1 与可以自由滑动的金属圆棒 2 构成,松紧螺丝 3 用以调整金属棒的高低,金属棒上附有指针 4,利用标尺 5 指示金属棒下降距离或标准稠度用水量。

　　测量标准稠度时,棒下装一金属空心试锥,锥底直径为 40 mm、高为 50 mm。装净浆用的锥模,上口内径为 60 mm、锥高为 75 mm,如图 2.18 所示。

测量凝结时间时,取下试锥,换上试针(见图2.19)。试针直径为(1.10±0.04)mm、长为50 mm,用硬钢丝制成,不得弯曲。装净浆用的圆模,上部内径为65 mm,下部内径为75 mm,高为40 mm,如图2.20所示。标准稠度与凝结时间测定仪滑动部分的总质量为(300±2)g。

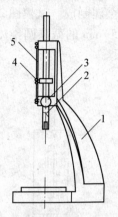

图2.17 标准稠度与凝结时间测定仪

1—铁座;2—金属圆棒;3—松紧螺丝;4—指针;5—标尺

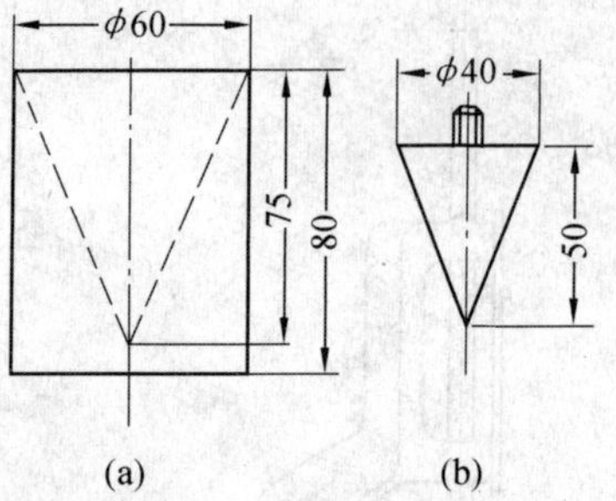

图2.18 试模(A)和试锥(B)

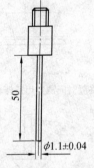

图2.19 试针

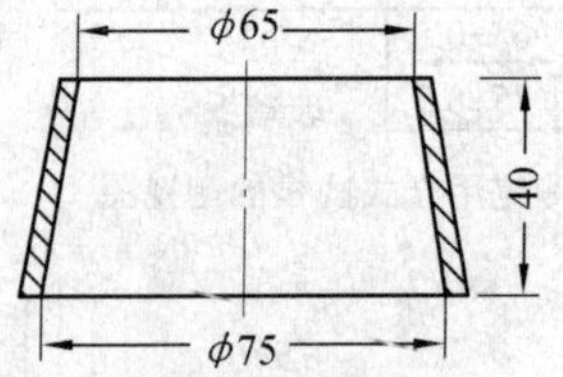

图2.20 圆模

(3)净浆搅拌机由搅拌机、搅拌锅和搅拌叶片组成。搅拌机设定有自动和手动控制程序。搅拌锅深度为(139±2)mm,搅拌锅内径为(160±1)mm。搅拌叶片总长为(165±1)mm;搅拌叶片有效长度为(110±2)mm;搅拌叶片与锅底、锅壁的工作间隙为(2±1)mm。搅拌叶片自转方向为顺时针,公转方向为逆时针。如图2.21所示。

(4)量水器。最小刻度为0.1 mL,精度为1%。

(5)天平。称量不小于1 000 g,感量不大于1 g。

(6)实验环境。实验室温度为(20±2)℃,相对湿度应不低于50%;水泥试样、拌合水、仪器和用具的温度应与实验室一致;标准养护箱的温度为(20±1)℃,相对湿度不低于90%。

【实验内容及步骤】

(1)实验前必须做到:维卡仪的金属棒能自由滑动;调整至试杆接触玻璃板时指针对

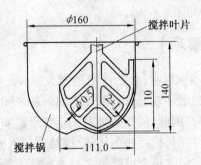

图 2.21　净浆搅拌机、搅拌锅与搅拌叶片

准零点;搅拌机运行正常。

(2)水泥净浆的拌制:用水泥净浆搅拌机搅拌,搅拌锅和搅拌叶片先用湿布擦过,将拌合水倒入搅拌锅内,然后在 5～10 s 内小心将称好的 500 g 水泥加入水中,防止水和水泥溅出;拌合时,先将锅放在搅拌机的锅座上,升至搅拌位置,启动搅拌机,低速搅拌 120 s,停 15 s,同时将叶片和锅壁上的水泥浆刮入锅中间,接着高速搅拌 120 s 后停机。

(3)标准稠度用水量的测定步骤(标准法)

拌合结束后,立即将拌制好的水泥净浆装入已置于玻璃底板上的试模中,用小刀插捣,轻轻振动数次,刮去多余的净浆;抹平后迅速将试模和底板移到维卡仪上,并将其中心定在试杆下,降低试杆直至与水泥净浆表面接触,拧紧螺丝 1～2 s 后,突然放松,使试杆垂直自由地沉入水泥净浆中。在试杆停止沉入或释放试杆 30 s 时记录试杆距底板之间的距离,升起试杆后,立即擦净;整个操作应在搅拌后 1.5 min 内完成。以试杆沉入净浆并距底板(6±1)mm 的水泥净浆为标准稠度净浆。其拌合水量为该水泥的标准稠度用水量(P),按水泥质量的百分比计。

(4)标准稠度用水量的测定步骤(代用法)

采用代用法测定水泥标准稠度用水量可用调整水量和不变水量两种方法的任一种测定。采用调整水量方法时拌合水量按经验找水,采用不变水量方法时拌合水量用 142.5 mL。

①拌合结束后,立即将拌制好的水泥净浆装入锥模中,用小刀插捣,轻轻振动数次,刮去多余的净浆;抹平后迅速放到试锥下面固定的位置上,将试锥降至净浆表面,拧紧螺丝 1～2 s 后,突然放松,让试锥垂直自由地沉入水泥净浆中。到试锥停止下沉或释放试锥 30 s 时记录试锥下沉深度。整个操作应在搅拌后 1.5 min 内完成。

②用调整水量方法测定时,以试锥下沉深度(28±2)mm 时的净浆为标准稠度净浆。其拌合水量为该水泥的标准稠度用水量(P),按水泥质量的百分比计。如下沉深度超出范围需另称试样,调整水量重新实验,直至达到(28±2)mm 为止。

③用不变水量方法测定时,根据测得的试锥下沉深度 S(mm)按下式(或仪器上对应标尺)计算得到标准稠度用水量

$$P=33.4-0.185S(\%)$$

当试锥下沉深度小于 13 mm 时,应改用调整水量法测定。测量结果不一致时,以调

整水量法为准。

【注意事项】

（1）拌制净浆时，搅拌的作用是使水和水泥颗粒充分分散，以便制得均匀的净浆。搅拌不良的净浆，水不能充分分散于水泥颗粒之间，使浆体流动性减小，试锥下沉阻力增大，下沉深度减小。因此，搅拌效果对测定结果影响较大。

用机械搅拌时，搅拌翅的转速，搅拌翅与锅壁及锅底的间距、搅拌时间等对浆体均匀性都有影响，应经常检查搅拌机主要参数是否符合要求，搅拌时间要调准，随时注意搅拌时间，自动控制机构是否灵敏、有效。

（2）标准法维卡仪要水平放置，滑动部分的总质量为（300±1）g。与试杆、试针连接的滑动杆表面应光滑，能靠重力自由下落，不得有紧涩和旷动现象。

（3）锥形稠度仪中的标尺，一边标出下沉深度 S 的数值，用以指示试锥下沉深度；另一边标出水泥标准稠度用量的百分数 P。该 P 值是在固定水灰比为 0.285 的实验条件下，按经验公式 $P=33.4-0.185S$，由 S 值换算而得的，它只适用于固定水灰比为 0.185 的固定水量法。因此，在读取测定结果时应当注意：用固定水量法测定时，可直接从 P 标尺中读出水泥标准稠度用水量 P 值；用调整水量法测定时，不应从 P 标尺中直接读出水泥标准稠度用水量，而只能从 S 标尺中读出锥下沉深度 S 值，根据下沉深度 S 是否是（28±2）mm来判断净浆稠度是否是标准稠度。

（4）由于经验公式 $P=33.4-0.185S$ 是根据水泥标准稠度用水量 P 为 21% ~31% 范围内的 1 245 个试样实验结果统计得到的，故它只适用于 P 为 21% ~31% 范围内的水泥。对 P 值超出这个范围的水泥，必须采用调整水量法测定。

经验公式 $P=33.4-0.185S$，其相关系数 $r=-0.92$，标准偏差 $\delta=0.68$，变异系数 $V=1.6\%$。可见，对大多数水泥是比较准确的，但由于上述公式的经验性，对个别试样可能有较大偏差。因此，固定水量法与调整水量法测得的结果有矛盾时，应以调整水量法结果为准。

（5）本实验适用于硅酸盐水泥、普通硅酸盐水泥、矿渣硅酸盐水泥、粉煤灰硅酸盐水泥、火山灰质硅酸盐水泥、复合硅酸盐水泥以及指定采用本方法的其他品种水泥。

【思考题】

（1）为什么要测定水泥的标准稠度用水量？

（2）测定水泥的标准稠度用水量时应注意哪些事项？

实验十　水泥凝结时间测定

水泥从加水到开始失去流动性所需的时间称为凝结时间。凝结时间快慢直接影响到混凝土的浇注和施工进度。测定水泥达到初凝和终凝所需的时间可以评定水泥的可施工性,为现场施工提供参数。

【实验目的】

(1)了解水泥初凝和终凝的概念。
(2)测定水泥凝结所需的时间。
(3)分析凝结时间对施工的影响。

【实验原理】

水泥凝结时间用水泥净浆标准稠度与凝结时间测定仪测定。当试针在不同凝结程度的净浆中自由沉落时,试针下沉的深度随凝结程度的提高而减少。根据试针下沉的深度就可判断水泥的初凝和终凝状态,从而确定初凝时间和终凝时间。

本实验按 GB/T 1346—2001《水泥标准稠度用水量、凝结时间、安定性检验方法》进行。

【实验设备及材料】

(1)标准稠度与凝结时间测定仪、试模、试针等,见水泥标准稠度用水量实验图例。
(2)标准养护箱。应能使温度控制在(20±1)℃,湿度大于90%。

【实验内容及步骤】

(1)测定前准备工作:调整凝结时间测定仪的试针接触玻璃板时,指针对准零点。
(2)试件的制备:以标准稠度用水量制成标准稠度净浆,一次装满试模,振动数次刮平,立即放入湿气养护箱中。记录水泥全部加入水中的时间作为凝结时间的起始时间。
(3)初凝时间的测定:试件在湿气养护箱中养护至加水后 30 min 时进行第一次测定。测定时,从湿气养护箱中取出试模放到试针下,降低试针与水泥净浆表面接触。拧紧螺丝 1~2 s 后,突然放松,试针垂直自由地沉入水泥净浆。观察试针停止下沉或释放试针 30 s 时指针的读数。当试针沉至距底板(4±1)mm 时,为水泥达到初凝状态;由水泥全部加入水中至初凝状态的时间为水泥的初凝时间,用"min"表示。
(4)终凝时间的测定:为了准确观测试针沉入的状况,在终凝针上安装了一个环形附件在完成初凝时间测定后,立即将试模连同浆体以平移的方式从玻璃板上取下,翻转

180°,直径大端向上,小端向下放在玻璃板上,再放入湿气养护箱中继续养护,临近终凝时间时每隔 15 min 测定一次,当试针沉入试体 0.5 mm 时,即环形附件开始不能在试体上留下痕迹时,为水泥达到终凝状态,由水泥全部加入水中至终凝状态的时间为水泥的终凝时间,用"min"表示。

【注意事项】

(1)在最初测定的操作时应轻轻扶持金属柱,使其徐徐下降,以防试针撞弯,但结果以自由下落为准;在整个测试过程中试针沉入的位置至少要距试模内壁 10 mm。临近初凝时,每隔 5 min 测定一次,临近终凝时每隔 15 min 测定一次,到达初凝或终凝时应立即重复测一次,当两次结论相同时才能定为到达初凝或终凝状态。每次测定不能让试针落入原针孔,每次测试完毕须将试针擦净并将试模放回养护箱内,整个测试过程要防止试模受振。可以使用能得出与标准中规定方法相同结果的凝结时间自动测定仪,使用时不必翻转试体。

(2)养护温度偏高时,水泥水化加速;养护相对湿度偏低时,净浆中水分加快蒸发;制浆时加水偏少,水泥浆形成凝固结构所需时间缩短。上述诸因素均会导致水泥凝结时间缩短;反之,凝结时间延长。为减少实验误差,应严格按照规定条件进行实验。

(3)水泥凝结程度是根据包括圆棒等活动部分总质量为(300±1)g 的标准试针在净浆中自由沉落时的下沉深度来判断的。因此,在测定过程中,圆模不应受振动,也不应施加任何外力于圆棒,保证试针自由沉落。此外,试针不能弯曲,表面要光滑,顶端应为平面,不应有倒角或圆角,以确保净浆受力的可比性。不符合上述要求的试针不能使用。

【思考题】

(1)如果你所测得硅酸盐水泥初凝时间小于 45 min,或者终凝时间大于 6.5 h,应如何调整水泥生产的配料?

(2)水泥的凝结机理是什么? 凝结时间与哪些因素有关?

实验十一　水泥安定性检验
（试饼法与雷氏夹法）

水泥拌水后在硬化过程中,一般都会发生体积变化,如果这种变化是在熟料矿物水化过程中发生的均匀的体积变化,或伴随着水泥凝结硬化过程中进行,则对建筑物质量无不良影响。但如果因水泥中某些有害成分的作用,当水泥混凝土已经硬化后,在水泥石内部产生剧烈的不均匀体积变化,则在建筑物内会产生破坏应力,导致建筑物强度下降。若破坏应力超过建筑物强度,就会引起建筑物开裂、崩溃、塌倒等严重质量事故。反映水泥硬化后体积变化均匀性物理性质的指标称为水泥的体积安定性,简称水泥安定性。

【实验目的】

学习掌握水泥安定性检验与分析方法。

【实验原理】

1. 熟料中 氧化镁对水泥安定性的不良影响

熟料中 氧化镁主要是由石灰石原料带入的,在熟料煅烧过程中,氧化镁大多呈游离状态存在,经过 1 400 ~ 1 500 ℃的高温,氧化镁晶粒发展粗大,结构致密(呈死烧状态)并包裹在熟料矿物中间,与水反应速度极慢,通常认为经过 10 ~ 20 a 或更长时间仍在继续水化,其水化反应为

$$MgO+H_2O \longrightarrow Mg(OH)_2$$

氧化镁水化生成氢氧化镁时,固相体积增大到 2.48 倍,局部体积膨胀,在已硬化的水泥石内部产生很强的破坏应力,轻者会降低建筑物强度,严重时会造成建筑物破坏,如开裂、崩溃等。尤其是熟料中死烧氧化镁比死烧氧化钙更难水化;用试样 100 ℃沸煮法不能使氧化镁大量水化,故要在高温高压条件下用压蒸法检验熟料中氧化镁的含量对水泥安定性的影响。

2. 水泥熟料中游离氧化钙对水泥安定性的影响

水泥熟料矿物主要是在高温下固相反应生成,反应完全程度受到生料配比、细度、混合均匀程度、烧成温度等条件影响。当氧化钙与氧化硅、氧化铝、氧化铁的化学反应不完全,便剩余一些未被化合吸收的氧化钙,称为游离氧化钙(游离氧化钙)。熟料中游离氧化钙经 1 400 ℃ ~ 1 500 ℃高温煅烧(俗称死烧石灰),结构致密,且包裹在熟料矿物中,遇水反应式为

$$CaO+H_2O \longrightarrow Ca(OH)_2$$

氧化钙与水反应生成氢氧化钙,固相体积增大 1.98 倍,如果这一过程在水泥硬化前完成,对水泥安定性无危害。但水泥中游离氧化钙在常温下水化很缓慢,至水泥混凝土硬化后较长一段时间(一般需 3～6 个月)内才完全水化,水化后由于固相体积增大近 1 倍,在已硬化的水泥石内部产生局部膨胀,造成混凝土强度大大下降,严重时会导致建筑物开裂、崩溃。

熟料中游离氧化钙的产生条件不同导致形态也不同。一种是因欠烧产生,即在 1 100～1 200 ℃ 低温下形成的游离氧化钙,称欠烧游离氧化钙。这种游离氧化钙结构疏松多孔,遇水反应快,对水泥安定性危害不大。

另一种为高温未化合的游离氧化钙,称一次游离氧化钙,这是因为生料饱和比过高,熔剂矿物少,生料粗,混合不均,煅烧时间不足而形成的。这种游离氧化钙经 1 400～1 500 ℃ 高温煅烧,且包裹在矿物中,不易水化,对水泥安定性危害很大。

3. 水泥中三氧化硫含量对水泥安定性影响

水泥中三氧化硫主要由石膏中带入。为调节水泥凝结时间,在粉磨水泥时掺加一定数量石膏,在有石膏的条件下,熟料矿物中 C_3A 水化生成钙矾石,其化学反应如下:

$$C_3A+3\ CaSO_4 \cdot 2\ H_2O+26\ H_2O \longrightarrow C_3A \cdot 3\ CaSO_4 \cdot 32\ H_2O$$

生成的钙矾石固相体积增大到 2.22 倍,这种反应在水泥凝结硬化过程中进行,水泥混凝土尚具有一定塑性,故体积膨胀不会对水泥混凝土体积安定性造成不良影响,若石膏掺量过多会使水泥混凝土硬化之后剩余较多的石膏,继续与 C_3A 反应生成钙矾石,则因固相体积增大,发生局部体积膨胀,破坏已硬化的水泥石结构,造成建筑物强度下降,严重时开裂或崩溃。

4. 本实验按 GB/T 1346—2001《水泥标准稠度用水量、凝结时间、安定性检验方法》进行。通过采用煮沸的方法,使水泥中的有害反应速度加快,试样体积发生变化,其破坏现象在实验中提前显示出来,并依据试样体积变化程度判断水泥安定性的优劣。

【实验设备及材料】

1. 雷氏夹膨胀值测定仪

(1)用途:以无锡建材 LD-50 雷氏夹膨胀值测定仪为例。它主要用于检验雷氏夹的弹性要求,测定雷氏夹环模中经养护及沸煮一定时间后的水泥净浆试件的膨胀值。

(2)主要技术参数:测定范围为 ±25 mm。

(3)结构:测定仪由支架、标尺、底座等零件组成,如图 2.22 所示。

(4)雷氏夹构造:雷氏夹由铜质材料制成,其结构如图 2.23 所示。雷氏夹弹性检验:将测定仪上的悬(弦)线固定于雷氏夹的一指针根部,另一指针根部挂上 300 g 砝码,在左侧标尺上读数(见图 2.24)。如果两根指针的针尖距离增加在(17.5±2.5)mm 的范围内,当去掉砝码后针尖距离能恢复至挂砝码前的状态时,则雷氏夹符合要求的弹性。

(5)膨胀值的测定:将沸煮箱中取出的带试件的雷氏夹放于垫块上,指针朝上,放平后在上端标尺读数,然后计算膨胀值。

(6)仪器保养:定期检查左臂架与支架杆的垂直度和各紧固件是否松动;垫块上不得锈蚀及有污垢物。用完后除标尺外涂防锈油并保管妥善,避免生锈和碰伤。

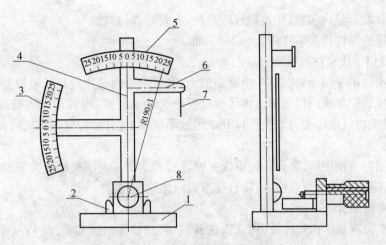

图 2.22　雷氏夹膨胀值测定仪

1—底座;2—模子座;3—测量弹性标尺;4—立柱;5—测膨胀值标尺;6—悬臂;

7—悬丝;8—弹簧顶扭

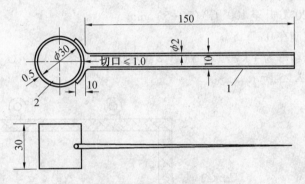

图 2.23　雷氏夹构造图

1—指针;2—环模

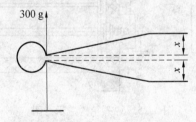

图 2.24　雷氏夹受力示意图

(7)雷氏夹测量仪要求条件

①测量仪刻度尺应呈现弧形,上面的刻度是弦长并经计量部门标定。

②雷氏夹托座的圆弧半径必须大于 20 mm(更不能做成 V 形),在测量指针间距时,
应以指针顶尖所指的刻度为准。

(8)雷氏夹的选择

①结构尺寸应符合标准规定。

②圆环开口缝宽度小于等于 1.0 mm,指针环形焊接部分有效长度为 10 ~ 12 mm。

③指针端部呈扁尖状,两根指针应平行,不得弯曲、锈蚀。

④雷氏夹弹性值必须在(17.5±2.5)mm。

(9)使用雷氏夹注意事项

①脱模时用手给指针根部一个适当的力,既可使模内试块脱开又不损失模型弹性。

②脱模后应尽快用棉丝擦去雷氏夹试模附着的水泥浆,沿着雷氏夹圆环高度方向上下擦动,避免切口缝因受力不当而拉开。因故不能马上擦模时,应将雷氏夹浸在煤油里存放。

一般经半年使用后,进行一次雷氏夹弹性检验。如果发现膨胀值大于 40 mm,或有其他损害时,应立即进行弹性检验,符合要求方可继续使用。

2. 沸煮箱简介

检定水泥净浆体积安定性(用雷氏法和试饼法)使用的沸煮箱,以 FZ-31 型为例简介如下。

(1)技术规格

①最高沸煮温度为 100 ℃;煮沸名义容积为 31 L。

②升温时间(20 ℃升至 100 ℃)(30±5) min。

③加热时间控制在 0～3.5 h。

④管状加热器功率为 4 kW/220 V(共 2 组各为 1 kW 和 3 kW)。

(2)结构如图 2.25 所示。

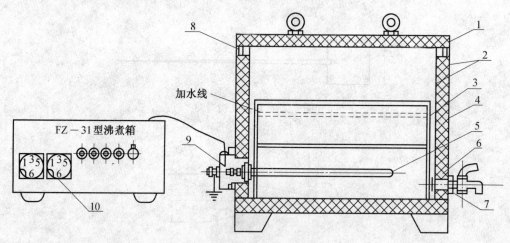

图 2.25　沸煮箱构造示意图

1—箱盖;2—内外箱体;3—箱箅;4—保温层;5—管状加热器;6—管接头;7—铜热水嘴;
8—水封槽;9—罩壳;10—电气控制箱

(3)使用与维修

①为了试饼法与雷氏法可同时使用,以对比水泥安定性实验结果,特将箅板高度降低,使用时(包括只作雷氏夹法),箅板务必置于试饼架之上。

②沸煮箱内必须用洁净淡水,久用后箱内可能积水垢,应定期清洗。

③加热前必须添加水至 180 mm 高度,以防加热器烧坏,加热完毕先切断电源,再放除箱内水。

④沸煮前,水封槽必须盛满水,在沸煮时起密封作用。

⑤箱体外壳必须可靠接地,以保安全。

⑥调整时间继电器限定时间必须在工作开关(按钮)合上以前。

【实验内容及步骤】

雷氏法(标准法)是观测由两个试针的相对位移所指示的水泥标准稠度净浆体积膨胀的程度。试饼法(代用法)是观测水泥标准稠度净浆试饼的外形变化程度。

1. 测定前的准备工作

若采用雷氏法时,每个雷氏夹需配备质量约为 75 ~ 80 g 的玻璃 2 块;若采用试饼法时,一个样品需准备两块尺寸(长×宽)约为 100 mm×100 mm 的玻璃板。每种方法每个试样均需同时成型两个试件。凡与水泥净浆接触的玻璃板和雷氏夹表面都要稍稍涂上一层机油。

2. 水泥标准稠度净浆的制备

按标准稠度用水量加水,并按照水泥净浆拌制规定的操作方法制成标准稠度净浆。

3. 试饼的成型方法

将制好的净浆取出一部分,分成两等份,用刀具抹成球形,放在预先准备好的玻璃板上,轻轻振动玻璃板,并用湿布擦过的小刀由边缘向中央抹动,做成直径为 70 ~ 80 mm,中心厚约 10 mm,边缘渐薄,表面光滑的试饼,接着将试饼放入湿气养护箱内,养护(24±2)h。

4. 雷氏夹试件的制备方法

将预先准备好的雷氏夹放在已稍稍擦过油的玻璃板上,并立即将已制备好的标准稠度净浆装满试模,装模时一只手轻轻扶持试模,向下压住两根指针的焊接点处。另一只手用宽约 10 mm 的小刀均匀地插捣 15 次左右,插到雷氏夹试模高度的 2/3 即可,然后刮平,刮平时应由浆体中心向两边刮,最多不超过 6 次,盖上稍涂油的玻璃板,接着立即将试模移至湿气养护箱内,养护(24±2)h。

5. 脱去玻璃板取下试件

当用试饼法时,首先从玻璃板上取下试饼,检查试饼是否完整,如试饼有弯曲、崩溃、裂纹(开裂、翘曲)现象时,要查明原因,如确实无其他外因时,该试饼已属不合格品,则不必沸煮。在经检查过的试饼没发现任何缺陷的情况下,方可将试饼放在沸煮箱的水中算板上进行沸煮。当用雷氏法时,脱去玻璃板,在膨胀值测定仪上测量并记录每个试件两指针尖端间距 A,精确至 0.5 mm。

6. 沸煮

事先调整好沸煮箱内的水位,使保证在整个沸煮过程中都淹没试件,不要中途添补实验用水,同时又保证能在(30±50) min 内升至沸腾。

当用试饼法时,将试饼放入沸煮箱水中算板上,相互保持距离不得接触重叠。当用雷氏法时,将试件放入沸煮箱水中算板上,使指针朝上,互不交叉不接触他物。

开启沸煮箱,在(30±5) min 内煮沸,并维持 3 h±5 min。然后关闭沸煮箱,放水,开箱,冷却至室温。

7. 结果判别

沸煮结束,即放掉沸煮箱中的水,打开水箱盖,待试体冷却至室温,取出试样进行判别。

(1)若为试饼法,目测未发现裂纹,用直尺检查也没有弯曲,则此试饼为安定性合格;反之为不合格。当两个试饼判别结果不一致时,则该水泥的安定性为不合格。

(2)若为雷氏法,需测量试件指针尖端间的距离(C),记录至小数点后一位。当两个试件的(C-A)的平均值不大于 5.0 mm 时,即认为该水泥安定性合格,当两个试件的(C-A)值相差超过 4 mm 时,就用同一样品,立即重复做一次实验,见表 2.3:

表 2.3 雷氏法结果计算示例表

水泥编号	雷氏夹号	煮前指针距离 A /mm	煮后指针距离 C /mm	增加距离 C-A /mm	平均值 /mm	两个结果差值 C-A /mm	结果测定
A	1	12.0	15.0	3.0	3.2	0.5	合格
A	2	11.0	14.5	3.5			
B	1	11.0	14.0	3.0	4.8	3.5	合格
B	2	11.5	18.0	6.5			
C	1	12.0	14.0	2.0	4.5	5.0	合格
C	2	12.0	19.0	7.0			
D	1	12.5	18.0	5.5	5.8	—	不合格
D	2	11.0	17.0	6.0			

当试饼法判为不合格时,可用同一个试样采用雷氏法复验,该水泥的安定性检验结果应以雷氏法检验的结果为准。

【注意事项】

(1)一个样品的检测时,所选的两只雷氏夹弹性值要接近,误差最好不超过 2 mm,同时雷氏夹其余尺寸也要符合标准。

(2)净浆应尽量充满雷氏夹,减少空洞,避免两试件差值过大。

(3)试饼要做好,中间厚(10 mm),周围薄(直径 70 ~ 80 mm),表面要抹光。

(4)掌握好脱模时间。当日检测样的养护时间必须在(24±2)h 范围内。养护时间不符合要求也会使代用法(试饼法)的结果失真。

(5)养护温度和湿度以及煮沸时的升温速度要符合标准。

【思考题】

(1)雷氏法试模准备有哪些要求?为什么?

(2)试饼法与雷氏夹法两种方法的区别是什么?

实验十二　水泥胶砂流动度实验

水泥胶砂流动度是水泥胶砂流动性的一种量度，是衡量水泥施工性能的主要参数之一。水泥胶砂流动度与水泥品种、混合材种类与掺加量、水泥颗粒分布等因素有关。在一定加水量下，流动度取决于水泥的需水性。

【实验目的】

(1)了解水泥胶砂流动度实验的设备。
(2)学习掌握水泥胶砂流动度的测定方法。

【实验原理】

水泥胶砂流动度以水泥胶砂浆体在跳桌上按规定操作进行跳动实验后扩散直径的大小表示是检验水泥需水性的一种方法。

本实验按 GB/T 2419 规定的水泥胶砂流动度的测定方法进行。

【实验设备及材料】

(1)胶砂搅拌机

必须符合国家标准《胶砂搅拌机》(JC/T 722—1982(1996))的规定。以规定的程序运行，对水泥砂浆进行搅拌。

(2)跳桌

跳桌是水泥胶砂流动度测定仪的简称，如图2.26所示。

①手动跳桌。跳动部分主要由圆桌桌面和推杆组成，总质量为(4.35±0.15)kg，且以推杆为中心均匀分布，圆盘桌面为布氏硬度不低于200 HB的铸钢，直径为(300±1)mm，边缘约厚5 mm。其上表面应光滑平整，并镀硬铬，表面粗糙度在0.8～1.6之间。桌面中心有直径为125 mm的刻圆，用以确定锥形试模的位置，从圆盘外缘指向中心有8条线，相隔45°分布，桌面下有6根辐射状筋，相隔60°均匀分布。圆盘表面的平面度不超过0.10 mm。跳动部分下落瞬间，拖轮不应与凸轮接触，跳桌落距为(10.0±0.2)mm。推杆与机架孔的公差间隙为0.05～0.10 mm。

②自动跳桌。目前有国产 DJZ-1 型电动式跳桌及 NLD-2 型水泥胶砂流动度测定仪等。

(3)试模

试模用金属材料制成，由截锥圆模和模套组成。截锥圆模内壁应光滑，尺寸:高度为(60±5)mm，上口内径为(70±5)mm，下口内径为(100±0.5)mm，下口外径为120 mm，模

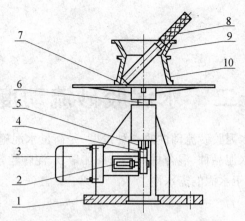

图 2.26　跳桌结构示意图

1—机架;2—接地开关;3—电机;4—凸轮;5—滑轮;6—
推杆;7—圆盘桌面;8—捣棒;9—模套;10—截锥圆模

套与截锥圆模配合使用。

(4)卡尺

量程为 200 mm,感量不大于 0.5 mm。

(5)卡刀

刀口平直,长度大于 80 mm。

【实验内容及步骤】

(1)一次实验用的材料数量,如用 GB 177 胶砂组成,则应称水泥 540 g,标准砂 1 350 g,水量按预定水灰比计算。若用 GB/T 17671—1999 胶砂组成,则应称 450 g 水泥, 1 350 g ISO 标准砂。

(2)胶砂的准备。将称好的水泥和标准砂倒入用湿布擦过的搅拌锅内,开动搅拌机, 拌合 5 s 后徐徐加水,20～30 s 内加完,自开动机器起搅拌(180±5)s 停车,将粘在叶片上 的胶砂刮下,取下搅拌锅。

(3)在制备胶砂的同时,用潮湿棉布擦拭跳桌台面、试模内壁、捣棒以及与胶砂接触 的用具,将试模放在跳桌台面中央并用潮湿棉布覆盖。

(4)将拌好的胶砂分两层迅速装入流动度试模。第一层装至截锥圆模高度约 2/3 处,用小刀在相互垂直的两个方向上各划 5 次,用捣棒由边缘至中心均匀捣压 15 次,如图 2.27 所示;随后装第二层胶砂,装至高出截锥圆模约 20 mm,用小刀划 10 次再用捣棒由 边缘至中心均匀捣压 10 次,如图 2.28 所示。捣压力量应恰好足以使胶砂充满截锥圆模; 捣压深度:第一层捣至胶砂高度的 1/2,第二层捣实不超过已捣实底层表面。装胶砂和捣 压时,应用手扶稳试模,不要使其移动。

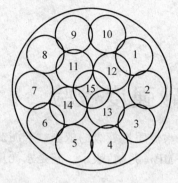

图2.27　第一层捣压位置示意图　　　　图2.28　第二层捣压位置示意图

（5）捣压完毕，取下模套，用小刀由中间向边缘分两次将高出截锥圆模的胶砂刮去并抹平，擦去落在桌面上的胶砂，将截锥圆模垂直向上轻轻提起。立刻开动跳桌，约每秒一次，在（30±1）s内完成30次跳动。

（6）跳动完毕，用卡尺测量胶砂底面最大扩散直径及与其垂直的直径，计算平均值，取整数，用"mm"为单位表示，即为该加水量下的水泥胶砂流动度。从胶砂拌合开始到测量扩散直径结束，应在6 min内完成。

（7）电动跳桌与手动跳桌测定的实验结果不一致时，以电动跳桌为准。

【注意事项】

（1）实验时搅拌锅、试模、捣棒等需用湿棉布擦拭并覆盖，以保证实验结果的准确度。
（2）测量扩散直径时，读数取整数（mm）。平均结果也保留整数（mm）。

【思考题】

（1）测定水泥胶砂流动度时，装模、压捣等制样工作要求多长时间内完成？为什么？
（2）测定胶砂流动度有何意义？

实验十三　水泥胶砂强度检验

水泥的强度是评价水泥质量的重要指标,是划分水泥质量等级的依据。水泥的强度是指水泥胶砂硬化试体所能承受外力破坏的能力,用 MPa(兆帕)表示。它是水泥重要的物理力学性能之一。

【实验目的】

(1)了解水泥胶砂强度检验的原理。

(2)掌握水泥胶砂强度检验的测定方法。

【实验原理】

水泥加水后发生水化反应,生成多种水化产物,并不断凝结硬化,强度也逐渐增高。水泥的标号就是根据一定龄期时水泥强度大小来划分的,它是水泥质量等极的标志。标号越高,表明强度越高。

根据受力形式的不同,水泥强度通常分为抗压强度和抗折强度。水泥胶砂硬化试体承受压缩破坏时的最大应力,称为水泥的抗压强度;水泥胶砂硬化试体承受弯曲破坏时的最大应力,称为水泥的抗折强度。

本实验按《水泥胶砂强度检验方法(ISO 法)》GB/T 17671—1999 进行。

【实验设备及材料】

(1)行星式胶砂搅拌机(见图 2.29)。

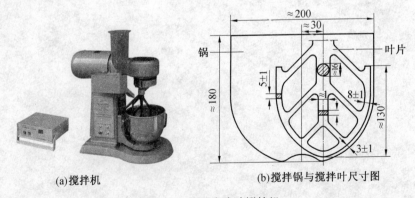

(a)搅拌机　　　　　　　　(b)搅拌锅与搅拌叶尺寸图

图 2.29　行星式胶砂搅拌机

（2）胶砂成型振实台（见图2.30）。

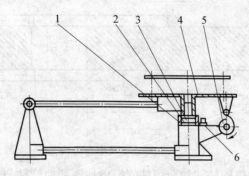

图 2.30　胶砂成型振实台

1—定位套；2—止动器；3—凸面；4—台面；5—凸轮；6—
接近开关计数装置

（3）试模

试模由三个水平的模槽组成,可同时成型三条截面为 40 mm×40 mm×160 mm 的长方体试体。为了控制料层厚度和刮平胶砂,应备用两个播料器和一个金属制刮平尺（见图2.31）。

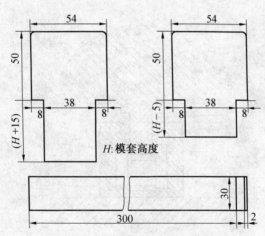

图 2.31　播料器和金属制刮平尺

（4）抗折试验机和抗折夹具

抗折试验机一般采用双杠杆式,也可采用性能符合要求的其他试验机。双杠杆式的抗折试验机,常见的有杠杆比为 1∶50 的抗折试验机和电动抗折试验机,而后者已被日益广泛地采用。抗折夹具的加荷与支撑圆柱的直径为 10 mm,两个支撑圆柱中心间距为 100 mm。加荷与支撑圆柱必须用硬质钢材制造,且都应能转动和更换。两个支撑圆柱必须在同一水平线上,并保证实验时与试体长度方向垂直。加荷圆柱应处于两个支撑圆柱的中央,并与其平行。

试件在夹具中受力状态如图 2.32 所示。

通过三根圆柱轴的三个竖向平面应该平行,并在实验时继续保持平行和等距离垂直

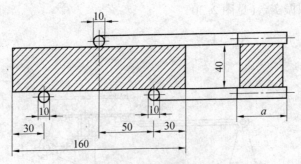

图 2.32　试件在夹具中受力状态

试体的方向,其中一根支撑圆柱和加荷圆柱能轻微地倾斜使圆柱与试体完全接触,以便荷载沿试体宽度方向均匀分布,同时不产生任何扭转应力。

(5)抗压试验机和抗压夹具

抗压试验机负荷以 20~30 t 为宜,误差不得超过±1.0%,并具有按(2 400±200) N/s 的速率加荷的能力。应有一个能指示试件破坏时荷载并把它保持到试验机卸荷以后的指示器。人工操作的试验机,还应配有一个速度动态装置以便控制加荷速率。

夹具应符合标准 JZ/T683 的要求,受压面积为 40 mm×40 mm(见图2.33)。

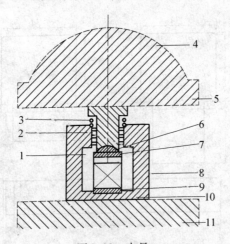

图 2.33　夹具

1—滚珠轴承;2—滑块;3—复位弹簧;4—压力机球座;5—压力机上压板;6—夹具球座;7—夹具上压板;8—试体;9—底板;10—夹具下垫板;11—压力机下压板

当需要使用夹具时,应把它放在压力机的上下压板之间并与压力机处于同一轴线,以便将压力机的荷载传递至胶砂试件表面。夹具在压力机上位置如图 2.33 所示,夹具要保持清洁,球座应能转动以使其上压板能从一开始就适应试体的形状并在实验中保持不变。使用中夹具应满足 JC/T 683 的全部要求。

注:①可以润滑夹具的球座,但在加荷期间不会使压板发生位移。②试件破坏后,滑块能自动回复到原来的位置。

(6)试体成型实验室和强度实验室温度均为(20±2)℃,相对湿度应不低于50%。水泥、砂、水和实验用具的温度与实验室相同,称量用的天平感量应为±1 g。当用自动滴管加 225 mL 水时,滴管精度应达到±1 mL。

试体带模养护的养护箱或雾室温度应保持在(20±1)℃,相对湿度不低于90%,试体养护池水温度应为(20±1)℃。

(7)水泥试样应充分拌匀,通过 0.99 mm 方孔筛并记录筛余物。标准砂应由 SiO_2 含量不低于98%的天然圆形硅质砂组成,应符合 ISO 标准砂质量要求,其颗粒分布见表2.4。

表 2.4 标准砂颗粒分布

方孔边长/mm	累计筛余/%
2.0	0
1.6	7±5
1.0	33±5
0.5	67±5
0.16	87±5
0.08	99±1

一般实验可用饮用水,仲裁实验和其他重要实验用蒸馏水。

【实验内容及步骤】

1. 成型

(1)成型前将试模擦净,四周的模板与接触面上面涂黄干油,紧密装配,防止漏浆,内壁要均匀地刷上一层薄机油,以便脱模。

(2)按表 2.5 计算质量称取每锅胶砂的数量。

表 2.5 每锅胶砂材料的数量   g

水泥品种 材料量	水泥	标准砂	水	水泥品种 材料量	水泥	标准砂	水
硅酸盐水泥				粉煤灰硅酸盐水泥			
普通硅酸盐水泥	450±2	1 350±5	225±1	复合硅酸盐水泥	450±2	1 350±5	225±1
矿渣硅酸盐水泥				石灰石硅酸盐水泥			

(3)搅拌

把量好的水加入搅拌锅里,再把称好的水泥加入,把搅拌锅放在固定架上,上升至固定位置。立即开动搅拌机、低速搅拌 30 s,在第二个 30 s 开始时均匀地将砂子加入。若各级砂是分装的,从最粗粒级开始,依次将所需的每级砂量加完。把机器转至高速再拌 30 s。停拌 90 s,在第一个 15 s 内用一胶皮刮具将叶片和锅壁上的胶砂刮入锅中。再继续高速搅拌 60 s。各个搅拌阶段的时间误差应在±1 s 以内。

(4)振实成型

将准备好的空试模和模套固定在振实台上,用勺子直接从搅拌锅里将胶砂分两层装入试模。装第一层时,每个槽里约放 300 g 胶砂,用大播料器垂直架在模套顶部沿每个模槽来回一次将料层播平,振实 60 次。再装入第二层胶砂,用小播料器播平,再振实 60 次。

（5）刮平与标记

将试模从振实台上取下,用一金属直尺以近似90°的角度架在试模顶的一端,然后沿试模长度方向以横向锯割动作慢慢向另一端移动,一次将超过试模部分胶砂刮去,并用直尺在近似水平的情况下将试体表面刮平。在试模上做标记或加字条标明试件编号。

2. 养护

（1）脱模前的处理和养护

去掉留在模子四周的胶砂。立即将做好标记的试模放入标准养护箱的水平架子上养护,湿空气应能与试模各边接触。养护时不应将试模放在其他试模上。养护条件为:湿度大于一直养护到规定的脱模时间时取出脱模。脱模前,用防水墨汁或颜料笔对试体进行编号和做其他标记。两个龄期以上的试体,在编号时应将同一试模中的三条试体分在两个以上龄期内。

（2）脱模

脱模应非常小心,对于24 h龄期的,应在破型实验前20 min内脱模。对于24 h以上龄期的,应在成型后20~24 h之间脱模。如经24 h养护,会因脱模对强度造成损害时,可以延迟至24 h以后脱模。已确定作为24 h龄期实验（或其他不下水直接做实验）的已脱模试体,应用湿布覆盖至做实验时为止。

（3）水中养护

将做好标记的试件立即水平或竖直放在（20±1）℃水中养护,水平放置时刮平面应朝上。试件放在不易腐烂的箅子上,彼此间保持一定间距,以让水与试件的六个面接触。养护期间试件之间间隔或试体上表面的水深不得小于5 mm,不宜用木箅子。

每个养护池只养护同类型的水泥试件。最初用自来水装满养护池（或容器）,随后随时加水保持适当的恒定水位,不允许在养护期间全部换水。除24 h龄期或延迟至48 h脱模的试体外,任何到龄期的试体应在实验（破型）前15 min从水中取出,揩去试体表面沉积物,并用湿布覆盖至实验为止。

（4）强度实验试体的龄期

试体龄期是从水泥加水搅拌开始实验时计算,不同龄期强度实验在下列时间里进行:24 h±15 min,48 h±30 min,72 h±45 min,7 d±2 h,28 d±8 h。

3. 强度实验

（1）除24 h龄期或延迟至48 h脱模的试体外,任何到龄期的试体应在破型前15 min从水中取出,擦去表面沉积物,并用湿布覆盖至实验为止。

（2）抗折强度实验

①每龄期取出三条试体先做抗折强度实验。实验前须擦去试体表面的附着水分和砂粒,清除夹具上圆柱表面黏着的杂物,试体放入抗折夹具内,应使侧面与圆柱接触。

②采用电动抗折机实验时,在试体放入前应调节平衡锤,使杠杆处于平衡位置。试体放入后,调整夹具,使杠杆在试体折断时尽可能接近平衡位置。抗折实验加荷速度为（50±10）N/s。

抗折强度 R_f 以MPa表示:

$$R_f = \frac{1.5 F_f L}{b^3}$$

式中　F_f——折断时施加于棱柱体中部的荷载,N;

　　　　L——支撑圆柱间的距离,mm;

　　　　B——棱柱体正方形截面边长,mm。

（3）抗压强度实验

①抗折实验后的两个断块应立即进行抗压实验。抗压实验须用抗压夹具进行,试体受压面为 40 mm×40 mm。实验前应清除试体受压面与加压板间的砂粒或杂物。实验时以试体的侧面作为受压面,试体的底面靠紧夹具定位销,并使夹具对准压力机压板中心,然后加荷实验。

②压力机加荷速度应控制在（2 400±200）N/s 的范围内,在接近破坏时更应严格掌握。

③抗压强度计算。

$$R_C = \frac{F_C}{A}$$

式中　R_C——破坏时的最大荷载,N;

　　　　A——受压部分面积,mm²（40 mm×40 mm＝160 mm²）。

（4）数据处理

①以一组三个柱体抗折强度结果的平均值作为实验结果。当三个强度值中有超出平均值的±10%时,应剔除后再取平均值作为抗折强度的结果,精确至 0.1 MPa。

②以一组三个棱柱体的六个抗压强度平均值作为实验结果。若六个中有一个超出平均值的 10% ,应剔除该结果,用剩余五个值的平均值作为结果。若五个中再有超出平均值的 10% ,该结果报废（精确至 0.1 MPa）。

【注意事项】

（1）注意实验环境的温度应符合要求,并应该做好记录。

（2）养护箱内算板要保持水平,避免倾斜。

（3）成型前或更换水泥品种时,应用湿布将叶片和锅壁擦干净,实验后应将粘在叶片和锅壁上的胶砂擦干净。

（4）刮平时注意不要用力过猛,不要使试体表面松动。

（5）破型实验时,注意抗压实验的量程,随时准备停止加油,避免把抗压模具压坏。

【思考题】

（1）水泥胶砂实验试件成型包含几个步骤？振实成型的具体操作方法是什么？

（2）水泥胶砂实验试件养护包含几个步骤？

（3）水泥胶砂的抗压强度的测试方法是什么？

实验十四　用做水泥中混合材料的 工业废渣活性实验方法

在水泥生产过程中,为改善水泥性能、调节水泥标号,资源化消解利用工业废弃物而添加到水泥中的矿物质材料,称之为水泥混合材料,简称水泥混合材。不同的工业废渣对水泥性能的影响不同,直接影响到混合材掺加量、水泥的生产成本和使用性能。

【实验目的】

对用做水泥混合材料的工业废渣的潜在水硬性和火山灰性进行定性检测,以及用 28 d 抗压强度比进行定量检测。

【实验原理】

1. 潜在水硬性实验

工业废渣磨成细粉与石膏一起和水后,在湿空气中能够凝结硬化并在水中继续硬化,即具有潜在水硬性。

2. 火山灰性实验

工业废渣磨成细粉与消石灰一起和水后,在湿空气中能够凝结硬化并在水中继续硬化,即具有火山灰性。

3. 水泥胶砂 28 d 抗压强度比定量检测

在硅酸盐水泥中掺加30%工业废渣后的28 d 抗压强度同该硅酸盐水泥28 d 抗压强度进行比较,定量确定工业废渣活性高低。

4. 引用标准

GB 177《水泥胶砂强度检验方法》

GB 178《水泥强度实验用标准砂》

GB 203《用于水泥中的粒化高炉矿渣》

GB 750《水泥压蒸安定性实验方法》

GB 1346《水泥标准稠度用水量、凝结时间、安定性检验方法》

GB 1594《建筑石灰》

GB 1596《用于水泥的混凝土中的粉煤灰》

GB 2149《水泥胶砂流动度实验方法》

GB 2847《用于水泥中的火山灰质混合材料》

【实验设备及材料】

（1）工业废渣：取约 5 kg 具有代表性的工业废渣，在 105～110 ℃温度下烘干至含水量小于 1%，然后磨细至 0.080 mm 方孔筛筛余为 5%～7%。

（2）二水石膏：二水石膏（工业品）或二水硫酸钙含量大于 90% 的天然二水石膏，0.080 mm 方孔筛筛余不大于 7%。

（3）消石灰：氢氧化钙（工业品）或符合 GB 1549 规定的新鲜的一等钙质消石灰粉。也可采用按下述步骤制备的消石灰：

①将生石灰（工业品）或符合 GB 1549 规定的一等钙质生石灰放在容器内加水充分消化，若有大块须预先击碎以免消化不匀。

②消化时用水量按 100 份（质量）生石灰和 40 份（质量）水的比例配制。

③生石灰加水后，盖好容器，经 1～2 d 后，将消石灰在 105～110 ℃温度下烘干至水分小于 1%，然后磨细至 0.080 mm 方孔筛筛余不大于 7%，贮藏在密闭的铁桶或玻璃容器内备用。

（4）硅酸盐水泥：沸煮安定性必须合格；28 d 抗压强度大于 42.5 MPa；比表面积为 290～310 m^2/kg；石膏掺入量（外掺）以三氧化硫计为 1.5%～2.5%。

（5）标准砂：应符合 GB 178 的质量要求。

（6）实验用水：必须是洁净的淡水。

【实验方法与步骤】

1. 潜在水硬性实验

（1）试样组成：工业废渣与二水石膏按质量比为 80∶20（或 90∶10）的比例配制成 300 g 试样。

（2）实验步骤：将配好的试样按 GB 1346 确定的标准稠度用水量制备成净浆试饼。试饼在温度为（20±3）℃、相对湿度大于 90% 的养护箱内养护 7 d 后，放入 17～25 ℃水中浸水 3 d，然后观察浸水试饼形状完整与否。

（3）结果评定：试饼浸水 3 d 后，若其边缘保持清晰完整，则认为工业废渣具有潜在水硬性。

2. 火山灰性实验

（1）试样组成：工业废渣与消石灰按质量比为 80∶20 的比例配制成 300 g 试样。

（2）实验步骤：将配好的试样按 GB 1346 确定的标准稠度净浆用水量制备成净浆试饼。试饼在温度为（20±3）℃，相对湿度大于 90% 的养护箱内养护 7 d 后，放入 17～25 ℃水中浸水 3 d，然后观察浸水试饼形状完整与否。

（3）结果评定：试饼浸水 3 d 后，若其边缘保持清晰完整，则认为工业废渣具有火山灰性。

3. 水泥胶砂 28 d 抗压强度比定量检测

（1）试样组成：

①实验样品：162 g 工业废渣，378 g 硅酸盐水泥和 1 350 g 标准砂。

②对比样品：540 g 硅酸盐水泥，1 350 g 标准砂。

（2）成型加水量：对比样品成型加水量为 238 mL，实验样品成型加水量按水泥胶砂流动度为 125～135 mm 时的水灰比计算。胶砂流动度按 GB 2419 进行。

（3）实验步骤：按 GB 177 进行，分别测定实验样品的 28 d 抗压强度 R_1 和对比样品 28 d 抗压强度 R_2。

（4）结果计算：

$$抗压强度比 = \frac{R_1}{R_2} \times 100\%$$

结果取整数。

【注意事项】

（1）本标准适用于用做水泥混合材料的工业废渣活性检验，以及指定采用本方法的其他水泥混合材料的活性检验。工业废渣系指 GB 20（3）GB 1596 和 GB 2847 标准以外的可用做水泥混合材料的工业废渣，如粒化铁炉渣、粒化铬铁渣、粒化高炉矿渣等。

（2）注意取样的代表性，尽量采用缩分法或者连续取样的办法获得试样。

（3）实验过程中的注意事项与各个引用标准的要求相同。

【思考题】

（1）水泥生产中常用哪些工业废渣作为混合材料？

（2）什么是工业废渣的潜在水硬性？

实验十五　水泥水化热测定(间接法)

水泥和水后发生一系列物理与化学变化,并在与水反应中放出大量热,称为水化热,以焦/克(J/g)表示。

水泥的水化热和放热速度都直接关系到混凝土工程质量。由于混凝土的热传导率低,水泥的水化热较易积聚,从而引起大体积混凝土工程内外有几十度的温差和巨大温度应力。致使混凝土开裂,腐蚀加速。为了保证大体积混凝土工程质量,必须将所用水泥的水化热控制在一定范围内。因此水泥的水化热测试对水泥生产、使用、理论研究都是非常重要的,尤其是对大坝水泥,水化热的控制更是必不可少的。

【实验目的】

(1)了解间接法测定水泥水化热的基本原理;
(2)学习掌握间接法测定水泥水化热的方法。

【实验原理】

测试水泥水化热的方法较多,常用的有直接法和间接法。

直接法是将胶砂置于热量计中,在热量计周围温度不变条件下,直接测定热量计内水泥胶砂温度的变化,计算热量计内积蓄和散失热量的总和,从而求得水泥水化7 d龄期的水化热。

间接法也称溶解热法,是根据热化学的盖斯定律,即化学反应的效应只与体系的初态和终态有关而与反应的途径无关提出的。它是在热量计周围温度一定的条件下,用未水化的水泥与水化一定龄期的水泥分别在一定浓度的标准酸中溶解,测得溶解热之差,即为该水泥在规定龄期内所放出的热。

间接法(溶解热法)在国际上具有较大的通用性和可比性,它与直接法相比,具有明显的优越性,尤其适用于测定水泥长龄期水化热。

【实验设备及材料】

1.实验设备

(1)热量计。如图2.34所示,热量计由保温水槽、内筒、广口保温瓶、贝克曼差示温度计、搅拌装置等主要部件组成。另配一个曲颈玻璃漏斗和一个直颈装酸漏斗。

①保温水槽:水槽内外壳之间装有隔热层,内壳横断面为椭圆形的金属筒,横断面长轴为450 mm,短轴为300 mm,深为310 mm,容积约为30 L,并装有控制水位的溢流管。溢流管高度距底部约为270 mm,水槽上装有两个搅拌器,分别用于搅拌水槽中的水和保

温瓶中的酸液。

②内筒:筒口为带法兰的不锈钢圆筒,内径为150 mm,深为210 mm,筒内衬有软木层或泡沫塑料。筒盖内镶嵌橡胶圈以防漏水,盖上有三个孔,中孔安装酸液搅拌器,两侧的孔分别安装加料漏斗和贝克曼差示温度计。

图2.34　水泥水化热(溶解热法)热量计示意图

③广口保温瓶:容积约为600 mL,当盛满比室温高约5 ℃的水,静置30 min时,其冷却速度不得超过0.001 ℃·min^{-1}。

④贝克曼差示温度计(贝氏温度计):精度为0.01 ℃,最大差示温度为5~6 ℃,插入酸液部须涂以石蜡或其他耐氢氟酸的涂料。

⑤搅拌装置:分为酸液搅拌器和水槽搅拌器。酸液搅拌器用玻璃或耐酸尼龙制成。直径为6.0~6.5 mm,总长约为280 mm,下端装有两片略带轴向推进作用的叶片,插入酸液部分必须涂以石蜡或其他耐氢氟酸涂料。

⑥曲颈玻璃漏斗:漏斗口与漏斗管的中轴线夹角约为30°,口径约为70 mm,深为100 mm,漏斗管外径为7.5 mm,长为95 mm,供装试样用。

⑦直颈装酸漏斗:由玻璃漏斗涂蜡或用耐氢氟酸塑料制成,上口直径约为80 mm,管长为120 mm,外径为7.5 mm。

(2)天平:称量为200 g,感量为0.001 g和称量为500 g,感量为0.1 g天平各一台。

(3)高温炉:使用温度不低于900 ℃并带有恒温控制装置。

(4)试验筛:方孔边长0.15 mm和0.60 mm筛各一个。

(5)铂坩埚或瓷坩埚:容量约为30 mL。

(6)水泥水化试样瓶:由不与水泥作用的材料制成,具有水密性,容积约15 mL。

(7)其他:恒温室(20±1)℃、通风橱、研钵、磨口称量瓶、最小分度值为0.1 ℃的温度计、时钟、秒表、干燥器、容量瓶、洗液管、石蜡、电冰箱等。

8.试剂及配制

(1)氧化锌:分析纯,用于标定热量计热容量,使用前应预先进行如下处理:将氧化锌放入坩埚内,在900~950 ℃高温下灼烧1 h,取出,置于干燥器中冷却后,用玛瑙研钵研磨至全部通过0.15 mm筛,储存于干燥器中备用,在标定实验前还应在900~950 ℃下灼烧55 min,并在干燥器中冷却至室温。

(2)氢氟酸:分析纯,质量分数为48%(或密度1.15 g·cm^{-3})。

(3)硝酸溶液:$c(HNO_3)$ = (2.00±0.02) mol·L^{-1},应用分析纯硝酸大量配制。配制时可将不同密度的浓硝酸铵表2.6的采取量用蒸馏水稀释至1 L。

硝酸溶液的标定:用移液管吸取25 mL上述已配制好的硝酸溶液,移入250 mL的容量瓶中,用水稀释至标线,摇匀,接着用已知浓度(约为0.2 mol·L^{-1})的氢氧化钠标准溶液标定容量瓶中硝酸溶液的浓度,该浓度乘以10即为上述已配制好的硝酸溶液的浓度。

表 2.6　硝酸密度与采取量

硝酸密度/(g·cm⁻³)	采取量(20 ℃)/ mL
1.42	127
1.40	138
1.38	149

【实验内容及步骤】

1. 标定热量计的热容

(1)实验前保温瓶内壁用石蜡或其他耐氢氟酸的涂料涂覆。

(2)在标定热量计热容前一天将热量计放在实验室内,保温瓶放入内筒中,酸液搅拌器放入保温瓶内,盖紧内筒盖,接着将内筒放入保温水槽的环形套内。移动酸液搅拌器悬臂夹头使其对准内筒中心孔,并将搅拌器夹紧。在保温水槽内加水使水面高出内筒盖(由溢流管控制高度)。开动保温水槽搅拌器,把水槽内的水温调到(20±1)℃,然后关闭搅拌器备用。

(3)确定 2.00 mol·L⁻¹硝酸溶液用量。将质量分数为 48% 的氢氟酸 8 mL 加入已知质量的耐氢氟酸量杯内,然后慢慢加入低于室温 6 ~ 7 ℃的 2.00 mol·L⁻¹硝酸溶液(约 393 mL),使两种混合物总量达到(425±0.1)g,记录 2.00 mol·L⁻¹硝酸溶液的用量。

(4)在标定实验前,先将贝氏温度计的零点调为 14.5 ℃左右,再开动保温水槽内的搅拌器,并将水温调到(20±0.1)℃。

(5)从安放贝氏温度计孔插入加酸液用的漏斗,按已确定的用量量取低于室温 6 ~ 7 ℃的 2.00 mol·L⁻¹硝酸溶液,先向保温瓶内注入约 150 mL,然后加入 8 mL 质量分数为 48% 的氢氟酸,再加入剩余的硝酸溶液,加毕,取出漏斗,插入贝氏温度计(中途不许拔出,以免影响精度),开动保温水槽搅拌器,接通冷却搅拌器电机的循环水,5 min 后观察水槽温度,使其保持(20±0.1)℃,从水槽搅拌器开动算起,连续搅拌 20 min。

(6)水槽搅拌器连续搅拌 20 min 停止,开动保温瓶中的酸液搅拌器,连续搅拌 20 min 后,在贝氏温度计上读出酸液温度,隔 5 min 后再读一次酸液温度,此后每隔 1 min 读一次酸液温度,直至连续 5 min 内,每分钟上升的温度差值相等时为止。记录最后一次酸液温度,此温度值即为初读数 θ_0,初测期结束。

(7)初测期结束后,立即将事先称量好的(7±0.001)g 氧化锌通过加料漏斗徐徐加入保温瓶酸液中(酸液搅拌器继续搅拌),加料过程需在 2 min 内完成,然后用小毛刷把粘在称量瓶和漏斗上的氧化锌全部扫入酸混合物中。

(8)从读出初测读数 θ_0 起分别测读 20 min, 40 min,60 min, 80 min, 90 min, 120 min 时,贝氏温度计的读数,这一过程为溶解期。

(9)热量计在各时间区间内的热容按下式计算,精确到 0.5 J·℃⁻¹:

$$C = G_0 \left[1072.0 + 0.4 \times (30 - t_\alpha) + 0.5 \times (T - t_\alpha) \right]$$

式中　C——热量计热容,J·℃⁻¹;

1 072.0——氧化锌在 30 ℃时的溶解热,J·g^{-1};

G_0——氧化锌的质量,g;

T——氧化锌加入热量计时的室温,℃;

0.4——溶解热负温比热容,J·℃$^{-1}$·g^{-1};

t_α——溶解期第一次测度数 θ_0 加贝氏温度计 0 ℃时相应的摄氏温度,℃。

R_0值按下式计算:

$$R_0 = (\theta_a - \theta_0) - \frac{a}{b-a}(\theta_b - \theta_a)$$

式中 θ_0——初测期结束时(即开始加氧化锌时)的贝氏温度计读数,℃;

θ_a——溶解期第一次测读的贝氏温度计的读数,℃;

θ_b——溶解期结束时测读的贝氏温度计的读数,℃;

a,b——分别为测读 θ_a 或 θ_b 时距离测初读数 θ_0 时所经过的时间,min。

为了保证实验结果的精度,热量计热容对应 θ_a、θ_b 的测读时间 a、b 应分别与不同品种水泥所需要的溶解期测读时间对应。不同水泥的具体溶解期测读时间按表 2.7 中规定。

(10)热量计热容应标定两次,以两次标定值的平均值作为标定结果。如两次标定值相差大于 5 J·℃$^{-1}$时,需重新标定。

在下列情况时,热容需重新标定:重新调整贝氏温度计时;温度计、保温瓶、搅拌器重新更换或涂覆耐酸涂料时;当新配制的酸液与标定热量计热容的酸液浓度变化超过 0.02 mol·L^{-1}时;对实验结果有疑问时。

表 2.7　各品种水泥测读温度的时间

水泥品种	距初测期温度 θ'_0 的相隔时间/min	
	θ'_a	θ'_b
硅酸盐水泥 中热硅酸盐水泥 普通硅酸盐水泥	20	40
矿渣硅酸盐水泥 低热矿渣硅酸盐水泥	40	60
火山灰硅酸盐水泥	60	90
粉煤灰硅酸盐水泥	80	120

注:①在普通水泥、矿渣水泥、低热矿渣水泥中掺有火山灰或粉煤灰时,可按火山灰水泥或粉煤灰水泥规定。②如在规定的测读期结束时,温度的变化没有达到均匀一致,应适当延长测读期至每隔 10 min 的温度变化均匀为止,此时需要知道测读期延长后热量计的热容,用于计算溶解热。

2. 未水化水泥溶解热的测定

(1)按 1 标定热量计的热容(1)～(6)条进行准备工作和初测期实验,并记录初测温度 θ'_0。

(2)读出初测温度 θ'_0 后,立即将预先称好的三份(3±0.001)g 未水化水泥试样中的一份在 2 min 内通过加料漏斗徐徐加入热量计内,漏斗、称量瓶及毛刷上均不得残留试样,然后根据表 2.7 规定的各品种水泥测读温度的时间,准时读记贝氏温度计读数 θ'_a 和 θ'_b。第二份试样重复第一份的操作,第三份试样置于 900～950 ℃下灼烧 90 min,在干燥器中冷却至室温后称其质量 G_1。

(3)未水化水泥的溶解热按下式计算,精确到 0.5 J·g^{-1}:

$$q_1 = \frac{R_1 C}{G_1} - 0.8 \times (T' - t'_a)$$

式中 q_1——未水化水泥的溶解热,J·g^{-1};

  C——热量计的热容,J·℃$^{-1}$;

  G_1——未水化水泥试样灼烧后的质量,g;

  T'——未水化水泥试样装入热量计时的室温,℃;

  t'_a——溶解期第一次贝氏温度计读数换算成普通温度计的读数,℃;

  R_1——经校正的温度上升值,℃;

  0.8——未水化水泥的比热容,J·℃$^{-1}$·g^{-1}。

  R_1 值按下式计算:

$$R_1 = (\theta'_a - \theta'_0) - a'(\theta'_b - \theta'_a)/(b' - a')$$

式中 θ'_0、θ'_a、θ'_b——分别为初测期结束的贝氏温度计读数、溶解期第一次和第二次读数时的贝氏温度计读数,℃;

  a'、b'——分别为溶解期第一次测读时 θ'_a 与第二次测读时 θ'_b 距初读数 θ'_0 的时间,min。

(4)以两次测定值的平均值作为试样测定结果。如两次测定值相差大于 10 J·g^{-1}时,需重做实验。

3. 部分水化水泥溶解热的测定

(1)在测定未水化水泥试样溶解热的同时,制备部分水化水泥试样。测定两个龄期水化热时,用 100 g 水泥加 40 mL 蒸馏水,充分搅拌 3 min 后分成 3 等份,分别装入 3 个试样瓶中,置于(20±1)℃的水中养护至规定的龄期。

(2)按 1 标定热量计的热容第(1)～(6)条进行准备工作和初测期实验,并记录初测温度 θ''_0。

(3)从养护水中取出达到实验龄期的试样瓶,取出试样,迅速用研钵将水泥石捣碎,并全部通过 0.60 mm 方孔筛,然后混合均匀,放入磨口称量瓶盖中,并称出(4.20±0.05)g(精确至 0.001 g)试样 3 份,两份放在称量瓶内供作溶解热测定,另一份放在坩埚内置于 900～950 ℃下灼烧 90 min,在干燥器中冷却至室温后称其质量,求出灼烧量 G_2,从开始捣碎至放入称量瓶中的全部时间不得超过 10 min。

(4)读出初测期结束时贝氏温度计读数 θ''_0,并立即将称量好的 1 份试样在 2 min 内由加料漏斗徐徐加入热量计内,漏斗、称量瓶、毛刷上均不得残留试样,然后按表 2.7 规定的各种水泥品种的测读时间,准时读记贝氏温度计读数 θ''_a 和 θ''_b。

(5)经水化某一龄期后水泥石的溶解热按下式计算,精确到 0.5 J·g^{-1}:

$$q_2 = \frac{R_2 C}{G_2} - 1.7(T'' - t_a'') + 1.3(t_a'' - t_a')$$

式中 q_2——经水化某一龄期后水泥石的溶解热，$J \cdot g^{-1}$；

　　　　C——热量计的热容，$J \cdot \text{℃}^{-1}$；

　　　　G_2——某一龄期水化水泥试样换算成灼烧后的质量，g；

　　　　T''——水化水泥试样装入热量计时的室温，℃；

　　　　t_a''——水化水泥试样溶解期的第一次贝氏温度计读数换算成普通温度计的温度，℃；

　　　　t_a'——未水化水泥试样溶解期的第一次贝氏温度计读数换算成普通温度计的温度，℃；

　　　　R_2——经校正的温度上升值，℃；

　　　　1.7——水化水泥的比热容，$J \cdot \text{℃}^{-1} \cdot g^{-1}$。

R_2 值按下式计算：

$$R_2 = (\theta_a'' - \theta_0'') - a''(\theta_b'' - \theta_a'')/(b'' - a'')$$

式中 θ_0''、θ_a''、θ_b''——分别为初测期结束时的贝氏温度计读数及溶解期第一次和第二次测读时的贝氏温度计读数，℃；

　　　　a''、b''——分别为溶解期第一次读数 θ_a'' 和第二次读数 θ_b'' 时距初测期读数 θ_0'' 的时间，$\min$。

（6）以两次测定值的平均值作为试样测定结果。如两次测定值相差大于 $10 \ J \cdot g^{-1}$ 时，需补做实验。

（7）每次实验结束后，将保温瓶取出，倒出瓶内废液，用清水将保温瓶、搅拌器及贝氏温度计冲洗干净，并用干净纱布抹去水分，供下次实验用。涂蜡部分如有损伤，如松裂、脱落现象应重新处理。

（8）部分水化水泥实验溶解测定应在规定龄期±2 h 内进行，以试样进入酸液为准。

4. 水泥水化热结果计算

水泥在某一水化龄期前放出的水化热按下式计算，精确到 $0.5 \ J \cdot g^{-1}$：

$$q = q_1 - q_2 + 0.4(20 - t_a')$$

式中 q——水泥在某一水化龄期前放出的水化热，$J \cdot g^{-1}$；

　　　　q_1——未水化水泥的溶解热，$J \cdot g^{-1}$；

　　　　q_2——水化至某一龄期时水泥石的溶解热，$J \cdot g^{-1}$；

　　　　t_a'——未水化水泥试样在溶解期的第一次贝氏温度计读数换算成普通温度计的温度，℃；

　　　　0.4——溶解热的负温比热容，$J \cdot \text{℃}^{-1} \cdot g^{-1}$；

　　　　20——实验环境的温度，℃。

【注意事项】

（1）二氧化碳与水化水泥作用的影响。本实验造成误差最大的因素在于水化的水泥样品处理过程中吸收了二氧化碳,使部分水化的水泥试样溶解热降低,导致水化热结果偏高。其主要原因是碳酸钙的溶解热比氢氧化钙的溶解热小,一般水化的水泥试样在碾碎时很有可能吸收 0.1% 的二氧化碳,水化的水泥试样的溶解热约减少 $2.0\ g^{-1}$,干水泥粉几乎不受二氧化碳的影响,所以实验中要注意防止水化的水泥试样在空气中吸收二氧化碳的作用,以减少误差。

(2)试样灼烧后质量(烧失量)影响。溶解热计算是以灼烧后的质量为基准的,在进行灼烧测质量的试样与测定溶解热的试样必须一致,在实验过程中,由于两个试样的称量,实验有先有后,要特别注意这一点,另外从实验中发现有个别水化水泥在 900 ℃ 温度下灼烧时,与瓷坩埚起作用,使一部分试样粘在坩埚上,影响结果的准确性,如灼烧量差 $\dfrac{2}{1\ 000}$,所测溶解热约差 $2.0\ J\cdot g^{-1}$。

(3)仪器热容的影响。热量计的热容是用来校正用的,必须正确测定,方法中规定热量计的条件如有改变,热容必须另行测定。例如重新涂蜡配制新的酸液或更换贝氏温度计等都需重新标定热容,否则会影响溶解热结果。热容相差 $1\ J\cdot g^{-1}$,则溶解热要差 $1\ J\cdot g^{-1}$。在测定热容量时,必须采用同一种氧化锌。

(4)测读温度数的误差。贝克曼差示温度计精度为 0.01 ℃,配有放大镜可读至 0.001 ℃,如在测读温度过程中,人为读数相差 0.005 ℃,溶解热相差约 $2.0\ J\cdot g^{-1}$。建议使用数字型电子贝克曼温度计,能够保证温度读数的准确度。

(5)称水化试样的影响。水化试样与空气接触时间越长,水分越易蒸发,致使称样偏多,称样若带进 0.1 g 的误差,溶解热差 $4\ J\cdot g^{-1}$ 左右。

(6)室温的影响。溶解热法要求实验在恒温室(20±1)℃中进行,因为室温的变化能影响上升温度校正值。

(7)水灰比的影响。方法规定在制备水泥浆体时采用 0.4 水灰比,这是比较大的水灰比,在搅拌 3 min 后,水泥颗粒即开始往下沉,以致在倒入不同玻璃瓶内时会发生浓稀不匀现象,由于水化热随着水灰比的增加而增加,因此应注意尽量使水泥浆均匀一致。

【思考题】

(1)简述间接法测定水泥水化热的基本原理。

(2)用间接法测定水泥水化热时,有哪些因素影响测试的准确性?

实验十六　水泥水化速率的测定

水泥水化速率是水泥水化凝结硬化速度快慢的一种表示方法。它和水泥品种、水泥颗粒分布、水化温度、水灰比、外加剂、微量元素等因素密切相关。

【实验目的】

(1)了解水泥水化速度的测定原理。

(2)掌握水泥水化速度的测定方法。

【实验原理】

硬化水泥中的水,有作为水化物组成的化学结合水(通过化学键或氢键与其他元素联结)和存在于孔隙中的非化学结合水两大类。在一定温度、湿度条件下,化学结合水的量随水化物增多而增多,即随水化程度提高而增多。因此,可以通过硬化水泥与完全水化水泥的化学结合水量计算出硬化水泥的水化程度。

硬化水泥中的结合水,在高温灼烧条件下将完全脱去,利用这一性质,采用烧失量方法可以测出硬化水泥中化学结合水量,由于硬化水泥的烧失量除化学结合水外,还包括非化学结合水和新鲜水泥中的烧失量,在进行硬化水泥的灼烧实验之前,必须事先除去试样中的非化学结合水,并测出新鲜水泥的烧失量。将已脱去非化学结合水的硬化水泥试样置于950 ℃左右的高温炉中灼烧至恒重,测出试样烧失量,它与新鲜水泥烧失量之差即为水泥化学结合水量。

用降低水蒸气压或升高温度的方法,可将硬化水泥中的非化学结合水排除。由于钙矾石在水化初期已大量形成,且在70 ℃以下已大量脱水,用升温干燥方法将使化学结合水量测定值偏低,对早期化学结合水量影响尤为明显,因此,采用减压干燥为宜。减压干燥方法一般是把干冰干燥(D干燥)方法(见本实验附录)看做标准方法。在缺乏干冰干燥实验条件时,亦可采用真空干燥器减压以除去非化学结合水(不能全部除去),只要真空度和抽真空时间等实验条件相对稳定,由此测得的水化程度仍有较好的可比性。本实验采用真空干燥器减压。

【实验设备及材料】

1.实验设备

(1)分析天平:精度不低于四级。

(2)养护器:玻璃干燥器内装入苏打石灰,以吸去养护器内空气中的二氧化碳,同时装入一定量的水,使养护器内相对湿度维持在90%以上。

(3)真空干燥器、玛瑙研钵。

(4)高温炉:工作温度为1 000 ℃。

2. 实验材料

(1)无水乙醇、丙酮或乙醚、蒸馏水。

(2)水泥试样应充分拌匀,通过0.9 mm方孔筛,并记录筛余物。

【实验内容及步骤】

1. 新鲜水泥烧失量的测定

准确称取约1 g(精确至0.000 2 g)预先烘干至恒重的水泥试样,置于已灼烧失重的瓷坩埚中,将盖斜置于锅上,放在高温炉内从低温开始逐渐升高温度,在950～1 000 ℃温度下灼烧15～20 min,取出坩埚,置于干燥器中冷却至室温,称重。如此反复灼烧,直至恒重,水泥烧失量按下式计算:

$$L=\frac{G_1-G_2}{G_1}\times100\%$$

式中　L——烧失量,%;

G_1——灼烧前试样质量,g;

G_2——灼烧后试样质量,g。

2. 硬化水泥试样的制备与养护

称取水泥试样10 g,用滴管加入5 mL蒸馏水调制成净浆(水灰比为0.5),将净浆装入内壁预先涂蜡的玻璃试管中(涂蜡是为了以后打碎试管时易于将玻璃和水泥石分开),放入养护器中养护,养护器温度必须维持在(20±3) ℃。

3. 非化学结合水的分离

当硬化水泥养护到规定龄期时,打碎试管,取出已硬化的水泥试样,用铁锤敲碎,加入10～20 mL无水乙醇以终止水化,在玛瑙研钵中将试样磨细至全部通过0.080 mm方孔筛,用快速滤纸过滤,将水泥残渣再用无水乙醇洗涤2次,每次用10～15 mL无水乙醇,最后用丙酮或乙醚10～15 mL洗涤试样,过滤后将试样移入50 ℃烘箱烘干2～3 h,然后移入真空干燥器中,在1.33×10^{-2}～2.13×10^{-2} MPa(100～160 mm汞柱)下抽空4～6 h(中间用玻璃棒搅拌试样一次),取出试样,置于干燥器保存备用。

4. 化学结合水的测定

(1)准确称取经上述干燥处理后的硬化水泥试样1～2 g(精确至0.000 2 g),置于已灼烧恒重的瓷坩埚中,按实验内容及步骤第1条灼烧至恒重。

(2)水泥化学结合水量为单位质量干燥水泥所结合的水量,以干燥水泥质量的百分数表示。化学结合水量x_1按下式计算:

$$x_1=\frac{G_1-G_2}{G_2}\times(100-L)-L$$

式中　x_1——硬化水泥化学结合水量,%;

G_1——硬化水泥灼烧前试样质量,g;

G_2——干燥硬化水泥灼烧后试样质量,g;

L——新鲜水泥的烧失量,%。

(3)取三个试样作平行实验,取其中两个最接近的结果,求出算术平均值作为实验结果。

5. 完全水化水泥试样的制备

将水泥反复调水、养护、粉碎、再调水、养护。此法可使水泥完全水化,当最后两次测得的化学结合水量不变时,说明水泥已达到完全水化的程度。一般情况下,五次调水就能达到完全水化。

6. 水化程度的计算

下式计算出硬化水泥的水化程度:

$$K = \frac{x_1}{x_2} \times 100\%$$

式中　K——硬化水泥某一龄期的水化程度,%;

　　　x_1——硬化水泥某一龄期的化学结合水量,%;

　　　x_2——硬化水泥完全水化时的化学结合水量,%。

【注意事项】

(1)排除硬化水泥中非化学结合水的干燥处理控制不当时,将影响化学结合水量测定的结果。硬化水泥在干燥后保留水量的多少,取决于试样的龄期、水泥的水化速率、水灰比和干燥条件,在不同条件下干燥时,保留的相对水量列于表2.8中,表中数据是在以无水过氯酸镁和四水过氯酸镁的混合物上干燥后的保留水量为2.8计算。

表2.8　不同干燥条件下保留的相对水量

干燥剂	25 ℃时的蒸汽压/10^{-6} MPa	在硬化波特兰水泥中保留水量的相对值
$Mg(ClO_4)_2 \cdot 2\,H_2O \sim 4\,H_2O$	1.07	1.0
P_2O_5	0.002	0.8
浓 H_2SO_4	0.40	1.0
-79 ℃的冰	0.06	0.9
50 ℃加热		1.2
105 ℃加热		0.9

将硬化水泥中的水大体划分为非蒸发水和可蒸发水两类。样品在-79 ℃的干冰-酒精干燥条件下达到平衡时,能保留下来的水称为非蒸发水,不能保留下来的水则称为可蒸发水。非蒸发水可作为化学结合水的量度,但这是近似的,因为在此干燥条件下,钙矾石、六方晶系的水化铝酸钙以及水化硅酸钙中结合力较弱的部分结晶水都将脱去,使化学结合水量偏低。

本实验在$1.33 \times 10^{-2} \sim 2.13 \times 10^{-2}$ MPa 条件下进行真空干燥,使钙矾石等的结晶水不受破坏,但凝胶水却不能全部排出。然而,利用在此干燥条件下水泥石中保留的水量来计

算水化程度时,其结果仍有较好的可比性,推证如下:

根据实验数据:1 体积水泥水化后可生成 2.2 体积水化产物凝胶;凝胶水体积占凝胶实体积的 28%;化学结合水占水泥质量的 23%。

设实验用新鲜水泥实体积为 V,水泥密度为 γ,硬化水泥水化程度为 K,在 $1.33 \times 10^{-2} \sim 2.13 \times 10^{-2}$ MPa 下真空干燥后残留于水化物凝胶中的凝胶水与原凝胶水之比值为 D。则硬化水泥中生成凝胶实体积为 $2.2KV$,完全水化水泥中生成凝胶实体积为 $2.2V$。干燥后硬化水泥石保留水分

$$G_h = \text{化学结合水} + \text{残留凝胶水} = 0.23KV\gamma + 0.28 \times 2.2KVD$$

干燥后完全水化水泥石中保留水分

$$G = \text{化学结合水} + \text{残留凝胶水} = 0.23V\gamma + 0.28 \times 2.2VD$$

$$\frac{G_h}{G} = \frac{KV(0.23\gamma + 0.28 \times 2.2D)}{V(0.23\gamma + 0.28 \times 2.2D)} = K$$

(2)在整个实验过程中应防止试样受碳化。硬化水泥中有氢氧化钙,在一定湿度条件下,它与空气中的二氧化碳作用生成碳酸钙和水,使化学结合水减少。为了防止二氧化碳对试样的影响,试样养护器中应装入苏打石灰以吸除空气中的二氧化碳。

(3)在做新鲜水泥的烧失量和硬化水泥的化学结合水量实验时,灼烧温度必须保持在 950 ~ 1 000 ℃,灼烧时间应控制相同(一般为 15 ~ 20 min),所用的坩埚必须恒重,否则将影响测定结果的精度。

【思考题】

(1)水泥水化速率的测定的原理是什么?

(2)水泥水化速率测定时注意事项是什么?

【附录:干冰-酒精干燥——D 干燥实验方法】

D 干燥实验装置如图 2.35 所示。主要由真空干燥器 1、玻璃冷却管 2、冷陷 3 及真空泵组成,各部件的结构与功能如下:

(1)真空干燥器 1:放置试样用。

(2)玻璃冷却管 2:上端开口,并经磨口加工,下端半球形,内径为 40 mm。高度为 200 ~ 220 mm,保证流经冷却管的气体充分冷却。

冷却管与磨口塞(见图 2.36)紧密装配,磨口塞上有两条内径为 8 mm 左右的固定通气管,管口做成凹凸状以防接口漏气、通气管 1 与中控干燥器用胶管连接,其间尚接有一个真空连通阀,需要打开干燥器盖子时,使干燥器与大气接通,以便取盖,通气管 2 与真空泵连接,冷却管周围套上一层橡胶套,以免玻璃急冷开裂。冷却管通过软木塞固定于冷陷 3 中。

(3)冷陷 3:用 6 磅广口保温瓶,实验时装满干冰-酒精,使冷陷内温度维持在 -79 ℃。

(4)真空泵:一般机械泵可抽至 $2.67 \times 10^{-4} \sim 8 \times 10^{-4}$ MPa,扩散泵则可抽至 $10^{-7} \sim 10^{-8}$ MPa。

实验时,将试样置于蒸发皿中并放入真空干燥器中,按图2.37装配,调节真空三通阀,使真空干燥器与真空泵连通。所有接口处均用真空脂密封。启动真空泵抽空,一般48 h以上(对于粒径3～5 mm水泥石试样)可达平衡,实验过程中应经常检查系统的真空度,可用静电真空检测器检测,当静电真空检测器接上220 V电源时,按钮通电后放出火花,将火花探头对准结合处,若火花进入内部,说明真空被破坏。

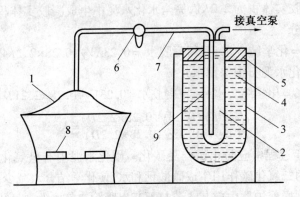

图2.35　D干燥实验装置示意图

1—真空干燥器;2—冷却管;3—冷陷;4—干冰－酒精;5—软木塞;6—真空连通阀;7—胶管;8—试样;9—橡胶套

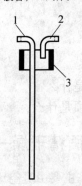

图2.36　冷却管与磨口塞

1、2—通气管;3—磨口塞

实验十七　水泥石中氢氧化钙的分析

【实验目的】

掌握水泥石中氢氧化钙的分析方法。

【实验原理】

本实验按弗兰克方法进行。硬化硅酸盐水泥浆体主要有水化硅酸钙、氢氧化钙、水化硫铝酸钙、水化铝(铁)酸钙及尚未反应的水泥粒子组成。当加入过量乙酰乙酸乙酯-异丁醇萃取剂,在回流沸煮温度下,氢氧化钙与乙酰乙酸乙酯反应,生成含钙的络合物并溶于萃取液中,用高氯酸-异丁醇标准溶液回滴萃合物,通过高氯酸-异丁醇标准溶液对氧化钙的滴定度及其消耗量,算出萃合物中氧化钙的总量。

在萃取氢氧化钙的过程中,其他含钙化合物如水化铝(铁)酸钙、水化硫铝酸钙等亦有少量与萃取剂作用,生成含钙络合物。因此,萃取生成的萃合物,应是氢氧化钙和其他化合物与萃取剂的反应,其速度用下式表示:

$$\frac{-\mathrm{d}C_n}{\mathrm{d}t} = -k_1 C_n a$$

式中　a——相当于每克试样的乙酰乙酸乙酯量;

C_n——存在于氢氧化钙以外的其他化合物中化合的氧化钙量;

k_1——反应速度常数;

t——萃取时间,h。

本实验中,a 为固定常数,且由于 C_n 与萃取剂反应量极少,C_n 变化极小,可近似看做常数,据此,将上式改写为

$$\frac{-\mathrm{d}C_n}{\mathrm{d}t} = k_2$$

式中　　　　　　　　　　　$k_2 \approx k_1 C a$

积分得　　　　　　　　　　$\Delta C_n = k_3 \Delta t$

式中　Δt——萃取时间,h;

ΔC_n——在 Δt 时间内从氢氧化钙以外的其他化合物中萃取出来的氧化钙量;

k_3——常数。

由于萃取剂量是过量的,氢氧化钙可被充分萃取出来。设从试样中萃取出来的氧化钙总量为 C_0,当氢氧化钙萃取完全并继续萃取时,便有:$C_t = C_0 + k_3 \Delta t$。若以萃取时间为横坐标,以 C_t 为纵坐标,按上式画出的图线是一条以 C_n 为截距的直线。

据此,采用固定试样量与萃取剂用量的比值而改变萃取时间的方法,测得若干对萃取时间 t 与萃取量 C_n 的数据,用最小二乘法算出直线方程 $C_t = C_0 + k_3 \Delta t$ 中的 C_t 值,此即为从氢氧化钙中萃取出的氧化钙量。由此换算氢氧化钙,算出硬化水泥浆体中氢氧化钙的质量分数。

【实验设备及材料】

1. 仪器设备

分析天平(精度不低于四级),布氏漏斗,烘箱,真空泵等。

2. 实验材料

(1)异丙醇。

(2)0.25 mol/L 氢氧化钠无水乙醇溶液:将 1 g 氢氧化钠溶于 100 mL 无水乙醇中。

(3)质量分数为 0.2% 百里酚蓝指示剂:将 0.2 g 百里酚蓝溶于 50 mL 95% 乙醇,然后加水稀释至 100 mL。

(4)乙酰乙酸乙酯–异丁醇混合萃取剂:按体积比为乙酰乙酸乙酯:异丁醇=3:10 配制,再按体积比为乙酰乙酸乙酯–异丁醇混合液:0.25 mol/L 氢氧化钠无水乙醇溶液=109:0.25 的比例,将 0.25 mol/L 氢氧化钠无水乙醇溶液加入混合萃取剂中,摇匀。

(5)0.2N 高氯酸–异丁醇标准溶液:将 17.2 mL 浓高氯酸用异丁醇稀释至 1 L。

标定方法:准确称取 0.02 g(称准至 0.000 2 g)氧化钙,置于干燥的 300 mL 锥形瓶中,加入 100 mL 乙酰乙酸乙酯–异丁醇混合萃取液,装上回流冷凝器,在有石棉网的电炉上加热煮沸 30 min 以上,使反应完全,冷却后,取下锥瓶,加入数滴 0.2% 百里酚蓝指示剂,用高氯酸–异丁醇溶液滴定,按下式算出高氯酸–异丁醇溶液对氧化钙的滴定度。

$$T_{氧化钙} = \frac{G \times 1\,000}{V}$$

式中　$T_{氧化钙}$——高氯酸–异丁醇标准溶液对氧化钙的滴定度,即每毫升高氯酸–异丁醇标准溶液相当于氧化钙的毫升数,mg/mL;

　　　V——滴定时消耗高氯酸–异丁醇标准溶液的体积,mL;

　　　G——氧化钙的质量,g。

【实验内容及步骤】

(1)乙酰乙酸乙酯–异丁醇标准溶液空白实验,以校正氢氧化钠对滴定结果的影响。量取 100 mL 乙酰乙酸乙酯–异丁醇标准溶液于锥形瓶中,加入几滴 1% 酚酞指示剂使呈红色,以 0.2N 高氯酸–异丁醇标准溶液滴定至退色,记下高氯酸–异丁醇标准溶液的消耗量 V(mL)。

(2)试样制备。将硬化水泥敲碎,以磁铁吸去可能混入的铁屑。加入适量无水乙醇以中止水化,用玛瑙研钵磨细,用快速滤纸过滤,用无水乙醇洗涤 2 次,最后用丙酮(或乙醚)洗涤,将水泥移入烘箱烘干。再将试样用玛瑙研钵磨细至全部通过 0.080 mm 方孔筛,装入带磨口塞的小广口瓶中,置于干燥器中保存备用。

(3)分别准确称取0.2 g(称准至0.000 2 g)试样,置于干燥锥形瓶中,各加入100 mL乙酰乙酸乙酯–异丁醇萃取溶液,装上回流冷凝器,在有石棉网的电炉上分别加热沸煮30 min、60 min、90 min、120 min进行萃取。萃取达规定时间后,将混合物迅速冷却,倒入布氏漏斗中,开动真空泵迅速抽滤。残渣用50 mL异丁醇洗涤。滤液与洗液收集于锥形瓶中。加入几滴0.2%百里酚蓝指示剂,用0.2 mol/L高氯酸–异丁醇标准溶液滴定,至溶液从亮绿色变成蓝色为止,记下高氯酸–异丁醇标准溶液消耗量V。

(4)分别按下式算出萃取出来的氧化钙总含量

$$C_t = T_{CaO}(V - V_n)$$

式中　C_t——从试样中萃取出来的氧化钙总量,mg;

　　　$T_{氧化钙}$——高氯酸–异丁醇标准溶液对氧化钙的滴定度,mg/mL;

　　　V——滴定消耗的高氯酸–异丁醇标准溶液量,mL;

　　　V_n——按照空白实验滴定100 mL乙酰乙酸乙酯–异丁醇萃取剂消耗的高氯酸–异丁醇标准溶液量,mL。

(5)根据测定的$n(\geqslant 4)$对$t \sim C$值,用最小二乘法按下式算出C值,表示从试样的氢氧化钙中萃取出来的氧化钙含量(mg),即

$$C_t = \frac{\sum t C_t \sum t - \sum C_1 \sum t^2}{\left(\sum t\right)^2 - n\left(\sum t^2\right)}$$

(6)水泥石中氢氧化钙的质量分数按下式计算:

$$c(Ca(OH)_2) = \frac{74 C_t}{56} \times \frac{1}{1\,000\,g} \times 100\%$$

$$c(Ca(OH)_2) = \frac{37 C_t}{280 G}$$

式中　$c(Ca(OH)_2)$——水泥石中氢氧化钙的质量分数,%;

　　　C_t——从氢氧化钙中萃取出的氧化钙量,mg;

　　　G——水泥石试样质量,g;

　　　74/56——由氧化钙换算成氢氧化钙的换算系数。

【注意事项】

(1)萃取达规定时间后,应迅速冷却(可采用水冷却),并立即进行抽滤。实验表明,冷却和抽滤时间过长,将使测定结果偏低。

(2)用高氯酸–异丁醇溶液滴定滤液由亮绿色变成浅蓝色即达终点,本实验中,颜色变化对比度较弱,应仔细观察。

(3)由于C_t是按外推法通过数理统计或作图方法求得,若实验次数太少,结果可能偏差较大;但实验次数太多,工作量和试剂消耗量又太大,一般取4个试样进行分析。

【思考题】

(1)水泥石中氢氧化钙的测试原理是什么?

(2)在测试的过程中应注意哪些事项?

综合（创新）型实验

实验十八　硅酸盐水泥试制

综合（创新）型实验是将本专业各个分散独立的实验，通过适当的课题有机地贯穿起来，成为一体。综合型实验能够改变单个实验纵横交错与条块分割的局面，克服由单纯验证性实验的孤立进行而造成的实验项目罗列、干涉与重叠及理论脱离实际的现象。

综合（创新）型实验课题名称的选择也是多样化的，它可以是教学方面有关的理论探讨；科研方面某一专题的研究；生产中待解决的实际问题；也可以是创造性的自选或拟定的感兴趣的题目。选题可大可小，可根据实际情况灵活处理。

由于选题多样化，组织实验设计具有综合性，纵横串联的实验项目也多，自然数据量也较大，可靠性和实验的准确度与精确度会大大提高，从而强化了实验教学环节与科研及生产间的有机联系。综合（创新）型实验可以充分发挥学生的聪明才智，激发学生的创造能力，增强学生的动手能力，更好地培养学生综合运用所学理论知识，提高分析问题与解决问题的能力。

1. 课题的确定

（1）由教师根据教学和科研的实际情况，确定若干综合（创新）型实验课题，然后由学生分别选择自己感兴趣的课题参加。每个学生原则上只能参加一个课题。

（2）由学生提出自己的课题想法，本专业教师进行辅导与论证，确定实验课题的可行性，然后组成由学生作为主持人，专业教师作为指导教师的综合（创新）型实验小组。

（3）综合（创新）型实验课题确定后，学校教务或者科研部门可以进行象征性立项，适当给予经费支持。学校也可将课题推荐到政府科研管理部门举办的科研项目大赛或有关项目招投标活动中去，一方面接受社会的检验，另一方面有可能获得社会的支持。

本实验课题为"硅酸盐水泥试制"。

2. 准备阶段

（1）围绕课题阅读、翻译一定数量的中外文献资料，把握本课题的意义与研究现状。

（2）开题报告。通过有关指导教师答辩，经批准方可开题。开题报告包括题目名称、理论依据、文献综述、预期社会经济效益、实施方案、测试方法、工作计划与日程安排等。

（3）原材料的准备。

①选用天然矿物原料及工业废渣或化学试剂做原料。石灰石、黏土、铁粉、硫酸渣、铝矾土等、煤矸石、矿渣、粉煤灰、其他工业废渣或者相关的化学试剂等。

②石膏。天然石膏、工业废渣石膏、电厂脱硫石膏。

③燃料。无烟煤、烟煤等。

掌握原料的取样方法,各种原材料根据需要进行烘干、破碎、粉磨等前期处理,处理过的原材料要用铁桶或塑料桶等密闭封存,并编号贴上标签。各种原材料一般都需作化学全分析,需要时还应作某些物理性质检验。固体燃料要作工业分析、水分与热值分析。

3. 实验阶段

(1) 生料制备实验

① 根据各原材料的分析数据,结合本课题对原料的要求,设计生料参数,进行配料计算。要考虑如下问题:

a. 生料化学组成与原料配合是否协调;

b. 原料的易碎性与易磨性实验效果;

c. 生料化学组成与其反应活性的影响因素、细度最佳范畴与生料均化措施;

d. 生料率值的选择与确定原则;

e. 根据实验项目与组数预先计划好生料用量;

f. 如果利用简易小窑煅烧,还需在配料时考虑配热方案、燃料加入和煤灰的残留。

② 制备合格生料要作如下实验工作:

a. 生料粉磨及细度检验(需要时还应检验生料的易磨性);

b. 生料碳酸钙滴定值测定;

c. 生料化学成分全分析(包括烧失量);

d. 生料易烧性实验。

③ 生料的成型:在实验室内利用高温电炉或者简易小窑进行烧成实验时,为便于固相反应与液相扩散以获得优质熟料,必须将生料制成料饼或料球。料饼可在压力机上一定压力下用圆试模加压成型;料球可在成球盘上成球或人工成球。制成的料饼或料球均应干燥后再入炉煅烧,以免在高温炉内炸裂。

(2) 熟料的制备与质量检验

① 煅烧熟料用仪器、设备及器具。

a. 放置生料饼(或球)的器具:一般可根据生料易烧性确定最高煅烧温度及范围,选用坩埚或耐火匣钵。坩埚在烧成过程中不应与熟料起反应,如起反应时,须将反应处的局部熟料弃除。

b. 高温电炉:根据最高烧成温度选用。常用电炉的发热元件为硅钼棒、硅碳棒或电阻丝,煅烧温度以硅钼棒为最高,可耐 1 500 ℃以上高温;电阻丝最低,一般在 1 000 ℃以下使用。

c. 热电偶:使用标准热电偶,并在一定条件下校正。

d. 供熟料冷却、炉子降温和散热用的吹风装置或电风扇及取熟料用的长柄钳子、石棉手套、防护眼镜或面具以及干燥器或料桶等。

e. 其他加热手段:近年来,不少新的加热煅烧手段被尝试利用,如微波加热、电磁加热等,可以根据课题的要求选择使用,但是使用前必须进行科学的论证。

② 正确选择升温速度、保温时间、降温速度等热工制度,要考虑如下问题:

a. 熟料的矿物组成与生料化学成分的关系;

b. 熟料反应机理和反应动力学有关理论知识;

c. 固相反应的活化能及固相反应扩散系数等;

d. 熟料液相烧结与相平衡的关系;

e. 微量元素对熟料烧成的影响,矿化剂的作用和效果;

f. 生料易烧性与熟料烧成制度的关系;

g. 熟料煅烧的热工制度对熟料质量的影响;

h. 熟料的冷却制度对其质量的影响。

③熟料质量检验

a. 熟料化学成分全分析,并根据分析数据计算熟料矿物组成;

b. 熟料岩相结构检验;

c. 熟料游离氧化钙的测定;

d. 熟料易磨性检验;

e. 掺适量石膏于熟料中,磨细至要求的细度即得到水泥成品,作全套物理检验,包括标准稠度用水量、凝结时间和安定性及强度检验,并确定熟料标号。

(3)水泥品种及水泥性能检验

①将煅烧所得熟料,按所设计的水泥品种,根据有关标准进行实验,以确定水泥品种和标号、适宜的添加物(如石膏和混合材等)掺量和粉磨细度等。如是硅酸盐水泥熟料,则除了可单掺适量石膏制成Ⅰ型硅酸盐水泥外,还可通过掺加混合材的类别与数量不同,制成Ⅱ型硅酸盐水泥、普通硅酸盐水泥、矿渣硅酸盐水泥、火山灰质硅酸盐水泥、粉煤灰硅酸盐水泥、复合硅酸盐水泥和石灰石硅酸盐水泥等。硫铝酸盐熟料则可通过调节外掺石膏数量制成膨胀硫铝酸盐水泥、自应力硫铝酸盐水泥或快硬硫铝酸盐水泥。同一种熟料可根据不同的需求研制同系列不同品种的水泥。

②除按有关标准检验外,也可根据课题性质,自行设计实验检测水泥性能,这尤其适用于进行科学研究和开发新品种水泥。

③一些特种水泥除常规检验项目外,还需进行特性检验。如中热水泥和低热矿渣水泥需测定水泥的水化热、道路水泥需检验水泥的耐磨性、膨胀水泥需测定水泥净浆的膨胀率等,必要时还应作微观测试项目的检测,如 XRD、SEM 等。

4. 总结阶段

(1)根据实际的实验结果,修正开题报告中制订的实验计划和目标,补充查阅相关文献资料、充实理论与课题。

(2)利用先进的统计手段和工具如正交法、黑箱理论、神经网络等,将实验得到的数据进行归纳、整理与分类并进行数据处理与分析,找出规律性或用数理统计方法建立关系式或经验公式。如果认为某些数据不可靠可补作若干实验或采用平行验证实验,对比后决定数据取舍。

(3)根据拟题方案及课题要求写出总结性实验报告。报告内容包括立题依据、原理、测试方法及有关数据、原材料的原始分析数据、常规与微观特性检验的数据、图片或图表、试制经过及结论,并提出存在问题。如果是论文或科研课题,要对某一专题研究的深度提出观点、论点。

(4)在论文最后应注明查阅的中外资料的名称、作者姓名、出版单位、出版日期以及页码,按序号写清楚。

(5)如有必要,须制作 PPT 文件进行演示和答辩。对于立项的课题则需要进行验收。

参考文献

[1] 邵春山. 简明水泥生产理化知识[M]. 郑州:河南科学技术出版社,2008.

[2] 徐恩霞. 无机非金属材料工艺实验[M]. 呼和浩特:内蒙古人民出版社,2008.

[3] 林宗寿. 无机非金属材料工学[M]. 武汉:武汉理工大学出版社,2000.

[4] 施惠生. 无机非金属材料实验[M]. 上海:同济大学出版社,1999.

[5] 张相红. 水泥实践教程[M]. 武汉:武汉工业大学出版社,1999.

[6] 项翥行. 建筑工程常用材料实验手册[M]. 北京:中国建筑工业出版社,1998.

[7] 方德瑞. 水泥检验常用标准手册[M]. 北京:中国标准出版社,1995.

[8] 徐凤翔. 水泥质量与数理统计浅说[M]. 北京:中国建材工业出版社,1993.

[9] 姜玉英. 水泥工艺实验[M]. 武汉:武汉工业大学出版社,1992.

[10] 沈威,等. 水泥工艺学[M]. 武汉:武汉工业大学出版社,1991.

[11] 诸培南,等. 无机非金属材料显微结构图册[M]. 武汉:武汉工业大学出版社,1994.

第三章　混凝土及其制品实验

目前世界上用量最多的人造材料——混凝土仍将是 21 世纪各种基础设施建设不可替代的首选材料。混凝土作为广泛使用的承重建筑结构材料,其本身的质量直接关系到建筑物的质量和寿命,进而关系到生命财产的安全。

混凝土原材料本身的性能以及混凝土拌合物的性能都直接影响硬化后混凝土的性能。所以进行混凝土原材料以及混凝土拌合物的性能检测非常重要。并且还要将实验检测、质量控制贯穿在整个混凝土的施工过程中才是工程质量的有力保证。

如若不重视质量检测,必将带来惨痛教训。例如:

案例 1　重庆綦江彩虹桥垮塌(见图 3.1)。该彩虹桥始建于 1994 年 11 月 5 日,竣工于 1996 年 2 月 16 日,垮塌于 1999 年 1 月 4 日,建设工期 1 年零 102 天,使用寿命仅两年零 222 天。这次因工程质量导致的重大责任事故,共造成 40 人死亡,其中包括 18 名年轻武警战士,直接经济损失 628 万余元。经事故调查组调查,彩虹桥突然垮塌虽然是由多方面的原因造成的,但是工程质量存在严重问题:彩虹桥的主要受力拱架钢管焊接质量不合格,存在严重缺陷,个别焊缝有陈旧性裂痕;钢管内混凝土抗压强度不足,低于设计标号的1/3;连接桥梁、桥面和拱架的拉索、锚具和镏片严重锈蚀。

图 3.1　重庆綦江彩虹桥垮塌现场

案例 2　商品混凝土缓凝事故。长春某项工程应用商品混凝土浇筑地下室底板,混凝土等级为 C45、P8。2007 年 5 月 22 日中午开始浇注混凝土,发现坍落度特别大,出现离析泌水现象。到晚上 7 点多钟,混凝土表面出现硬壳,下部混凝土未凝结,用脚踩似橡皮泥,混凝土表面出现裂纹,虽经抹压也未愈合。到第三天,即 5 月 24 日晚上,混凝土才全部凝结硬化,以小时计算约有 55 h。该次 3 d 未凝结的混凝土缓凝现象大大延误了工期。后经查找原因系该项工程原来采用高效泵送剂掺量 2%,满足泵送施工要求,凝结时间正常,后来由于某种原因高效泵送剂断档,又是夜间施工,找不到相关人员,在这种情况下,为了解决应急,决定用普通泵送剂代替高效泵送剂,掺量由 2% 提高到 2.8%。但是缓凝(保塑)组分增大近一倍,超出该品种缓凝组分"最佳掺量"0.03% ~0.07%,也超出了"掺量范围"0.03% ~0.1%。结果出现上述 3 d 未凝结现象。

案例 3   河南某中学办公楼由于进深梁断裂造成屋面局部倒塌。后对设计进行审查,未发现任何问题。但在对施工方进行审查中发现以下问题:①进深梁设计时为 C20 混凝土,施工时未留试块,事后鉴定其强度等级只是 C7.5 左右。在梁的断口处可清楚地看出砂、石未洗净,骨料中混有鸽蛋大小的黏土块、石灰颗粒和树叶等杂质。②所用水泥强度未达到其强度等级要求,但是配比时按水泥强度等级设计,所以致使混凝土强度受到影响。

案例 4   北京某厂受热车间,建成后长年处于(40 ~50)℃的高湿环境中,后发现其混凝土墙面上有许多网状裂纹。在裂纹处钻一直径为 70 mm,长为 120 mm 的混凝土圆柱芯体,将此芯体横向锯成若干磨光薄片,然后进行岩相分析,发现每个薄片含有的 6 ~11 枚粗骨料中有 1 ~3 枚粗骨料含微晶石英和玉髓即活性骨料。将磨光薄片在扫描电镜下观察并进行能谱分析,发现骨料边缘的钾含量明显增加,表明碱在骨料边缘富集。凡此种种证明了墙面严重裂纹是由碱-骨料反应造成的。这样的事故教训告诉我们,必须进行骨料的碱活性检测,尤其当使用含碱量高的水泥时。其实由于碱-骨料反应而造成工程事故的例子比比皆是,例如加拿大 1906 年在渥太华建成的 Hurdman 桥,因碱-骨料反应严重,于 1987 年拆毁;日本 1980 年在阪神高速公路上发现大量因碱-骨料反应的破坏事故等。

本章按基础型实验、应用型实验、综合(设计)型实验分类,分别介绍混凝土原材料、混凝土工程、混凝土制品、混凝土配合比设计等的主要性能实验及检测。

基础型实验

普通混凝土的基本组成材料是水泥、砂、石(碎石或卵石)、水,还有作为第四和第五组分的矿物掺合料和化学外加剂等。

骨料在混凝土中无论是质量还是体积都占到近1/3,是混凝土的重要原材料之一。一般把粒径小于4.75 mm的骨料称为细骨料即建筑用砂,把粒径大于4.75 mm的骨料称为粗骨料即建筑用碎石、卵石。骨料本身的性能如级配、密度、吸水率、含水率、密度、强度、坚固性、碱活性等直接影响所配制混凝土的配比设计和性能,所以需检测骨料本身的性能并控制其质量。本节关于骨料性能检测方法主要参考 JGJ 52—2006《普通混凝土用砂、石质量及检验方法标准》。

为使骨料性能检测具有代表性可采用下述取样方法。

骨料的验收批:采用大型工具运输的,以 400 m³ 或 600 t 为一批;采用小型工具的以 200 m³ 或 300 t 为一批。

1. 细骨料的取样方法及试样数量和处理

(1)取样

若从料堆取样,可自料堆均匀分布的 8 个不同部位(取样部位表层铲除)抽取大致等量的砂 8 份组成一组样品;从皮带运输机上取样时,应用接料器在皮带运输机机尾的出料处定时抽取大致等量的砂 4 份组成一组样品;从火车、汽车、货船上取样时,从不同部位和深度抽取大致等量的砂 8 份组成一组样品。

(2)试样数量

单项实验的每组样品取样数量应符合表 3.1 的规定。做几项实验时,如确能保证试样经一项实验后不致影响另一项实验的结果,可用同一试样进行几项不同的实验。

(3)试样处理

用分料器缩分(见图3.2):将样品在潮湿状态下拌合均匀,然后将其通过分料器。留下两个接料斗中的一份,并将另一份再次通过分料器。重复上述过程,直至把样品缩分到实验所需量为止。人工四分法缩分:将所取样品倒于平整、洁净的拌板上,在潮湿状态下拌合均匀,并堆成厚度约 20 mm 的"圆饼"状,于饼上划十字线,将其分成大致相等的四份,除去其中对角的两份,将其余两份照上述四分法缩取,如此继续进行,直到缩分后的试样质量略多于该项实验所需数量为止。

表3.1　单项检验项目所需砂的最少取样质量[7]

检验项目	最少取样质量
筛分析	4 400 g
表观密度	2 600 g
吸水率	4 000 g
紧密密度和堆积密度	5 000 g
含水率	1 000 g
含泥量	4 400 g
泥块含量	20 000 g
石粉含量	1 600 g
人工砂压碎值指标	分成公称粒级 5.00~2.50 mm、2.50~1.25 mm、1.25 mm~630 μm、630~315 μm、315~160 μm,每个粒级各需 1 000 g
坚固性	分成公称粒级 5.00~2.50 mm、2.50~1.25 mm、1.25 mm~630 μm、630~315 μm、315~160 μm,每个粒级各需 100 g
碱活性	20 000 g

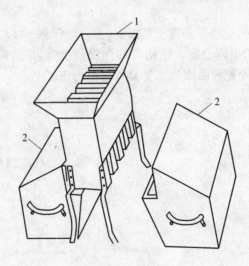

图3.2　分料器
1—分料漏斗;2—接料斗

2.粗骨料的取样方法及试样数量和处理

(1)取样

若从料堆取样,可自料堆均匀分布的 16 个不同部位(取样部位表层铲除)抽取大致等量的粗骨料 16 份组成一组样品;从皮带运输机上取样时,应用接料器在皮带运输机机尾的出料处定时抽取大致等量的粗骨料 8 份组成一组样品;从火车、汽车、货船上取样时,从不同部位和深度抽取大致等量的粗骨料 16 份组成一组样品。

（2）试样数量

单项实验的每组样品取样数量应符合表 3.2 的规定。做几项实验时，如确能保证试样经一项实验后不致影响另一项实验的结果，可用同一试样进行几项不同的实验。

表 3.2　单项实验粗骨料取样数[6]

实验项目	不同最大粒径（mm）下的最少取样量/kg							
	9.5	16.0	19.0	26.5	31.5	37.5	63.0	75.0
颗粒级配	9.5	16.0	19.0	25.0	31.5	37.5	63.0	80.0
含泥量	8.0	8.0	24.0	24.0	40.0	40.0	80.0	80.0
泥块含量	8.0	8.0	24.0	24.0	40.0	40.0	80.0	80.0
表观密度	8.0	8.0	8.0	8.0	12.0	16.0	24.0	24.0
堆积密度	40.0	40.0	40.0	40.0	80.0	80.0	120.0	120.0
碱集料反应	20.0	20.0	20.0	20.0	20.0	20.0	20.0	20.0
坚固性	按实验要求的粒级和数量取样							
压碎指标值	按实验要求的粒级和数量取样							

（3）试样处理

碎石或卵石缩分时，应将样品置于平板上，在自然状态下拌均匀，并堆成锥体，然后沿互相垂直的两条直径把锥体分成大致相等的四份，取其对角的两份重新拌匀，再堆成锥体。重复上述过程，直至把样品缩分成实验所需量为止。

实验一　骨料的筛分析实验

【实验目的】

通过筛分析实验测定骨料的颗粒级配及细度模数,以评价骨料的级配情况和细度。

【实验原理】

将一定质量的骨料用一套标准筛筛分,得到各号筛上的筛余量,从而计算出分计筛余百分率和累计筛余百分率以及细度模数,并以此评价骨料的级配和粗细。

【实验设备及材料】

(1)砂筛分析标准筛:孔径为 10.0 mm、5.00 mm、2.50 mm、1.25 mm、630 μm、315 μm、和 160 μm 的方孔筛各一只,并附有筛底和筛盖;

(2)石筛分析标准筛:孔径为 2.50 mm、5.00 mm、10.0 mm、16.0 mm、20.0 mm、25.0 mm、31.5 mm、40.0 mm、50.0 mm、63.0 mm、80.0 mm 和 100.0 mm 的方孔筛各一只,并附有筛底和筛盖;

(3)天平(称量为 1 kg,感量为 1 g)、天平(称量为 5 kg,感量为 5g)或台秤(称量为 20 kg,感量为 20 g);

(4)烘箱:能恒温在(105±5)℃;

(5)浅盘、毛刷、容器等;

(6)摇筛机。

【实验内容及步骤】

1. 砂筛分析实验

(1)将所取样用前述的缩分方法缩分至约 1 100 g,放在烘箱中于(105±5)℃下烘干至恒量,待冷却至室温后,筛除大于 10.0 mm 的颗粒(并算出其筛余百分率),分为大致相等的两份备用。

(2)准确称取烘干试样 500 g 倒入按孔径大小从上到下组合的砂标准套筛(附筛底)上,盖上筛盖。然后将套筛置于摇筛机上摇筛 10 min,取下套筛,按筛孔大小顺序再逐个用手筛,筛至每分钟通过量不超过试样总质量的 0.1% 时为止。通过的颗粒并入下一号筛中,并和下一号筛中的试样一起过筛。当全部筛分完毕时,各号筛的筛余量均不得超过 200 g,如超过此数,应将该筛余试样分为两份,分别继续筛分,并以其筛余量之和作为该号筛的筛余量。这样顺序进行,直至各号筛全部筛完为止。然后称量各号筛的筛余试样质量(精确至 1 g)。各号筛筛余量和以及底盘中剩余质量的总和与筛分前的试样总量相比,其差值不得超过 1% ,否则需重新实验。

(3)实验结果计算。

计算分计筛余百分率:各号筛上的筛余量与试样总量之比(精确至 0.1%);

计算累计筛余百分率:该号筛上分计筛余百分率与大于该号筛的各号筛上分计筛余百分率的总和(精确至 0.1%);

计算细度模数 M_x(精确至 0.01):

$$M_x = \frac{(A_2 + A_3 + A_4 + A_5 + A_6) - 5A_1}{100 - A_1} \tag{1}$$

式中 $A_1 \sim A_6$ ——依次为 5.00 mm、2.50 mm、1.25 mm、630 μm、315 μm 、160 μm 方孔筛上的累计筛余百分率。

(4)砂筛分析实验应用两份试样检验两次,并以两次实验结果的算术平均值作为检验结果。如两次实验所得的细度模数之差大于 0.20,应重新进行实验。

2. 碎石或卵石的筛分析实验

(1)将所取样按前述方法缩分至略大于表 3.3 规定的数量,烘干或风干后备用。

表 3.3　粗骨料颗粒级配实验所需试样数量

最大粒径/mm	10.0	16.0	20.0	25.0	31.5	40.0	63.0	80.0
最少试样质量/kg	2.0	3.2	4.0	5.0	6.3	8.0	12.6	16.0

(2)称取按表 3.3 规定数量的试样一份,精确至 1 g。将试样倒入按孔径大小从上到下组合的石筛分析标准套筛(附筛底)上,盖上筛盖。将套筛置于摇筛机上摇筛 10 min,按孔径大小,顺序取下各筛,分别于洁净的浅盘上用手继续摇筛,直到每分钟通过量不超过试样总质量的 0.1% 时为止。通过的颗粒并入下一号筛中,并和下一号筛中的试样一起过筛。并注意当试样粒径大于 20 mm 时,筛分时允许用手拨动试样颗粒,使其通过筛孔。这样顺序进行,直至各号筛全部筛完为止。然后称出各号筛的筛余量,精确至 1 g。如果各号筛的筛余量与筛底的筛余量之和同原试样质量之差超过 1% 时,需重新实验。

(3)实验结果计算。计算分计筛余百分率(精确至 0.1%)和累计筛余百分率(精确至 1%)。根据各筛的累计筛余百分率,评定该试样的颗粒级配。

【注意事项】

(1)若无摇筛机,可人工摇筛代替机筛。

(2)所谓试样在烘干机中烘至恒量是指在烘干(1~3) h 的情况下,其前后质量之差不大于该项实验所要求的称量精度(下同)。

【思考题】

(1)砂按细度模数分为粗砂、中砂、细砂三种规格,其细度模数分别为多少?

(2)什么叫分计筛余百分率? 什么叫累计筛余百分率?

实验二　骨料的表观密度实验

【实验目的】

用方便操作的简易法测定混凝土细骨料以及粗骨料的表观密度,以评价骨料的堆积密实度。

【实验原理】

通过测定骨料排开水的质量确定骨料不包含内孔体积但包含外部表面孔体积的骨料的绝对体积,从而求得骨料的表观密度。

【实验设备及材料】

(1)天平(称量为1 kg,感量为1 g)、台秤(称量为20 kg,感量为20 g);

(2)李氏瓶:容积为250 mL;

(3)容量瓶:容积为500 mL;广口瓶:容积为1 000 mL,磨口并带玻璃片;

(4)烘箱:能恒温在(105±5)℃;

(5)干燥器、浅盘、温度计、料勺、筛(孔径为5.00 mm的方孔筛)、带盖容器、金属丝刷、毛巾等。

【实验内容及步骤】

1.砂的表观密度测定

(1)试样制备。将所取样缩分至约120 g,置于温度为(105±5)℃的烘箱烘干至恒量,并在干燥器中冷却至室温后分成大致相等的两份试样备用;

(2)向李氏瓶中注入冷开水至一定刻度处,擦干瓶颈内部附着水,记录水的体积(V_1);

(3)称取烘干试样50 g(m_0),徐徐加入盛水的李氏瓶中,试样全部倒入瓶中后,用瓶内的水将黏附在瓶颈和瓶壁的试样洗入水中,摇转李氏瓶以排除气泡,静置约24 h后,记录瓶中水面升高后的体积(V_2);

(4)测定结果计算:试样的表观密度按下式计算(精确至10 kg/m³):

$$\rho_{01} = \left(\frac{m_0}{V_2 - V_1} - \alpha_t \right) \times 1\,000 \tag{1}$$

式中　ρ_{01}——砂的表观密度,kg/m³;

m_0——试样的烘干质量,g;

V_1——水的原有体积,mL;

V_2——倒入试样后的水和试样的体积,mL;

α_t——水温对砂的表观密度影响的修正系数,见表3.4。

表3.4　不同水温对砂的表观密度影响的修正系数

水温/ ℃	15	16	17	18	19	20
α_t	0.002	0.003	0.003	0.004	0.004	0.005
水温/ ℃	21	22	23	24	25	—
α_t	0.005	0.006	0.006	0.007	0.008	—

砂表观密度应用两份试样测定两次,并以两次结果的算术平均值作为测定结果。如两次测定结果的差值大于 20 kg/m³时,应重新取样测定。

2. 碎石或卵石的表观密度测定

(1)试样制备。本方法不宜用于测定最大公称粒径大于 40 mm 的碎石或卵石的表观密度。将所取样缩分至略大于表 3.5 规定的数量的 2 倍,风干后筛去小于 5.00 mm 的颗粒,然后洗刷干净,分为大致相等的两份备用。

表3.5　粗骨料表观密度实验所需试样数量

最大公称粒径/mm	10.0	16.0	20.0	25.0	31.5	40.0	63.0	80.0
试样最少质量/kg	2.0	2.0	2.0	2.0	3.0	4.0	6.0	6.0

(2)按表3.5 规定的数量称取试样,将试样浸水饱和装入广口瓶中,装试样时广口瓶应倾斜一个相当角度。然后注满饮用水,用玻璃片覆盖瓶口,以上下左右摇晃的方法排尽气泡。气泡排尽后,再向瓶中注入饮用水至水面凸出瓶口边缘,然后用玻璃板沿瓶口迅速滑行,使其紧贴瓶口水面。擦干瓶外水分,称出试样、水、瓶和玻璃板的总质量 G_1(g),精确至 1 g。

(3)将瓶中试样倒入浅盘中,置于温度为(105±5)℃的烘箱中烘至恒量,然后取出置于带盖的容器中冷却至室温后称出试样的质量 G(g),精确至 1 g。

(4)将瓶洗净,重新注入饮用水,用玻璃板紧贴瓶口水面,擦干瓶外水分后称出质量 G_2(g),精确至 1 g。

(5)测定结果计算

试样的表观密度按下式计算(精确至 10 kg/m³):

$$\rho_{02} = \left(\frac{G}{G + G_2 - G_1} - \alpha_t \right) \times 1\,000 \tag{2}$$

式中　ρ_{02}——石的表观密度,kg/m³;

G——试样的烘干质量,g;

G_1——试样、水、瓶和玻璃片的总质量,g;

G_2——水、瓶和玻璃片总质量,g;

α_t——水温对石的表观密度影响的修正系数,见表3.6。

表 3.6 不同水温下碎石或卵石的表观密度的修正系数

水温/℃	15	16	17	18	19	20	21	22	23	24	25
α_t	0.002	0.003	0.003	0.004	0.004	0.005	0.005	0.006	0.006	0.007	0.008

石表观密度应用两份试样测定两次,并以两次结果的算术平均值作为测定结果。如两次结果之差值大于 20 kg/m³,应重新取样实验。对颗粒材质不均的试样,如两次实验结果之差值大于 20 kg/m³ 时,可取四次测定结果的算术平均值作为测定值。

【注意事项】

(1)实验时各项称重可以在 15 ~ 25 ℃的温度范围内进行,但从试样加水静置的最后 2 h 起直至实验结束,其温度相差不应超过 2 ℃。在砂的表观密度测定时,两次体积测定的温差也不得大于 2 ℃。

(2)若更加精确测定骨料的表观密度或者测定最大公称粒径大于 40.0 mm 的粗骨料的表观密度时,可参照 JGJ 52—2006《普通混凝土用砂、石质量及检验方法标准》中的骨料表观密度测定的标准法测定。

【思考题】

(1)什么叫粗骨料的孔隙率?如何计算孔隙率?

(2)砂的表观密度测定原理是什么?

实验三　骨料的堆积密度实验

【实验目的】

测定骨料的堆积密度,堆积密度分为松散堆积密度和紧密堆积密度,通过表观密度还可以求出骨料的空隙率。

【实验原理】

通过测定按一定密实方法装入已知容积容量筒的骨料的质量来测定松散堆积密度和紧密堆积密度。

【实验设备及材料】

(1)台秤(称量为 5 kg,感量为 5g);磅秤(称量为 100 kg,感量为 100 g)。

(2)砂用容量筒:金属制圆柱形筒,容积为 1 L,内径为 108 mm,净高 109 mm,筒壁厚2 mm。

容量筒应先校正其容积:以温度为(20±5)℃的饮用水装满容量筒,用玻璃板沿筒口滑行,使其紧贴水面,不能夹有气泡,擦干筒外壁水分后称量。用下式计算筒的容积$V(\text{L})$:

$$V = g_2 - g_1 \tag{1}$$

式中　g_1——筒和玻璃板总质量,kg;

　　　g_2——筒、玻璃板和水总质量,kg。

(3)石用容量筒:金属制(规格见表 3.7),容量筒也应按前述方法校正其容积。

表 3.7　粗骨料用容量筒的规格及取样数量

最大粒径/mm	容量筒容积/L	容量筒规格/mm		
		内径	净高	筒壁厚度
9.5、16.0、19.0、26.5	10	208	294	2
31.5、37.5	20	294	294	3
53.0、63.0、75.0	30	360	294	4

(4)烘箱:能恒温在(105±5)℃。

(5)料勺或漏斗、直尺、浅盘、平头铁铲、垫棒等。

【实验内容及步骤】

1. 砂的松散堆积密度测定

(1)试样制备。将所取试样用四分法缩分至约 3 L,置温度为(105±5)℃的烘箱中烘至恒量,取出冷却至室温,筛除大于 4.75 mm 的颗粒,分为大致相等的两份备用。

(2)称容量筒质量 G_1(g)(精确至 1 g)。将筒置于不受振动的桌上浅盘中,用料勺或漏斗(见图3.3)将试样从容量筒中心上方 50 mm 处徐徐倒入,让试样以自由落体落下,装至容量筒四周溢满且筒口上面成锥形为止。然后用直尺将筒口上部的试样沿筒口中心线向两个相反方向刮平。称容量筒与试样的总质量 G_2(g)(精确至 1 g)。

(3)测定结果计算。砂试样的松散堆积密度按下式计算(精确至 10 kg/m³):

$$\rho_1' = \frac{G_2 - G_1}{V}(\text{kg/m}^3) \qquad (2)$$

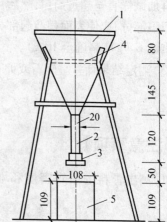

图 3.3 标准漏斗(单位:mm)
1—漏斗;2—Φ20 mm 管子;3—活动门;4—筛;
5—金属量筒

2. 砂的紧密堆积密度测定

(1)试样制备同 1(1)。

(2)取试样一份分两次装入容量筒。装完第一层后,在筒底垫放一根直径为 10 mm 的圆钢垫棒,将筒按住,左右交替击地面各 25 次。然后装入第二层,第二层装满后用同样方法颠实(但筒底所垫垫棒的方向与第一层时的方向垂直)后,再加试样直至超过筒口,然后用直尺沿筒口中心线向两边刮平,称出试样和容量筒总质量 G_3(g),精确至 1 g。

(3)测定结果计算。砂试样的紧密堆积密度按下式计算(精确至 10 kg/m³):

$$\rho_1'' = \frac{G_3 - G_1}{V}(\text{kg/m}^3) \qquad (3)$$

3. 碎石或卵石的松散堆积密度测定

(1)试样制备。将所取样用四分法缩分至不少于 40 kg,在(105±5)℃的烘箱中烘干或摊于洁净地面上风干并拌匀后,分为大致相等的两份备用。

(2)称容量筒质量 G_1(g)(精确至 10 g)。取试样一份,用铁铲将试样从容量筒口中心上方 50 mm 处徐徐倒入,让试样以自由落体落下,当容量筒上部试样呈锥体,且容量筒四周溢满时为止。除去凸出筒口表面的颗粒,并以较合适的颗粒填充凹陷部分,应使表面稍凸起部分和凹陷部分的体积基本相等。称出容量筒与试样的总质量 G_2(g)(精确至 10 g)。

(3)测定结果计算。石子试样的松散堆积密度按下式计算(精确至 10 kg/m³):

$$\rho_2' = \frac{G_2 - G_1}{V}(\text{kg/m}^3) \qquad (4)$$

4. 碎石或卵石的紧密堆积密度测定

(1)试样制备同3(1)。

(2)取试样一份分三次装入容量筒。装完第一层后,在筒底垫放一根直径为 16 mm 的圆钢垫棒,将筒按住,左右交替颠击地面各 25 次。然后装入第二层,第二层装满后用同样方法颠实(但筒底所垫垫棒的方向与第一层时的方向垂直),然后装入第三层,如法颠实。再加试样直至超过筒口,然后用直尺沿筒口边缘刮去高出的试样,并以较合适的颗粒填充凹陷部分,应使表面稍凸起部分和凹陷部分的体积基本相等。称出容量筒连同试样的总质量 G_3(g)(精确至 10 g)。

(3)测定结果计算。碎石或卵石的紧密堆积密度按下式计算(精确至10 kg/m³):

$$\rho_2'' = \frac{G_3 - G_1}{V}(\text{kg/m}^3) \tag{5}$$

【注意事项】

(1)测出骨料的表观密度和堆积密度后,可以用下式计算骨料的空隙率(精确至 1%):

$$V_0 = \left(1 - \frac{\rho_1}{\rho_2}\right) \times 100\% \tag{6}$$

式中　V_0——空隙率,%;

　　　ρ_1——骨料的松散(或紧密)堆积密度,kg/m³;

　　　ρ_2——骨料的表观密度,kg/m³。

(2)骨料的堆积密度取两次实验结果的算术平均值,精确至 10 kg/m³。空隙率取两次实验结果的算术平均值,精确至 1%。

【思考题】

什么叫粗骨料的空隙率? 怎样求得?

实验四 骨料的吸水率实验

【实验目的】

测定骨料的吸水率,以指导混凝土配合比设计等。

【实验原理】

以烘干质量为基准的骨料饱和面干状态下所吸水的质量占干燥骨料试样质量的百分率称为骨料的吸水率。

【实验设备及材料】

(1)饱和面干试模及质量为(340±15)g 的钢制捣棒(见图3.4);

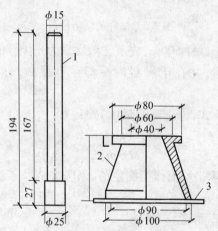

图3.4 饱和面干试模及其捣棒(单位:mm)

1—捣棒;2—试模;3—玻璃板

(2)天平(称量为 1 000 g,感量为 1 g)、秤(称量为 20 kg,感量为 20 g);

(3)干燥器、吹风机(手提式)、浅盘、料勺、玻璃棒、温度计、毛巾、烧杯(容量为 500 mL)、烘箱(温度控制范围为(105±5)℃)、筛孔尺寸为 4.75 mm 的方孔筛一只。

【实验内容及步骤】

1.砂的吸水率测定

(1)饱和面干试样的制备。将样品在潮湿状态下用四分法缩分至 1 000 g,拌匀后分成两份,分别装入浅盘或其他合适的容器中,注入清水,使水面高出试样表面 20 mm 左右,水温控制在(20±5)℃。用玻璃棒连续搅拌 5 min,以排除气泡。静置 24 h 后,细心地倒去试样上的水,并用吸管吸去余水。再将试样在盘中摊开,用手提吹风机缓缓吹入暖风,并不断翻拌试样,使砂表面的水分在各部位均匀蒸发。然后将试样松散地一次装满饱和面干试模中,捣 25 次(捣棒端面距试样表面不超过 10 mm,任其自由落下),捣完后,留下的空隙不用再装满,从垂直方向徐徐提起试模。试样呈图 3.5(a)所示的形状时,则说明砂中尚含有表面水,应继续按上述方法用暖风干燥,并按上述方法进行实验,直至试模提起后试样呈图 3.5(b)所示的形状为止。试模提起后,试样呈图 3.5(c)所示的形状时,则说明试样已干燥过分,此时应将试样洒水 5 mL,充分拌匀,并静置于加盖容器中,30 min 后,再按上述方法进行实验,直至试样达到图 3.5(b)所示的形状为止。

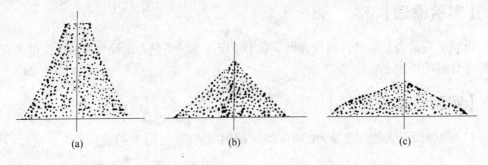

(a)　　　　　　　　　(b)　　　　　　　　　(c)

图 3.5　试样的塌陷情况

(2)立即称取饱和面干试样 500 g,放入已知质量为 m_1(g)的烧杯中,于温度为(105±5)℃的烘箱中烘干至恒量,并在干燥器内冷却至室温后,称取干样与烧杯的总质量 m_2(g)。

(3)砂的吸水率应按下式计算,精确至 0.1%:

$$w_1 = \frac{500-(m_2-m_1)}{m_2-m_1} \times 100\% \tag{1}$$

以两次实验结果的算术平均值作为测定值,当两次结果之差大于 0.2% 时,应重新取样进行实验。

2. 碎石或卵石的吸水率测定

(1)饱和面干试样的制备。筛除样品中公称粒径为 5.00 mm 以下的颗粒,然后缩分至两倍于表 3.8 所规定的质量,分成两份,用金属丝刷刷净后备用。取试样一份置于盛水的容器中,使水面高出试样表面 5 mm 左右,24 h 后从水中取出试样,并用拧干的湿毛巾将颗粒表面的水分拭干,即成为饱和面干试样。

表 3.8　粗骨料吸水率实验所需的试样最少质量

最大公称粒径/mm	10.0	16.0	20.0	25.0	31.5	40.0	63.0	80.0
试样最少质量/kg	2	2	4	4	4	6	6	8

(2)立即将饱和面干试样放在浅盘中称取质量 n_2(g),然后将试样连同浅盘置于(105±5)℃的烘箱中烘干至恒量。然后取出,放入带盖的容器中冷却(0.5~1) h,称取烘

干试样与浅盘的总质量 $n_1(\mathrm{g})$，称取浅盘的质量 $n_3(\mathrm{g})$。

(3)碎石或卵石的吸水率应按下式计算，精确至 0.01%：

$$w_2 = \frac{n_2 - n_1}{n_1 - n_3} \times 100\% \tag{2}$$

以两次实验结果的算术平均值作为测定值。

【注意事项】

吸水率以骨料饱和面干状态下的含水量占绝对干燥骨料的百分比表达，而不是以占湿重骨料百分比表示。

【思考题】

什么叫骨料的饱和面干状态？

实验五　骨料的含泥量实验

【实验目的】

本实验介绍用标准法测定天然砂的含泥量及碎石或卵石的含泥量。

【实验原理】

我们把砂、石中公称粒径小于 80 μm 颗粒的含量称为含泥量。本实验通过对试样淘洗、筛分的方法筛去粒径小于 80 μm 的颗粒，从而测出骨料中的含泥量。

【实验设备及材料】

(1)天平(称量为 1 kg,感量为 1 g)、台秤(称量为 20 kg,感量为 20 g);

(2)烘箱:能恒温在(105±5)℃;

(3)试验筛:筛孔公称直径为 80 μm 及 1.25 mm 的方孔筛各一个;

(4)容器、浅盘等。

【实验内容及步骤】

1. 砂含泥量测定

(1)试样制备。样品缩分至 1 100 g,置于温度为(105±5)℃的烘箱中烘干至恒重,冷却至室温后,称取各为 400 g(m_0)的试样两份备用。

(2)取烘干的试样一份置于容器中,注入饮用水,使水面高出砂面约 150 mm,充分拌匀后,浸泡 2 h,然后用手在水中淘洗试样,使尘屑、淤泥和黏土与砂粒分离,并使之悬浮或溶于水中。缓慢地将浑浊液倒入公称直径为 1.25 mm、80 μm 的方孔套筛(1.25 mm 筛放置于上面)上,滤去小于 80 μm 的颗粒。实验前筛子的两面应先用水润湿,在整个实验过程中应避免砂粒丢失。

(3)再次加水于容器中,重复上述过程,直到筒内洗出的水清澈为止。

(4)用水淋洗剩留在筛上的细粒,并将 80 μm 筛放在水中(使水面略高出筛中砂粒的上表面)来回摇动,以充分洗除小于 80 μm 的颗粒。然后将两只筛上剩留的颗粒和容器中已经洗净的试样一并装入浅盘,置于温度为(105±5)℃的烘箱中烘干至恒重。取出来冷却至室温后,称试样的质量(m_1)。

(5)砂中含泥量应按下式计算,精确至 0.1%:

$$w_S = \frac{m_0 - m_1}{m_0} \times 100\% \tag{1}$$

式中　w_s——砂中含泥量,%;

　　　m_0——实验前的烘干试样质量,g;

　　　m_1——实验后的烘干试样质量,g。

以两个试样实验结果的算术平均值作为测定值,两次结果之差大于0.5%时,应重新取样进行实验。

2. 碎石或卵石含泥量测定

(1)试样制备。将样品缩分至表3.9所规定的量(注意防止细粉丢失),并置于温度为(105±5)℃的烘箱内烘干至恒重,冷却至室温后分成两份备用。

表3.9　碎石或卵石含泥量实验所需的试样最少质量

最大公称粒径/mm	10.0	16.0	20.0	25.0	31.5	40.0	63.0	80.0
最少试样质量/kg	2	2	6	6	10	10	20	20

(2)称取试样一份(m_0)装入容器中摊平,并注入饮用水,使水面高出石子表面150 mm;浸泡2 h后,用手在水中淘洗颗粒,使尘屑、淤泥和黏土与较粗颗粒分离,并使之悬浮或溶解于水。缓慢地将浑浊液倒入公称直径为1.25 mm、80 μm的方孔套筛(1.25 mm筛放置于上面)上,滤去小于80 μm的颗粒。实验前筛子的两面应先用水润湿,在整个实验过程中应注意避免大于80 μm的颗粒丢失。

(3)再次加水于容器中,重复上述过程,直到筒内洗出的水清澈为止。

(4)用水淋洗剩留在筛上的细粒,并将80 μm筛放在水中(使水面略高出筛内颗粒)来回摇动,以充分洗除小于80 μm的颗粒。然后将两只筛上剩留的颗粒和容器中已经洗净的试样一并装入浅盘,置于温度为(105±5)℃的烘箱中烘干至恒重。取出来冷却至室温后,称试样的质量(m_1)。

(5)碎石或卵石中含泥量应按下式计算,精确至0.1%:

$$w_g = \frac{m_0 - m_1}{m_0} \times 100\% \tag{2}$$

式中　w_g——碎石或卵石中含泥量,%;

　　　m_0——实验前的烘干试样质量,g;

　　　m_1——实验后的烘干试样质量,g。

以两个试样实验结果的算术平均值作为测定值,两次结果之差大于0.2%时,应重新取样进行实验。

【注意事项】

本实验关于砂的含泥量的测定方法称为标准法,适用于中砂、粗砂和细砂,但不适用于特细砂。关于砂的含泥量测定方法还有虹吸管法。

【思考题】

(1)什么叫骨料的含泥量?骨料中含泥量对混凝土性能有什么影响?

(2)国家标准规定骨料中含泥量不得超过多少?

实验六 骨料中泥块含量实验

【实验目的】

本实验介绍砂及碎石或卵石中泥块含量测定。

【实验原理】

我们把砂中公称粒径大于 1.25 mm,经水洗、手捏后变成小于 630 μm 的颗粒的含量称为砂中的泥块含量。把碎石或卵石中公称粒径大于 5.00 mm,经水洗、手捏后变成小于 2.50 mm 的颗粒的含量称为碎石或卵石中的泥块含量。本实验通过对试样淘洗、筛分的方法筛去试样中泥块的颗粒,从而测出骨料中的泥块含量。

【实验设备及材料】

(1)天平(称量为 1 kg,感量为 1 g;称量为 5 kg,感量为 5 g)、台秤(称量为 20 kg,感量为 20 g);

(2)烘箱:能恒温在(105±5)℃;

(3)试验筛:筛孔公称直径为 630 μm、1.25 mm、2.50 mm、5.00 mm 的方孔筛各一个;

(4)容器、浅盘、水筒等。

【实验内容及步骤】

1. 砂泥块含量测定

(1)试样制备。将样品缩分至 5 000 g,置于温度为(105±5)℃的烘箱中烘干至恒重,冷却至室温后,用公称直径为 1.25 mm 的方孔筛筛分,取筛上的砂不少于 400 g 分为两份备用。

(2)称取试样约 200 g(m_1)置于容器中,并注入饮用水,使水面高出砂面 150 mm。充分拌匀后,浸泡 24 h,然后用手在水中碾碎泥块,再把试样放在公称直径为 630 μm 的方孔筛上,用水淘洗,直至水清澈为止。保留下来的试样应小心地从筛里取出,装入水平浅盘后,置于温度为(105±5)℃烘箱中烘干至恒重,冷却后称重(m_2)。

(3)砂中泥块含量应按下式计算,精确至 0.1%:

$$w_{s,L} = \frac{m_1 - m_2}{m_1} \times 100\% \tag{1}$$

式中 $w_{s,L}$——砂中泥块含量,%;

m_1——实验前干燥试样质量,g;

m_2——实验后干燥试样质量,g。

2. 碎石或卵石泥块含量测定

(1)试样制备。将样品缩分至略大于表 3.9 的量,缩分时应防止所含黏土块被压碎。缩分后的试样置于温度为(105±5)℃的烘箱中烘干至恒重,冷却至室温后分为两份备用。筛去公称粒径为 5.00 mm 以下颗粒,称重(m_1)。

(2)将试样在容器中摊平,加入饮用水使水面高出试样表面,24 h 后把水放出,用手碾压泥块,然后把试样放在公称直径为 2.50 mm 的方孔筛上摇动淘洗,直至洗出的水清澈为止。将筛上的试样小心地从筛里取出,置于温度为(105±5)℃的烘箱中烘干至恒重。冷却后称重(m_2)。

(3)碎石或卵石的泥块含量应按下式计算,精确至 0.1%:

$$w_{g,L}=\frac{m_1-m_2}{m_1}\times100\% \tag{2}$$

式中　$w_{g,L}$——碎石或卵石中泥块含量,%;

　　　m_1——公称直径为 5 mm 筛上筛余量,g;

　　　m_2——实验后烘干试样质量,g。

【注意事项】

以两个试样实验结果的算术平均值作为测定值。

【思考题】

(1)什么叫骨料的泥块含量?骨料泥块含量对混凝土性能有什么影响?

(2)国家标准规定骨料中泥块含量不应超过多少?

实验七 骨料的坚固性实验

【实验目的】

本实验通过测定混凝土用骨料砂及碎石或卵石的坚固性从而评价骨料的耐久性以及对混凝土耐久性的影响。

【实验原理】

骨料在气候、环境变化或其他物理因素作用下抵抗破裂的能力叫骨料的坚固性。本实验通过测定硫酸钠饱和溶液渗入骨料中形成结晶时的裂胀力对骨料的破坏程度,用结晶胀裂后骨料的粒径改变程度、质量损失程度间接地判断其坚固性。

【实验设备及材料】

1. 实验设备

(1)天平(称量为 1 kg,感量为 1 g)、台秤(称量为 5 kg,感量为 5 g);

(2)烘箱:能恒温在(105±5)℃;

(3)试验筛:筛孔公称直径为 160 μm、315 μm、630 μm、1.25 mm、2.50 mm、5.00 mm 的方孔筛各一个;各级石子筛,根据碎石或卵石的粒级按表 3.10 选用;

表 3.10 碎石或卵石坚固性实验所需的各粒级试样量

公称粒级/mm	5.00 ~ 10.0	10.0 ~ 20.0	20.0 ~ 40.0	40.0 ~ 63.0	63.0 ~ 80.0
试样质量/g	500	1 000	1 500	3 000	3 000

(4)三脚网篮:砂用网篮内径及高均为 70 mm,由铜丝或镀锌铁丝制成,网孔的孔径不应大于所盛试样粒级下限尺寸的一半;石用网篮的外径为 100 mm,高为 150 mm,采用网孔公称直径不大于 2.50 mm 的网,由铜丝制成;检验公称粒径为 40.0 ~ 80.0 mm 的颗粒时,应采用外径和高均为 150 mm 的网篮;

(5)容器(容量不小于 10 L)、比重计等。

2. 实验材料

无水硫酸钠、氯化钡(浓度为 10%)。

【实验内容及步骤】

1. 溶液的配制及试样制备

(1)硫酸钠溶液的配制:取一定数量的蒸馏水(取决于试样及容器大小,加温至 30 ~

50 ℃),每 1 000 mL 蒸馏水加入无水硫酸钠 300 ~ 350 g,用玻璃棒搅拌,使其溶解并饱和,然后冷却至 20 ~ 25 ℃,在此温度下静置两昼夜,其密度应为(1 151 ~ 1 174)kg/m³。

(2)砂试样制备:将缩分后的样品用水冲洗干净,在(105±5)℃的温度下烘干冷却至室温备用。

(3)碎石或卵石试样制备:将样品按表 3.10 的规定分级,并分别擦洗干净,放入(105 ~ 110)℃烘箱内烘 24 h,取出并冷却至室温,然后按表 3.10 对各粒级规定的量称取试样(m_i)。

2.砂的坚固性实验

(1)称取公称粒级分别为 315 ~ 630 μm、630 μm ~ 1.25 mm、1.25 ~ 2.50 mm、2.50 ~ 5.00 mm 的试样各 100 g。若是特细砂,应筛去公称粒径 160 μm 以下和 2.50 mm 以上的颗粒,称取公称粒级分别为 160 ~ 315 μm 、315 ~ 630 μm、630 μm ~ 1.25 mm、1.25 ~ 2.50 mm 的试样各 100 g。分别装入网篮并浸入盛有硫酸钠溶液的容器中,溶液体积应不小于试样总体积的 5 倍,其温度应保持在(20 ~ 25)℃。三脚网篮浸入溶液时,应先上下升降 25 次以排除试样中的气泡,然后静置于该容器中。此时,网篮底面应距容器底面约 30 mm(由网篮脚高控制),网篮之间的间距应不小于 30 mm,试样表面至少应在液面以下 30 mm。

(2)浸泡 20 h 后,从溶液中提出网篮,放在温度为(105±5)℃的烘箱中烘烤 4 h,至此,完成了第一次循环。待试样冷却至(20 ~ 25)℃后,即开始第二次循环,从第二次循环开始,浸泡及烘烤时间均为 4 h。

(3)第五次循环完成后,将试样置于(20 ~ 25)℃的清水中洗净硫酸钠,再在(105±5)℃的烘箱中烘干至恒重,取出并冷却至室温后,用孔径为试样粒级下限的筛,过筛并称量各粒级试样实验后的筛余量。

(4)实验结果计算。

①试样中各粒级颗粒的分计质量损失百分率应按下式计算:

$$\delta_{ji,s} = \frac{m_i - m_i'}{m_i} \times 100\% \qquad (1)$$

式中 $\delta_{ji,s}$——各粒级颗粒的分计质量损失百分率,%;

　　m_i——每一粒级试样实验前的质量,g;

　　m_i'——经硫酸钠溶液实验后,每一粒级筛余颗粒的烘干质量,g。

②粒径为 300 μm ~ 4.75 mm 粒级试样的总质量损失百分率应按下式计算,精确至 1%:

$$\delta_{j,s} = \frac{a_1\delta_{j1} + a_2\delta_{j2} + a_3\delta_{j3} + a_4\delta_{j4}}{a_1 + a_2 + a_3 + a_4} \times 100\% \qquad (2)$$

式中 $\delta_{j,s}$——试样的总质量损失百分率,%;

　　a_1, a_2, a_3, a_4——公称粒级分别为 315 ~ 630 μm、630 μm ~ 1.25 mm、1.25 ~ 2.50 mm、2.50 ~ 5.00 mm 粒级在筛除小于公称粒径 315 μm 及大于公称粒径 5.00 mm 颗粒后,在原试样中所占的百分率,%;

　　$\delta_{j1}, \delta_{j2}, \delta_{j3}, \delta_{j4}$——公称粒级分别为 315 ~ 630 μm、630 μm ~ 1.25 mm、1.25 ~

2.50 mm、2.50 ~ 5.00 mm 各粒级的分计质量损失百分率,%。

③特细砂按下式计算,精确至 1% :

$$\delta_{j,s} = \frac{a_0\delta_{j0} + a_1\delta_{j1} + a_2\delta_{j2} + a_3\delta_{j3}}{a_0 + a_1 + a_2 + a_3} \times 100\% \tag{3}$$

式中　$\delta_{j,s}$——试样的总质量损失百分率,% ;

　　　a_0, a_1, a_2, a_3——公称粒级分别为 160 ~ 315 μm 、315 ~ 630 μm、630 μm ~ 1.25 mm、1.25 ~ 2.50 mm 粒级在筛除小于公称粒径 160 μm 及大于公称粒径 2.50 mm 颗粒后,在原试样中所占的百分率,% ;

　　　$\delta_{j1}, \delta_{j2}, \delta_{j3}, \delta_{j4}$——公称粒级分别为 160 ~ 315 μm 、315 ~ 630 μm、630 μm ~ 1.25 mm、1.25 ~ 2.50 mm 各粒级的分计质量损失百分率,%。

3. 碎石或卵石的坚固性实验

(1)将所称取的不同粒级的试样分别装入网篮并浸入盛有硫酸钠溶液的容器中。溶液体积应不小于试样总体积的 5 倍,其温度应保持在(20 ~ 25)℃。三脚网篮浸入溶液时,应先上下升降 25 次以排除试样中的气泡,然后静置于该容器中。此时,网篮底面应距容器底面约 30 mm(由网篮脚高控制),网篮之间的间距应不小于 30 mm,试样表面至少应在液面以下 30 mm。

(2)浸泡 20 h 后,从溶液中提出网篮,放在温度为(105±5)℃的烘箱中烘烤 4 h,至此,完成了第一次循环。待试样冷却至(20 ~ 25)℃后,即开始第二次循环,从第二次循环开始,浸泡及烘烤时间均为 4 h。

(3)第五次循环完成后,将试样置于(25 ~ 30)℃的清水中洗净硫酸钠,再在(105±5)℃的烘箱中烘干至恒重,取出并冷却至室温后,用孔径为试样粒级下限的筛,过筛并称量各粒级试样实验后的筛余量(m'_i)。

(4)对公称粒径大于 20.0 mm 的试样部分,应在实验前后记录其颗粒数量,并作外观检查,描述颗粒的裂缝、开裂、剥落、掉边和掉角等情况所占颗粒数量,以此作为分析其坚固性时的补充依据。

(5)实验结果计算。

①试样中各粒级颗粒的分计质量损失百分率应按下式计算:

$$\delta_{ji,g} = \frac{m_i - m'_i}{m_i} \times 100\% \tag{4}$$

式中　$\delta_{ji,g}$——各粒级颗粒的分计质量损失百分率,% ;

　　　m_i——各粒级试样实验前的烘干质量,g ;

　　　m'_i——经硫酸钠溶液法实验后,各粒级筛余颗粒的烘干质量,g。

②试样的总质量损失百分率应按下式计算,精确至 1% :

$$\delta_{j,g} = \frac{a_1\delta_{j1} + a_2\delta_{j2} + a_3\delta_{j3} + a_4\delta_{j4} + a_5\delta_{j5}}{a_1 + a_2 + a_3 + a_4 + a_5} \times 100\% \tag{5}$$

式中　$\delta_{j,g}$——试样的总质量损失百分率,% ;

　　　a_1, a_2, a_3, a_4, a_5——试样中分别为 5.00 ~ 10.0 mm、10.0 ~ 20.0 mm、20.0 ~ 40.0 mm、40.0 ~ 63.0 mm、63.0 ~ 80.0 mm 各公称粒级的分

计百分含量,%;

$\delta_{j1}, \delta_{j2}, \delta_{j3}, \delta_{j4}, \delta_{j5}$——各粒级 5.00~10.0 mm、10.0~20.0 mm、20.0~40.0 mm、40.0~63.0 mm、63.0~80.0 mm 的分计质量损失百分率,%。

【注意事项】

(1)试样中硫酸钠是否洗净,可按下法检验:取冲洗过试样的水若干毫升,滴入少量 10% 的氯化钡溶液,如无白色沉淀,则说明硫酸钠已被洗净;

(2)在碎石或卵石的试样中,要求公称粒级为 10.0~20.0 mm 试样中,应含有 40% 的 10.0~16.0 mm 粒级颗粒、60% 的 16.0~20.0 mm 粒级颗粒;公称粒级为 20.0~40.0 mm 试样中,应含有 40% 的 20.0~31.5 mm 粒级颗粒、60% 的 31.5~40.0 mm 粒级颗粒。

【思考题】

什么是骨料的坚固性? 国家标准规定骨料的质量损失百分率应该是怎样的?

实验八 骨料的压碎值指标实验

【实验目的】

本实验介绍人工砂、碎石或卵石抵抗压碎的能力即压碎值指标的测定,以间接地推测骨料的强度。

【实验原理】

将一定粒级的试样在规定荷载下加压,通过加压前后压碎程度即粒径改变评价骨料抵抗压碎的能力。

【实验设备及材料】

(1)压力试验机,荷载为300 kN;

(2)人工砂压碎指标测定用受压钢模(见图3.6);

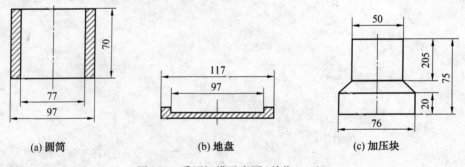

图3.6 受压钢模示意图(单位:mm)

(3)碎石或卵石压碎值指标测定仪(见图3.7);

(4)天平(称量为1 kg,感量为1 g)、台秤(称量为5 kg,感量为5 g);

(5)烘箱:能恒温在(105±5)℃;

(6)试验筛:筛孔公称直径为80 μm、160 μm、315 μm、630 μm、1.25 mm、2.50 mm、5.00 mm、10.0 mm、20.0 mm的方孔筛各一个;

(7)瓷盘、小勺等。

【实验内容及步骤】

1. 人工砂的压碎值指标实验

(1)试样制备:将缩分后的样品置于(105±5)℃的烘箱中烘干至恒重,待冷却至室温

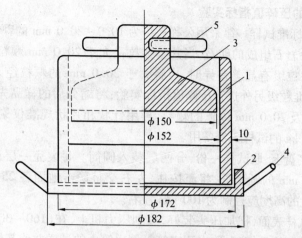

图 3.7　压碎值指标测定仪

1—圆筒;2—底盘;3—加压头;4—手把;5—把手

后,筛分成 315 ~ 630 μm、630 μm ~ 1.25 mm、1.25 ~ 2.50 mm、2.50 ~ 5.00 mm 四个粒级,每级试样质量不得少于 1 000 g。

(2)置圆筒于底盘上,组成受压模,将一单级砂样约 300 g 装入模内,使试样距底盘约为 50 mm,平整试模内试样的表面,将加压块放入圆筒内,并转动一周使之与试样均匀接触。

(3)将装好砂样的受压钢模置于压力机的支撑板上,对准压板中心后,开动机器,以 500 N/s 的速度加荷,加荷至 25 kN 时持荷 5 s,而后以同样速度卸荷。

(4)取下受压模,移去加压块,倒出压过的试样并称其质量(m_0),然后用该粒级的下限筛进行筛分,称出该粒级试样的筛余量(m_1)。

(5)人工砂的压碎指标计算

①第 i 单级砂样的压碎指标按下式计算,精确至 0.1%:

$$\delta_{i,s} = \frac{m_0 - m_1}{m_0} \times 100\% \tag{1}$$

式中　$\delta_{i,s}$——第 i 单级砂样压碎指标,%;

m_0——第 i 单级试样的质量,g;

m_1——第 i 单级试样的压碎实验后筛余的试样质量,g。

以三份试样实验结果的算术平均值作为各单粒级试样的测定值。

②四级试样总的压碎指标按下式计算,精确至 0.1%:

$$\delta_s = \frac{a_1\delta_1 + a_2\delta_2 + a_3\delta_3 + a_4\delta_4}{a_1 + a_2 + a_3 + a_4} \times 100\% \tag{2}$$

式中　δ_s——试样的总的压碎指标,%;

a_1, a_2, a_3, a_4——公称粒径分别为 315 μm 、630 μm、1.25 mm、2.50 mm 各方孔筛的分计筛余,%;

$\delta_1, \delta_2, \delta_3, \delta_4$——公称粒级分别为 315 ~ 630 μm、630 μm ~ 1.25 mm、1.25 ~ 2.50 mm、2.50 ~ 5.00 mm 单级试样压碎指标,%。

2. 碎石或卵石的压碎值指标实验

（1）试样制备：标准试样一律采用公称粒级为 10.0～20.0 mm 的颗粒，并在风干状态下进行实验；对多种岩石组成的卵石，当其公称粒径大于 20.0 mm 颗粒的岩石矿物成分与 10.0～20.0 mm 粒级有显著差异时，应将大于 20.0 mm 的颗粒经人工破碎后，筛取 10.0～20.0 mm 标准粒级另外进行压碎值指标实验；将缩分后的样品先筛除试样中公称粒径 10.0 mm 以下及 20.0 mm 以上的颗粒，再用针状和片状规准仪剔除针状和片状颗粒，然后称取每份 3 kg 的试样 3 份备用。

（2）置圆筒于底盘上，取试样一份，分两层装入圆筒。每装完一层试样后，在底盘下面垫放一直径为 10 mm 的圆钢筋，将筒按住，左右交替颠击地面各 25 下。第二层颠实后，试样表面距底盘的高度应控制为 100 mm 左右。

（3）整平筒内试样表面，把加压头装好，放到压力机上，在（160～300）s 内均匀地加荷到 200 kN，稳定 5 s，然后卸荷，取出测定筒。倒出筒中的试样并称其质量（m_0），用公称直径为 2.50 mm 的方孔筛筛除被压碎的细粒，称量剩留在筛上的试样质量（m_1）。

（4）碎石或卵石的压碎指标应按下式计算，精确至 0.1%：

$$\delta_g = \frac{m_0 - m_1}{m_0} \times 100\% \tag{3}$$

式中　δ_g——碎石或卵石的压碎值指标，%；

　　　m_0——试样的质量，g；

　　　m_1——压碎实验后筛余的试样质量，g。

多种岩石组成的卵石，应对公称粒径 20.0 mm 以下和 20.0 mm 以上的标准粒级（10.0～20.0 mm）分别进行检验，则总的压碎值指标应按下式计算：

$$\delta_g = \frac{a_1 \delta_{a1} + a_2 \delta_{a2}}{a_1 + a_2} \times 100\% \tag{4}$$

式中　δ_g——碎石或卵石的总的压碎值指标，%；

　　　a_1，a_2——公称粒径 20.0 mm 以下和 20.0 mm 以上两粒级的颗粒含量百分率，%；

　　　δ_{a1}，δ_{a2}——两粒级以标准粒级实验的分计压碎值指标，%。

以三份试样实验结果的算术平均值作为压碎指标测定值。

【注意事项】

将加压头放到筒内试样上时，注意使加压头平正。

【思考题】

（1）什么叫骨料的压碎值指标，该值的大小意味着什么？

（2）国家标准规定骨料的压碎值指标不应超过多少？

实验九 骨料的碱活性实验（砂浆长度法）

【实验目的】

本方法适用于鉴定硅质骨料与水泥（混凝土）中的碱产生潜在反应的危害性。

【实验原理】

水泥或混凝土中（有时由外加剂带入）的碱和骨料中的活性成分（硅酸类活性矿物或碳酸盐类活性矿物）发生化学反应，生成物产生膨胀，致使混凝土开裂的现象称为碱集料反应。为了避免这种危害，有时对重要工程需检测骨料的碱活性。骨料的碱活性检测方法有：岩相法（适用于碎石或卵石）、砂浆长度法、快速法、岩石柱法（适用于碳酸盐骨料）等。本实验只介绍砂浆长度法：分为砂的碱活性实验和碎石或卵石的碱活性实验。不管是检测砂的碱活性的砂浆长度法实验还是检测碎石或卵石的碱活性的砂浆长度法实验，都通过测定用高碱水泥和砂试样或按规定破碎筛分级配处理过的石料试样制作的砂浆试件的长度膨胀率来评定骨料是否存在潜在碱骨料反应危害。

【实验设备及材料】

1. 实验设备

（1）水泥胶砂搅拌机：符合现行标准《行星式水泥胶砂搅拌机》；

（2）试模和测头：金属试模，规格为 25 mm×25 mm×280 mm，试模两端正中应有小孔，测头在此固定埋入砂浆，测头用不锈钢金属制成；

（3）养护筒：用耐腐蚀材料制成，不漏水，不透气，加盖后放在养护室中能确保筒内空气相对湿度为 95% 以上，筒内设有试件架，架下盛有水，试件垂直立于架上并不与水接触；

（4）测长仪：测量范围为（280～300）mm 和（160～185）mm，精度为 0.01 mm；

（5）室温为（40±2）℃的养护室或养护箱；

（6）天平：称量为 2 000 g，感量为 2 g；台秤：称量为 5 kg，感量为 5 g；

（7）跳桌：符合现行标准《水泥胶砂流动度测定仪》的要求；

（8）试验筛、镘刀、钢制捣棒、量筒、秒表等。

2. 实验材料

（1）水泥：含碱量为 1.2% 的高碱水泥；低于此值时，掺浓度为 10% 的氢氧化钠溶液，将碱含量调至水泥量的 1.2%；对于具体工程，当该工程拟用水泥的含碱量高于此值，则应采用工程所用的水泥。

(2)砂:将样品缩分成约 5 kg,按表 3.11 中所示级配及比例组合成实验用料,并将试样洗净晾干。对特细砂分级质量不作规定。

表 3.11　砂或石料级配表

公称粒级/mm	5.00~2.50	2.50~1.25	1.25~0.63	0.63~0.315	0.315-0.16
分级质量/%	10	25	25	25	15

(3)石料:将试样缩分至约 5 kg,破碎筛分后,各粒级都应在筛上用水冲净黏附在骨料上的淤泥和细粉,然后烘干按表 3.11 的级配配成实验用料。

【实验内容及步骤】

(1)试件制作:水泥与骨料的质量比为 1:2.25。每组 3 个试件,共需水泥 440 g,砂料或者石料 990 g,用水量按现行国家标准《水泥胶砂流动度测定方法》GB/T 2419 确定,跳桌次数改为 6 s 跳动 10 次,以流动度在 105~120 mm 为准。成型前 24 h,将实验所用材料放入(20±2)℃的恒温室中。先将称好的水泥与骨料倒入搅拌锅内,开动搅拌机,拌合 5 s 后徐徐加水,20~30 s 加完,自开动机器起搅拌(180±5)s 停机,将粘在叶片上的砂浆刮下,取下搅拌锅。砂浆分两层装入试模内,每层捣 40 次,测头周围应填实,浇捣完毕后用镘刀刮除多余砂浆,抹平表面并标明测定方向和编号。

(2)试件成型完毕后,带模放入标准养护室,养护(24±4)h 后脱模(当试件强度较低时,可延至 48 h 脱模),脱模后立即测量试件的基长(L_0)。测长应在(20±2)℃的恒温室中进行,每个试件至少重复测量两次,取差值在仪器精度范围内的两个读数的平均值作为长度测定值(精确至 0.02 mm)。待测的试件须用湿布覆盖,以防止水分蒸发。

(3)测量后将试件放入养护筒中,盖严后放入(40±2)℃养护室里养护(一个筒内的品种应相同)。

(4)自测基长之日起,14 d、1 个月、2 个月、3 个月、6 个月再分别测其长度(L_t),如有必要还可适当延长。在测长前一天,应把养护筒从(40±2)℃养护室中取出,放入(20±2)℃的恒温室。试件的测长方法和测基长相同,测量完毕后,应将试件调头放入养护筒内,盖好筒盖,放回(40±2)℃养护室继续养护到下一个测龄期。

(5)在测量时应观察试件的变形、裂缝和渗出物,特别应观察有无胶体物质,并作详细记录。

(6)实验结果处理。试件的膨胀率应按下式计算,精确至 0.001%:

$$\varepsilon_t = \frac{L_t - L_0}{L_0 - 2\,\triangledown} \times 100\% \tag{1}$$

式中　ε_t——试件在 t 天龄期的膨胀率,%;

$\quad$ L_0——试件的基长,mm;

$\quad$ L_t——试件在 t 天龄期的长度,mm;

$\quad$ $\triangledown$——测头长度,mm。

以三个试件膨胀率的平均值作为某一龄期膨胀率的测定值。任一试件膨胀率与平均值均应符合下列规定:

①当平均值小于或等于0.05%时,其差值均应小于0.01%;

②当平均值大于0.05%时,其差值均应小于平均值的20%;

③当三个试件的膨胀率均超过0.10%时,无精度要求;

④当不符合上述要求时,去掉膨胀率最小的,用其余两个试件的平均值作为该龄期的膨胀率。

(7)结果评定:当砂浆6个月的膨胀率小于0.10%或3个月的膨胀率小于0.05%(只有在缺少6个月的膨胀率时才有效)时,则判为无潜在危害。否则,应判为有潜在危害。

【注意事项】

(1)该方法不适用于碱碳酸盐反应活性骨料检验;

(2)水泥含碱量以氧化钠计,氧化钾换算为氧化钠时乘以换算系数0.658;

(3)当用石料制作砂浆试件时,自开动搅拌机起搅拌120 s。

【思考题】

(1)什么是混凝土的碱骨料反应? 骨料中活性矿物有哪些?

(2)国家标准对水泥中碱含量是怎么规定的?

实验十　外加剂减水率和抗压强度比实验

【实验目的】

测定混凝土外加剂主要是混凝土减水剂的减水率以及抗压强度比,以评定外加剂的质量和指导混凝土配合比设计。

【实验原理】

通过坍落度基本相同时基准混凝土和掺外加剂混凝土单位用水量之差与基准混凝土单位用水量之比来确定减水率;以掺外加剂混凝土与基准混凝土同龄期抗压强度之比表示抗压强度比。

【实验设备及材料】

1.实验设备

(1)坍落度筒:由1.5 mm厚的钢板或其他金属制成的圆台形筒(见图3.8);

(2)捣棒、小铲、钢尺、拌板、抹刀、混凝土标准试模等;

(3)60 L自落式混凝土搅拌机;

(4)振动台:振动频率为50±3 Hz,空载振幅约为0.5 mm。

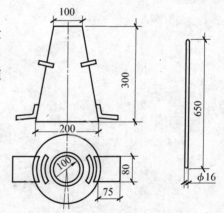

图3.8　坍落度筒及捣棒

2.实验材料

(1)基准水泥;

(2)砂:细度模数为2.6~2.9的中砂;

(3)石子:粒径为5~20 mm,采用二级配,其中5~10 mm占40%,10~20 mm占60%。

【实验内容及步骤】

(1)配合比:配合比设计应符合以下规定:

①水泥用量:采用卵石时,(310±5)kg/m³;采用碎石时,(330±5)kg/m³;

②砂率:基准混凝土和掺外加剂混凝土的砂率均为36%~40%,但掺引气减水剂和引气剂的混凝土砂率应比基准混凝土低1%~3%;

③外加剂掺量:按生产厂推荐的掺量;

④用水量:应使混凝土坍落度达(80±10)mm;

⑤掺非引气型外加剂混凝土和基准混凝土的水泥、砂、石的比例不变。

(2)混凝土搅拌:采用 60 L 自落式混凝土搅拌机,全部材料及外加剂一次投入,拌合量应不少于 15 L,不大于 45 L,搅拌 3 min,出料后在铁板上用人工翻拌 2～3 次再行坍落度实验。

(3)减水率测定:减水率为坍落度基本相同时基准混凝土和掺外加剂混凝土单位用水量之差与基准混凝土单位用水量之比。减水率以三批实验的算术平均值计,精确到小数点后一位。若三批实验的最大值或最小值中有一个与中间值之差超过中间值的 15% 时,则把最大值与最小值一并舍去,取中间值作为该组实验的减水率,若有两个测值与中间值之差均超过 15% 时,则该批实验结果无效,应该重做。

(4)抗压强度比测定:抗压强度比以掺外加剂混凝土与基准混凝土同龄期抗压强度之比表示。试件用振动台振动 15～20 s。试件预养温度为(20±3)℃。实验结果以三批实验测值的平均值表示,若三批实验中有一批的最大值或最小值与中间值的差值超过中间值的 15%,则把最大及最小值一并舍去,取中间值作为该批的实验结果,如有两批测值与中间值的差均超过中间值的 15%,则实验结果无效,应该重做。

【注意事项】

在因故得不到基准水泥时,允许采用 C_3A 含量 6%～8%,总碱量不大于 1% 的熟料和二水石膏、矿渣共同磨制而成。

【思考题】

(1)减水剂的减水机理是什么？减水剂对混凝土有哪些影响？

(2)从成分分析,减水剂分为哪几类？

(3)什么是高效减水剂？

实验十一　水泥与减水剂相容性实验

【实验目的】

本实验通过马歇尔法(简称 Marsh 筒法,标准法)或净浆流动度法(代用法)测定减水剂的饱和掺量点和经时损失率,从而评价水泥和减水剂的相容性。

【实验原理】

(1)所谓水泥与减水剂的相容性是指使用相同减水剂或水泥时,由于水泥或减水剂的质量而引起水泥浆体流动性、经时损失变化程度以及获得相同的流动性减水剂用量的变化程度。

(2)Marsh 筒为下带圆管的锥形漏斗。以注入漏斗的水泥浆体自由流下注满 200 mL 容量筒所需时间即 Marsh 时间反映水泥浆体的流动性。

(3)将制备好的水泥浆体装入一定容量的圆模后,稳定提起圆模,使浆体在重力作用下在玻璃板上自由扩展,稳定后的直径即流动度,以此反映水泥浆体的流动性。

【实验设备及材料】

1.实验设备

(1)水泥净浆搅拌机:配备 6 只搅拌锅;

(2)圆模:圆模的上口直径为 36 mm、下口直径为 60 mm、高度为 60 mm,内壁光滑无暗缝的金属制品;

(3)天平:量程为 100 g、感量为 0.01 g,量程为 1 000 g、感量为 1 g;

(4)Marsh 筒:直管部分由不锈钢材料制成,锥形漏斗部分由不锈钢或由表面光滑的耐蚀材料制成,如图 3.9 所示;

(5)刮刀、玻璃板(ϕ400 mm×5 mm)、卡尺(量程为 300 mm,分度值为 1 mm)、秒表(分度值为 0.1 s)、烧杯(400 mL)、量筒(250 mL,分度值为 1 mL)。

2.实验材料

水泥、洁净水、基准减水剂等。

【实验内容及步骤】

1.水泥浆体的配合比:水泥浆体的配合比见表 3.12。

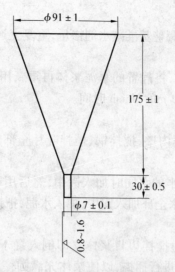

图 3.9　Marsh 筒示意图

表 3.12　每锅浆体的配合比

方法	水泥/g	水/mL	水灰比	基准减水剂 （占水泥的百分比）
Marsh 筒法	500±2	175±1	0.35	0.4 0.6 0.8
流动度法	500±2	145±1	0.29	1.0 1.2 1.4

（1）实验室的温度应保持在（20±2）℃，相对湿度应不低于50%，水泥、水、减水剂和实验用具的温度应和实验室温度保持一致。

（2）根据水泥和减水剂的实际情况，可以增加或减少基准减水剂的掺量点。

（3）减水剂掺量按固态粉剂计算。当使用液态减水剂时，应按减水剂含固量折算为固态粉剂含量，同时在加水量中减去液态减水剂的含水量。

2. Marsh 筒法（标准法）

（1）用湿布将 Marsh 筒、烧杯、搅拌锅、搅拌叶片全部润湿。将烧杯置于 Marsh 筒下料口的下面中间位置，并用湿布覆盖。

（2）将基准减水剂和约一半的水同时加入锅中，然后用剩余的水反复冲洗盛装基准减水剂的容器直至干净，并将全部水加入锅中，加入水泥，把锅固定在搅拌机上，然后按搅拌机的搅拌程序搅拌。

（3）将锅取下，用搅拌勺边搅拌边将浆体立即全部倒入 Marsh 筒内。打开阀门，让浆体自由流下并计时，当浆体注入烧杯达到 200 mL 时停止计时，此时间即为初始 Marsh 时间。

（4）让 Marsh 筒内的浆体全部流下，无遗留地回收到搅拌锅内，并采取适当的方法密封静置以防水分蒸发。

（5）清洁 Marsh 筒、烧杯，调整基准减水剂掺量，重复上述步骤，依次测定基准减水剂各掺量下的初始 Marsh 时间。

（6）自加水泥起 60 min 时，将静置的水泥浆体再重新用搅拌机搅拌，重复（3），依次测定基准减水剂各掺量下的 60 min Marsh 时间。

3. 净浆流动度法（代用法）

（1）用湿布把玻璃板、圆模内壁、搅拌锅、搅拌叶片全部润湿。将圆模置于玻璃板的中间位置，并用湿布覆盖。

（2）将基准减水剂和约一半的水同时加入锅中，然后用剩余的水反复冲洗盛装基准减水剂的容器直至干净，并将水全部加入锅中，加入水泥，把锅固定在搅拌机上，然后按搅拌机的搅拌程序搅拌。

（3）将锅取下，用搅拌勺边搅拌边将浆体立即倒入置于玻璃板中间位置的圆模内。对于流动性差的浆体要用刮刀进行插捣，以使浆体充满圆模。用刮刀将高出圆模的浆体刮除并抹平，立即稳定提起圆模。圆模提起后，应用刮刀将黏附于圆模内壁上的浆体尽量刮下，以保证每次实验的浆体量基本相同。提起圆模 1 min 后，用卡尺测量最长径及其垂直方向的直径，二者的平均值即为初始流动度值。

（4）快速将玻璃板上的浆体用刮刀无遗留地回收到搅拌锅内，密封静置以防水分蒸发。

（5）清洁玻璃板、圆模，调整基准减水剂掺量，重复上述步骤，依次测定基准减水剂各掺量下的初始流动度值。

（6）自加水泥起 60 min 时，将静置的水泥浆体再重新用搅拌机搅拌，重复（3），依次测定基准减水剂各掺量下的 60 min 流动度值。

4. 数据处理

（1）经时损失率的计算：用初始流动度或 Marsh 时间与 60 min 流动度或 Marsh 时间的相对差值表示（结果保留到小数点后一位），即

$$FL = \frac{T_{60} - T_{in}}{T_{in}} \times 100 \qquad (1)$$

或

$$FL = \frac{F_{in} - F_{60}}{F_{in}} \times 100 \qquad (2)$$

式中　　FL——经时损失率，%；

　　　　T_{in}——初始 Marsh 时间，s；

　　　　T_{60}——60 min Marsh 时间，s；

　　　　F_{in}——初始流动度，mm；

　　　　F_{60}——60 min 流动度，mm。

（2）饱和掺量点的确定：以减水剂掺量为横坐标、净浆流动度或 Marsh 时间为纵坐标作曲线图，然后作两直线段为曲线的趋势线，两趋势线的交点的横坐标即为饱和掺量点。处理方法示例于图 3.10。

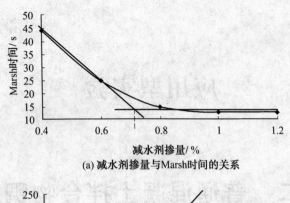

(a) 减水剂掺量与Marsh时间的关系

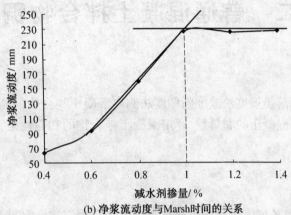

(b) 净浆流动度与Marsh时间的关系

图 3.10 饱和掺量点确定示意图

5. 结果表示

用饱和掺量点、基准减水剂 0.8% 掺量时的初始 Marsh 时间或流动度、基准减水剂 0.8% 掺量时的经时损失率作为评价水泥与减水剂相容性的参数。

【注意事项】

基准减水剂就是用来评价水泥与减水剂相容性的减水剂,也可由实验者自行选择,但要保证质量稳定、均匀。

【思考题】

(1)什么叫水泥与减水剂的相容性?
(2)什么叫减水剂饱和掺量点?
(3)什么叫流动度经时损失率?

应用型实验

实验十二　普通混凝土拌合物稠度实验

【实验目的】

通过坍落度与坍落扩展度法或维勃稠度法测定混凝土拌合物的稠度,从而检验和控制混凝土工程或预制混凝土的和易性;评定混凝土拌合物的和易性是否符合施工工艺要求。

【实验原理】

(1)坍落度与坍落扩展度法是通过提起坍落度筒后测定筒内混凝土下落的高度或者坍落成饼的直径的定量实验方法加上定性实验方法来评价混凝土的流动性、粘聚性、保水性即和易性。

(2)维勃稠度法是通过测定将一定量的混凝土振动密实到规定程度所需时间来评价干硬性混凝土的和易性。

【实验设备及材料】

(1)坍落度筒:由 1.5 mm 厚的钢板或其他金属制成的圆台形筒;

(2)捣棒、小铲、钢尺、拌板、抹刀等;

(3)维勃稠度仪(见图 3.11);

(4)振动台:振动频率为(50±3) Hz,空载振幅约为 0.5 mm。

【实验内容及步骤】

1.取样及实验室试样制备

(1)取样。应从同一盘混凝土或同一车混凝土中取样。取样量应多于实验所需量的1.5 倍且宜不小于 20 L,并在 15 min 内取样完毕,然后人工搅拌均匀。

(2)实验室试样制备。实验室拌合混凝土时,材料用量均以质量计。称量精度:骨料为±1%;水、水泥、掺合料、外加剂均为±0.5%。每盘混凝土的最小搅拌量应符合表 3.13的规定;当采用机械搅拌时,其搅拌量不应小于搅拌机额定搅拌量的1/4。

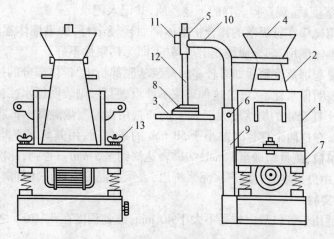

图 3.11　维勃稠度仪

1—容器;2—坍落度筒(无脚踏板);3—透明圆盘;4—喂料斗;5—套筒;6—定位
螺丝;7—振动台;8—荷重;9—支柱;10—旋转架;11—测杆螺丝;12—测杆;13—
固定螺丝

表 3.13　实验室制备混凝土的最小搅拌量

骨料最大粒径/mm	拌合物数量/L
31.5 及以下	15
40	25

2. 坍落度与坍落扩展度实验

(1)本方法适用于骨料最大粒径不大于 40 mm,坍落度不小于 10 mm 的混凝土拌合物稠度测定。

(2)湿润坍落度筒及其他用具,并把筒放在不吸水的刚性水平底板上,然后用脚踩住二边的脚踏板,使坍落度筒在装料时保持位置固定。

(3)把按要求取得的混凝土试样用小铲分三层均匀地装入筒内,使捣实后每层高度为筒高的 1/3 左右。每层用捣棒插捣 25 次。插捣应沿螺旋方向由外向中心进行,各次插捣应在截面上均匀分布。插捣筒边混凝土时,捣棒可以稍稍倾斜。插捣底层时,捣棒应贯穿整个深度,插捣第二层和顶层时,捣棒应插透本层至下一层的表面。浇灌顶层时,混凝土应灌到高出筒口。插捣过程中,如混凝土沉落到低于筒口,则应随时添加。顶层插捣完后,刮去多余的混凝土并用抹刀抹平。

(4)清除筒边底板上的混凝土后,垂直平稳地提起坍落度筒。坍落度筒的提离过程应在 5~10 s 内完成;从开始装料到提起坍落度筒的整个过程应不间断地进行,并应在150 s 内完成。

(5)提起坍落度筒后,测量筒高与坍落后混凝土试体最高点之间的高度差,即为该混凝土拌合物的坍落度值(以 mm 为单位,测量精确至 1 mm,结果表达修约至 5 mm)。如混凝土发生崩坍或一边剪坏现象,则应重新取样另行测定;如第二次仍出现这种现象,则表示该拌合物的和易性不好,记录备查。

（6）测定坍落度后，观察拌合物的下述性质，并记入记录。

①黏聚性：用捣棒在已坍落的拌合物锥体侧面轻轻击打，如果锥体逐渐下沉，表示粘聚性良好；如果锥体倒坍、部分崩裂或出现离析，即为粘聚性不好。

②保水性：提起坍落度筒后如有较多的稀浆从底部析出，锥体部分的拌合物也因失浆而骨料外露，则表明保水性不好；若这种现象不严重、明显，则表明保水性良好。

（7）当混凝土拌合物的坍落度大于 220 mm 时，用钢尺测量混凝土扩展后最终的最大直径和最小直径，在这两个直径之差小于 50 mm 的条件下，用其算术平均值作为坍落扩展度（以 mm 为单位，测量精确至 1 mm，结果表达修约至 5 mm）；否则，此次实验无效。如果发现粗骨料在中央集堆或边缘有水泥浆析出，表示此混凝土拌合物抗离析性不好。

3. 维勃稠度实验

（1）本方法适用于骨料最大粒径不大于 40 mm，维勃稠度在 5~30 s 之间的混凝土拌合物稠度测定。

（2）将维勃稠度仪放置在坚实水平面上，用湿布把容器、坍落度筒、喂料斗内壁及其他用具润湿。将喂料斗提到坍落度筒上方扣紧，校正容器位置，使其中心与喂料中心重合，然后拧紧固定螺丝。

（3）将试样用小铲分三层经喂料斗均匀装入坍落度筒内。装料及插捣方法同坍落度实验。将圆盘、喂料斗都转离坍落度筒，小心并垂直地提起坍落度筒，此时并应注意不使混凝土试体产生横向的扭动。再将透明圆盘转到混凝土圆台体顶面，放松测杆螺钉，降下圆盘，使它轻轻地接触到混凝土顶面，拧紧定位螺钉并检查测杆螺钉是否已经完全放松。同时开启振动台和秒表，当振动到透明圆盘的底面被水泥浆布满的瞬间停止计时，并关闭振动台。由秒表读得的时间（精确至 1 s）即为该混凝土拌合物的维勃稠度值。

【注意事项】

有时当测得混凝土拌合物的坍落度达不到要求，或粘聚性、保水性认为不满意时，可同时掺入备用的 5% 或 10% 的水泥和水；当坍落度过大时，可酌情增加砂和石子，尽快拌合均匀，重做坍落度测定。

【思考题】

（1）什么叫混凝土的工作性？它包含哪四部分内容？
（2）影响混凝土流动性的因素有哪些？影响规律如何？

实验十三　普通混凝土拌合物表观密度实验

【实验目的】

测定混凝土拌合物捣实后的单位体积质量即表观密度,为混凝土配合比设计或实际生产提供理论指导。

【实验原理】

通过测定按一定方法装入已知容积容量筒的混凝土拌合物的质量来测定表观密度。

【实验设备及材料】

(1)容量筒:金属制成的圆筒。对骨料最大粒径不大于 40 mm 的拌合物采用容积为 5 L 的容量筒,其内径与内高均为(186±2)mm,筒壁厚为 3 mm;骨料最大粒径大于 40 mm 时,容量筒的内径与内高均应大于骨料最大粒径的 4 倍;

(2)台秤:称量为 50 kg,感量为 50 g;

(3)振动台:混凝土实验室用振动台,振动频率为(50±3) Hz,空载振幅约为 0.5 mm;

(4)捣棒、玻璃板、刮尺等。

【实验内容及步骤】

(1)容量筒容积标定:用玻璃板覆盖住容量筒的顶面,称出玻璃板和空桶的质量,然后向容量筒中灌入清水,当水接近上口时,一边不断加水,一边把玻璃板沿筒口徐徐推入,盖严,应注意使玻璃板下不带入气泡;然后擦净玻璃板面及筒壁外的水分,将容量筒连同玻璃板放在台秤上称其质量;两次质量之差(kg)即为容量筒的容积(L)。

(2)用湿布把容量筒内外擦干净,称出容量筒质量,精确至 50 g。

(3)混凝土的装料及捣实方法应根据拌合物的稠度而定。坍落度不大于 70 mm 的混凝土,用振动台振实为宜:即一次将混凝土拌合物灌到高出容量筒口,可用捣棒稍加插捣,振动过程中如混凝土低于筒口,应随时添加混凝土,振动直至表面出浆为止。大于 70 mm 的用捣棒捣实为宜:当用 5 L 的容量筒时,混凝土拌合物应分两层装入,每层的插捣次数应为 25 次;用大于 5 L 的容量筒时,每层混凝土的高度不应大于 100 mm,每层插捣次数应按每 10 000 mm^2 截面不小于 12 次计算。各次插捣应由边缘向中心均匀地插捣,插捣底层时捣棒应贯穿整个深度,插捣第二层时,捣棒应插透本层至下一层的表面;每一层捣完后用橡皮锤轻轻沿容器外壁敲打 5~10 次,进行振实,直至拌合物表面插捣孔消失并不见大气泡为止。

（4）用刮尺将筒口多余的混凝土拌合物刮去，表面如有凹陷应填平；将容量筒外壁擦干净，称出混凝土试样与容量筒总质量，精确至 50 g。

（5）混凝土拌合物表观密度按下式计算（精确至 10 kg/m^3）：

$$\gamma_h = \frac{W_2 - W_1}{V} \times 1\ 000$$

式中 γ_h——表观密度，kg/m^3；

W_1——容量筒质量，kg；

W_2——容量筒和试样总质量，kg；

V——容量筒容积，L。

【注意事项】

如要检测现场混凝土的表观密度，宜用与现场相同的成型方法成型。

【思考题】

普通混凝土的表观密度大概在什么范围？

实验十四　普通混凝土拌合物凝结时间测定

【实验目的】

测定不同水泥品种、不同外加剂品种和掺量、不同掺合料品种和掺量、不同混凝土配合比以及不同环境温度下混凝土拌合物的凝结时间,以控制现场施工流程。

【实验原理】

用不同截面积的金属测针,在一定时间内,竖直插入混凝土拌合物筛出的砂浆中,以达到一定的深度时所受阻力值的大小即贯入阻力法作为衡量凝结时间的标准。

【实验设备及材料】

(1)贯入阻力仪:可以是手动的,也可以是自动的,如图 3.12 所示,由下列部分组成。

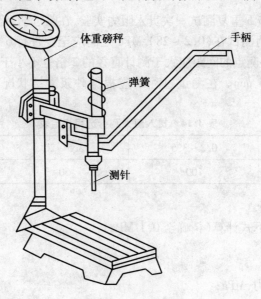

图 3.12　贯入阻力仪

①加荷装置:最大测量值应不小于 1 000 N,精度为 ±10 N;

②测针:长为 100 mm,承压面积有 100 mm²、50 mm² 和 20 mm² 三种;

③砂浆试样筒:上口径为 160 mm、下口径为 150 mm、净高为 150 mm 刚性不透水的金属圆筒,并配有盖子;

④标准筛:孔径为 5 mm 的金属圆孔筛。

（2）钢制捣棒：直径为 16 mm，长为 650 mm，一端为弹头形。

（3）铁制拌合板、吸液管和玻璃片等。

【实验内容及步骤】

（1）试样制备。参照实验十二实验内容及步骤中取样及实验室试样制备方法取混凝土拌合物试样，用 5 mm 筛尽快地筛出砂浆，再经人工翻拌后，将砂浆一次分别装入三个试样筒中，做三个实验。取样混凝土坍落度不大于 70 mm 的混凝土宜用振动台振实砂浆，振动直至表面出浆为止；取样混凝土坍落度大于 70 mm 的宜用捣棒人工捣实，应沿螺旋方向由外向中心均匀插捣 25 次，然后用橡皮锤轻轻敲打筒壁，直至插捣孔消失为止。振实或插捣后，砂浆表面应低于砂浆试样筒口约 10 mm。砂浆试样筒应立即加盖。

（2）砂浆试样制备完毕，编号后静置于温度为（20±2）℃的环境中或现场同条件下待试，并在以后的整个测试过程中，一直保持这种条件并除在吸取泌水或进行贯入实验外，试样筒应始终加盖。

（3）贯入阻力实验：根据拌合物性能，确定测针实验时间，将一片 20 mm 厚的垫块垫入筒底一侧使其倾斜，用吸管吸去表面的泌水后复原，然后将砂浆试样筒放在贯入阻力仪上，使测针端部与砂浆表面接触，然后在（10±2）s 内均匀地使测针贯入砂浆（25±2）mm 深度，记录贯入压力，精确至 10 N；记录测试时间（从水泥与水接触瞬间开始计时），精确至 1 min。

（4）以后每隔 0.5 h 重复测试一次贯入阻力实验，在临近初、终凝时可增加测定次数。对每个试样，贯入阻力测试在（0.2~28）MPa 之间应至少进行 6 次，直至贯入阻力大于 28 MPa 为止。注意各测点的间距应大于测针直径的 2 倍且不小于 15 mm，测点与试样筒壁的距离应不小于 25 mm。在测试过程中应根据砂浆凝结状况，适时更换测针（见表 3.14）。

表 3.14　贯入阻力测针选用规定表

贯入阻力/MPa	0.2~3.5	3.5~20	20~28
测针面积/mm²	100	50	20

（5）实验结果分析

①贯入阻力应按下式计算（精确至 0.1 MPa）：

$$f_{PR} = \frac{P}{A} \tag{1}$$

式中　f_{PR}——贯入阻力，MPa；

　　　P——贯入压力，N；

　　　A——测针面积，mm²。

②凝结时间宜通过线性回归方法确定，是将贯入阻力 f_{PR} 和时间 t 分别取自然对数 $\ln f_{PR}$ 和 $\ln t$，然后把 $\ln f_{PR}$ 当做自变量，$\ln t$ 当做因变量作线性回归得到回归方程式：

$$\ln t = A + B \ln f_{PR} \tag{2}$$

当贯入阻力为 3.5 MPa 时为初凝时间 t_s，贯入阻力为 28 MPa 时为终凝时间 t_e（其中

A、B 为线性回归系数）：

$$t_s = e^{(A+B\ln 3.5)} \tag{3}$$

$$t_e = e^{(A+B\ln 28)} \tag{4}$$

凝结时间也可用绘图拟合方法确定，是以贯入阻力为纵坐标，经过的时间为横坐标，绘制出贯入阻力与时间之间的关系曲线，以贯入阻力达 3.5 MPa 为混凝土的初凝时间，达 28 MPa 为混凝土的终凝时间。

③用三个实验结果的初凝和终凝时间的算术平均值作为此次实验的初、终凝时间。如果三个测值的最大值或最小值中有一个与中间值之差超过中间值的 10%，则以中间值为实验结果；如果最大值和最小值与中间值之差均超过中间值的 10% 时，则此次实验无效。凝结时间用 h：min 表示，并修约至 5 min。

【注意事项】

（1）混凝土湿筛困难时，允许按混凝土中砂浆的配合比直接称料用人工拌成砂浆，但应按石子吸水率扣除水量；

（2）关于确定测针实验开始时间，随各种拌合物的性能不同而不同。在一般情况下，基准混凝土在成型后 2~3 h、掺早强剂的混凝土在 1~2 h、掺缓凝剂的混凝土在 4~6 h 后开始用测针测试；

（3）在每次垫块吸水时，应避免试样筒振动，以免扰动被测砂浆。在测试贯入阻力时，应掌握好测针的贯入速度；

（4）本实验适用于坍落度不为零的混凝土拌合物凝结时间的测定。

【思考题】

（1）影响混凝土凝结时间的因素有哪些？影响规律如何？

（2）若混凝土工程实际中出现了不正常凝结，会产生怎样的后果？

实验十五 普通混凝土力学性能实验

【实验目的】

力学性能是作为结构材料的普通混凝土的重要性能。本实验通过测定普通混凝土的立方体抗压强度、劈裂抗拉强度、抗折强度,检验和控制混凝土工程或预制混凝土构件的质量;评定混凝土的强度等级;检验混凝土是否符合结构设计要求。

【实验原理】

(1)混凝土的立方体抗压强度实验是在立方体试件的非成型面上作用均匀分布的压力直至试件破坏,从而测出混凝土的立方体抗压强度。

(2)混凝土的劈裂抗拉强度实验是在立方体试件的两个相对的表面素线上作用均匀分布的压力,使在荷载所作用的竖向平面内产生均匀分布的拉伸应力,当拉伸应力达到混凝土极限抗拉强度时,试件将被劈裂破坏,从而可以测出混凝土的劈裂抗拉强度。

(3)混凝土的抗折强度是用棱柱体试件在抗折机上折断,从而测出混凝土的抗折强度。

【实验设备及材料】

(1)压力试验机:测量精度为±1%;试件破坏荷载应大于压力机全量程的20%且小于压力机全量程的80%;应具有加荷速度指示装置或加荷速度控制装置,并应能均匀、连续加荷。

(2)抗折试验机:可以是抗折试验机、万能试验机或带有抗折实验架的压力试验机。所有这些试验机均应带有能使两个相等的荷载同时作用在小梁跨度三分点处的装置(见图3.13)。试件的支座和加荷头应采用直径为 20～40 mm、长度不小于($b+10$)mm 的硬钢圆柱,支座立脚点固定铰支,其他应为滚动支点。试验机的测量精度和量程要求与上述压力试验机相同。

(3)振动台:振动频率为(50±3) Hz,空载振幅约为 0.5 mm。

(4)混凝土标准试模。

(5)垫块、垫条与支架:劈裂抗拉强度实验应采用半径为 75 mm 的钢制弧形垫块,其横截面尺寸如图3.14所示,垫块的长度与试件相同。垫条为三层胶合板制成,宽度为 20 mm,厚度为 3～4 mm,长度不小于试件长度,垫条不得重复使用。支架为钢支架(见图3.15)。

(6)捣棒、小铁铲、钢尺、抹刀等。

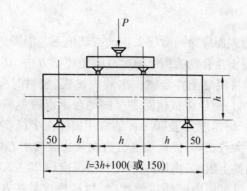

图 3.13　抗折实验示意图

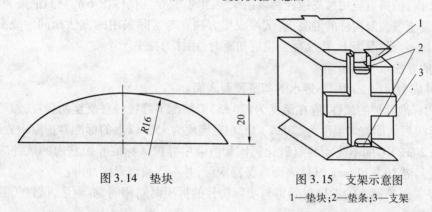

图 3.14　垫块

图 3.15　支架示意图

1—垫块;2—垫条;3—支架

【实验内容及步骤】

1.试件的尺寸和形状

(1)试件的尺寸。应根据混凝土中骨料的最大粒径按表 3.15 选定。

表 3.15　混凝土试件尺寸选用表

试件横截面尺寸/mm	骨料最大粒径/mm	
	劈裂抗拉强度实验	其他实验
100×100	20	31.5
150×150	40	40
200×200	—	63

(2)试件的形状:抗压强度和劈裂抗拉强度试件应符合下列规定:边长为 150 mm 的立方体试件是标准试件;边长为 100 mm 和 200 mm 的立方体试件是非标准试件。抗折强度试件应符合下列规定:边长为 150 mm×150 mm×600 mm(或 550 mm)的棱柱体试件是标准试件;边长为 100 mm×100 mm×400 mm 的棱柱体试件是非标准试件。

2.试件的制作

(1)取样及实验室试样制备。普通混凝土力学性能实验以三个试件为一组。每组试件所用拌合物取样及在实验室拌制混凝土试样方法参照实验十二实验内容及步骤中取样及实验室试样制备。

（2）成型前。试模内表面应涂一薄层矿物油或其他不与混凝土发生反应的脱模剂。

（3）成型。根据混凝土拌合物的稠度确定混凝土成型方法。坍落度不大于 70 mm 的混凝土宜用振动振实：即将混凝土拌合物一次装入试模，装料时应用抹刀沿各试模壁插捣，并使拌合物高出试模口；然后将试模固定在振动台上以避免振动时跳动；开动振动台至拌合物表面出浆为止。坍落度大于 70 mm 的宜用捣棒人工捣实，即将混凝土拌合物分两层装入试模，每层厚度大致相等；插捣按螺旋方向从边缘向中心均匀进行，插捣底层时，捣棒应达到试模底部，插捣上层时，捣棒应穿入下层深度约 20～30 mm；插捣时捣棒保持垂直不得倾斜，并用抹刀沿试模内壁插拔数次；每层插捣次数按在 10 000 mm² 截面积内不得少于 12 次；插捣后应用橡皮锤轻轻敲击试模四周，直至插捣棒留下的空洞消失为止。检验现浇混凝土或预制构件的混凝土，试件成型方法宜与实际采用的方法相同。成型后刮除试模上口多余的混凝土，待混凝土临近初凝时，用抹刀抹平。

3. 试件的养护

（1）试件成型后应立即用不透水的薄膜覆盖表面。

（2）采用标准养护的试件，应在温度为（20±5）℃情况下静置一昼夜至两昼夜，然后编号、拆模。拆模后立即放入温度为（20±2）℃，相对湿度为 95% 以上的标准养护室中养护，或在温度为（20±2）℃的不流动的氢氧化钙饱和溶液中养护。标准养护室内的试件应放在架上，彼此间隔 10～20 mm，试件表面应保持潮湿，并不得被水直接冲淋。

（3）同条件养护试件的拆模时间可与实际构件的拆模时间相同，拆模后，试件仍需保持同条件养护。

（4）标准养护龄期为 28 d（从搅拌加水开始计时）。

4. 立方体抗压强度实验

（1）试件自养护地点取出后应及时进行实验，将试件表面与上下承压板面擦干净。将试件安放在下承压板上，试件的承压面应与成型时的顶面垂直。试件的中心应与试验机下压板中心对准，开动试验机，当上压板与试件接近时，调整球座，使接触均衡。

（2）加压时，应连续而均匀地加荷。加荷速度应为：混凝土强度等级小于 C30 时，取每秒（0.3～0.5）MPa；混凝土强度等级大于等于 C30 且小于 C60 时，取每秒 0.5～0.8 MPa；混凝土强度等级大于等于 C60 时，取每秒 0.8～1.0 MPa。

（3）当试件接近破坏而开始急剧变形时，停止调整试验机油门，直至试件破坏。然后记录破坏荷载 $F(\mathrm{N})$。

（4）立方体抗压强度实验结果按下式计算（精确至 0.1 MPa）：

$$f_{cc压} = \frac{F}{A} \tag{1}$$

式中　$f_{cc压}$——混凝土立方体试件抗压强度，MPa；

　　　F——试件破坏荷载，N；

　　　A——试件承压面积，mm²。

（5）以三个试件测值的算术平均值作为该组试件的抗压强度值（精确至 0.1 MPa）。如果三个测值中的最小值或最大值中有一个与中间值的差值超过中间值的 15% 时，则把最大及最小值一并舍去,取中间值作为该组试件的抗压强度值;如最大和最小值与中间值相差均超过中间值的15%,则此组实验无效。

(6)混凝土强度等级小于C60时,用非标准试件测得的强度值均应乘以尺寸换算系数,其值为:对200 mm×200 mm×200 mm试件为1.05;对100 mm×100 mm×100 mm试件为0.95。当混凝土强度等级大于等于C60时,宜采用标准试件;使用非标准试件时,尺寸换算系数应由实验确定。

5. 劈裂抗拉强度实验

(1)试件自养护地点取出后应及时进行实验,将试件表面与上下承压板面擦干净。

(2)将试件放在压力机下压板的中心位置,劈裂承压面和劈裂面应与试件成型时的顶面垂直;在上下压板与试件之间垫以垫块及垫条各一条,垫块与垫条应与试件上、下面的中心线对准并与成型时的顶面垂直。宜把垫条及试件安装在定位架上使用(见图3.15)。

(3)开动试验机,当上压板与垫块接近时,调整球座,使接触均衡。加荷应连续均匀,加荷速度为:当混凝土强度等级小于C30时,取每秒0.02~0.05 MPa;当强度等级大于等于C30且小于C60时,取每秒0.05~0.08 MPa;当混凝土强度等级大于等于C60时,取每秒0.08~0.10 MPa,至试件接近破坏时,停止调整试验机油门,直至试件破坏,然后记录破坏荷载。

(4)劈裂抗拉强度实验结果按下式计算(精确至0.01 MPa):

$$f_{ts} = \frac{2F}{\pi A} = 0.637 \frac{F}{A} \tag{2}$$

式中 f_{ts}——混凝土劈裂抗拉强度,MPa;

F——试件破坏荷载,N;

A——试件劈裂面面积,mm^2。

(5)以三个试件测值的算术平均值作为该组试件的劈裂抗拉强度值(精确至0.01 MPa)。其异常数据的取舍原则同立方体抗压强度实验。

(6)采用100 mm×100 mm×100 mm非标准试件测得的劈裂抗拉强度值,应乘以尺寸换算系数0.85;当混凝土强度等级大于等于C60时,宜采用标准试件;使用非标准试件时,尺寸换算系数应由实验确定。

6. 抗折强度实验

(1)试件从养护地点取出后应及时进行实验,将试件表面擦干净。按图3.13装置试件,安装尺寸偏差不得大于1 mm。试件的承压面应为试件成型时的侧面。支座及承压面与圆柱的接触面应平稳、均匀,否则应垫平。

(2)施加荷载应保持均匀、连续。加荷速度应为:混凝土强度等级小于C30时,取每秒0.02~0.05 MPa;混凝土强度等级大于等于C30且小于C60时,取每秒0.05~0.08 MPa;混凝土强度等级大于等于C60时,取每秒0.08~0.10 MPa,至试件接近破坏时,停止调整试验机油门,直至试件破坏,然后记录破坏荷载及试件下边缘断裂位置。

(3)抗折强度实验结果计算。若试件下边缘断裂位置处于两个集中载荷作用线之间,按下式计算(精确至0.1 MPa):

$$f_f = \frac{Fl}{bh^2} \tag{3}$$

式中 f_f——混凝土抗折强度,MPa;

F——试件破坏荷载,N;

l——支座间距离即跨度,mm;

b——试件截面宽度,mm;

h——试件截面高度,mm。

(4)以三个试件测值的算术平均值作为该组试件的抗折强度值。其异常数据的取舍原则同立方体抗压强度实验。

(5)三个试件中如有一个折断面位于两个集中荷载之外,则该试件的实验结果予以舍弃,混凝土抗折强度按另两个试件的实验结果计算。若这两个测值的差值不大于这两个测值的较小值的15%时,则该组试件的抗折强度值按这两个测值的平均值计算,否则该组试件的实验无效。如有两个试件的下边缘断裂位置位于两个集中荷载作用线之外,则该组实验作废。

(6)采用 100 mm×100 mm×400 mm 非标准试件时,取得的抗折强度值应乘以尺寸换算系数 0.85;当混凝土强度等级大于等于 C60 时,宜采用标准试件;使用非标准试件时,尺寸换算系数应由实验确定。

【注意事项】

(1)当混凝土强度等级大于等于 C60 时,实验时试件周围应设防崩裂网罩。

(2)在试验机表盘上读取破坏荷载时,应注意刻度范围和称量范围一致。

【思考题】

(1)影响混凝土强度的因素有哪些?影响规律如何?

(2)什么叫混凝土立方体抗压强度标准值?

实验十六　混凝土抗冻性实验

【实验目的】

掌握混凝土抗冻实验的两种方法,即慢冻法和快冻法,从而掌握混凝土抗冻性的评定,因为混凝土的抗冻性是寒冷地区结构设计的重要依据。

【实验原理】

通过检测混凝土在一定冻融条件下冻融循环次数、强度变化、质量损失、弹性模量的变化等来评定混凝土的抗冻性能。

【实验设备及材料】

1. 慢冻法仪器设备

(1)冷冻箱:装有试件后能使箱内温度保持在(-15 ~ -20)℃范围内;

(2)融解水槽:装有试件后能使水的温度保持在(15 ~ 20)℃范围内;

(3)框篮:用钢筋焊成,其尺寸应与所装的试件相适应;

(4)案秤:称量为 10 kg,感量为 5 g。

(5)压力试验机:精度至少为±2%,其量程应能使试件的预期破坏荷载值不小于全量程的 20%,也不大于全量程的 80%。试验机上、下压板及试件之间可备钢垫板,钢垫板两承压面均应机型加工,与试件接触的压板或垫板的尺寸应大于试件承压面,其不平度应不超过 0.02 mm/100 mm。

2. 快冻法仪器设备

(1)冷冻箱:能使试件静止在水中不动,依靠热交换液体的温度变化而连续、自动地进行冻融的装置。满载运行时冻融箱内各点温度极差不得超过 2 ℃。

(2)试件盒:由 1 ~ 2 mm 厚的钢板制成,其净截面尺寸为 110 mm×110 mm,高度应比试件高出 50 ~ 100 mm,试件底部垫起后,盒内水面至少高出试件顶面 5 mm。

(3)动弹性模量测定仪:共振法或敲击法动弹性模量测定仪。

(4)案秤:称量为 10 kg,感量为 5 g,或称量为 20 kg,感量为 10 g。

(5)热电偶、电位差计:能在-20 ~ +20 ℃范围内测定试件中心温度,测量精度不低于±0.5 ℃。

【实验内容及步骤】

1. 慢冻法

慢冻法混凝土抗冻性能实验采用立方体试件,试件尺寸及冻结时间根据混凝土中骨料的最大粒径按表 3.16 选定。

表 3.16 慢冻法所用试件尺寸选用表

试件尺寸/mm	骨料最大粒径/mm	冻结时间/h
100×100×100	30	≥4
150×150×150	40	≥4
200×200×200	60	≥6

每次实验所需的试件组数应符合表 3.17 的规定,每组试件应为三块。

表 3.17 慢冻法所需混凝土试件组数

设计抗冻标号	D25	D30	D100	D150	D200	D250	D300
检查强度时冻融循环次数	25	50	50 及 100	100 及 150	150 及 200	200 及 250	250 及 300
鉴定 28 d 强度所需试件组数	1	1	1	1	1	1	1
冻融试件组数	1	1	2	2	2	2	2
对比试件组数	1	1	2	2	2	2	2
试件总组数	3	3	5	5	5	5	5

(1)如无特殊要求,试件应在 28 d 龄期时进行冻融实验,实验前 4 d 应把冻融试件从养护地点取出,进行外观检查,随后放在 15~25 ℃ 水中浸泡,浸泡时水面至少应高出试件顶面 20 mm,冻融试件浸泡 4 d 后进行冻融实验。对比试件则应保留在标准养护室内,直到完成冻融循环后,与抗冻试件同时试压。

(2)浸泡完毕后,取出试件,用湿布擦除表面水分,称重,按编号置入框篮后即可放入冷冻箱开始冻融实验。在箱内,框篮应架空,试件与框篮接触处应垫以垫条,并保证至少留有 20 mm 的空隙,框篮中各试件间至少保持 50 mm 的空隙。抗冻实验冻结温度应保持在 -15~-20 ℃ 范围内,试件在箱内温度到达 -20 ℃ 时放入,装完试件如温度有较大的升高,则以温度重新降到 -15 ℃ 时起计算冻结时间。每次从装完试件到重新降至 -15 ℃ 所需时间不应超过 2 h。冷冻箱内温度均以中心处温度为准。

(3)每次循环试件的冻结时间应按其尺寸而定。对 100 mm×100 mm×100 mm 及 150 mm×150 mm×150 mm 试件的冻结时不应小于 4 h,对 200 mm×200 mm×200 mm 试件不应小于 6 h。如果在冷冻箱内进行不同规格尺寸试件的冻结实验,其冻结时间应按最大尺寸试件计。

(4)冻结实验结束后,试件即可取出并应立即放入能使水温保持在 15~20 ℃ 的水槽中进行融化。此时,槽中水面应至少高出试件表面 20 mm,试件在水中融化时间不应小于 4 h。融化完毕即为该次冻融循环结束,取出试件送入冷冻箱进行下一次循环实验。

（5）混凝土试件到达表 3.17 规定的冻融循环次数后，即应进行抗压强度实验，抗压实验前应对试件称重并进行外观检查，详细记录试件表面破损、裂缝及边角缺损情况。如试件表面破损严重，则应用石膏找平后再进行试压。

（6）实验结果处理

①强度损失率 Δf_c

$$\Delta f_c = (f_{c0} - f_{cn})/f_{c0} \times 100\% \tag{1}$$

式中　Δf_c——n 次冻融循环后的混凝土的强度损失率，以三个试件的平均值计算，%；

　　　f_{c0}——对比试件的抗压强度的平均值，MPa；

　　　f_{cn}——经 n 次冻融循环后的三个试件的抗压强度的平均值，MPa。

②质量损失率 ΔW_n

$$\Delta W_n = (G_0 - G_n)/G_0 \times 100\% \tag{2}$$

式中　ΔW_n——n 次冻融循环后的质量损失率，以三个试件的平均值计算，%；

　　　G_0——冻融实验前的试件的质量，kg；

　　　G_n——经 n 次冻融循环后的试件的质量，kg。

③抗冻标号。混凝土的抗冻标号以同时满足强度损失率不超过 25% 及质量损失率不超过 5% 的最大循环次数来表示。慢冻法用于检验混凝土的抗冻性能，以抗冻标号表示，抗冻标号分为 D25、D50、D150、D200、D250、D300 等级。

2. 快冻法

采用 100 mm×100 mm×400 mm 的棱柱体试件。混凝土试件每组三块，在实验过程中可连续使用。除制作冻融试件外，尚应制备同样形状尺寸中心埋有热电偶的测温试件，制作测温试件所用混凝土的抗冻性能应高于冻融试件。

（1）如无特殊要求，试件应在 28 d 龄期时进行冻融实验，实验前 4 d 应把冻融试件从养护地点取出，进行外观检查，随后放在 15～25 ℃水中浸泡，浸泡时水面至少应高出试件顶面 20 mm，冻融试件浸泡 4 d 后进行冻融实验。浸泡完毕后，取出试件，用湿布擦除表面水分，称重，并用动弹性模量测定仪测定其横向基频的初始值。

（2）将试件放入试件盒内，为了使试件受温均衡，并消除试件周围因水分结冰引起的附加压力，试件的侧面与底部应垫放适当宽度与厚度的橡胶板，在整个实验过程中，盒内水位高度应始终保持高出试件顶面 5 mm 左右。然后把试件盒放入冻融箱内，其中装有测温试件的试件盒应放在冻融箱的中心位置，此时即可开始冻融循环。

（3）冻融循环过程应符合下列要求：每次冻融循环应在 2～4 h 内完成，其中用于融化的时间不得小于整个冻融时间的 1/4；在冻结和融化终了时，试件中心温度应分别控制在（-17±2）℃和（8±2）℃；每块试件从 6 ℃降至-15 ℃所用时间不得少于冻结时间的 1/2。每块试件从-15 ℃升至 6 ℃所用时间不得少于整个融化时间的 1/2，试件内外温差不宜超过 28 ℃；冻融转换时间不宜超过 10 min。

（4）试件一般应每隔 25 次循环做一次横向基频测量，测量前应将试件表面浮渣清洗干净，擦去表面水分，并检查其外部损伤及质量损失。测完后，立即将试件掉一个头重新装入试件盒内。试件的测量、称重及外观检查应尽量迅速，以免水分损失。

（5）冻融到达以下条件之一即可停止实验：已经达到 300 次循环；相对动弹性模量下

降到60%;质量损失率达5%。

（6）实验结果处理

①混凝土试件的相对动弹性模量

$$P = f_n^2 / f_0^2 \times 100\% \tag{3}$$

式中　P——经 n 次冻融循环后试件的相对动弹性模量，以三个试件的平均值计算，%；

　　　f_n—— n 次冻融循环后试件的横向基频，Hz；

　　　f_0——冻融循环实验前测定的试件的横向基频初始值，Hz。

②质量损失率

$$\Delta W_n = (G_0 - G_n) / G_0 \times 100\% \tag{4}$$

式中　ΔW_n—— n 次冻融循环后的质量损失率，以三个试件的平均值计算，%；

　　　G_0——冻融实验前试件的质量，kg；

　　　G_n——经 n 次冻融循环后试件的质量，kg。

③混凝土的快速冻融循环应以同时满足相对动弹性模量值不小于60%及质量损失率不超过5%的最大循环次数来表示。

$$K_n = P \times N / 300 \tag{5}$$

式中　K_n——混凝土耐久性系数；

　　　N——满足冻融循环实验停止条件时的冻融循环次数；

　　　P——经 n 次冻融循环后试件的相对动弹性模量。

【注意事项】

1. 慢冻法实验注意事项

（1）应经常对冻融试件进行外观检查，发现有严重破坏时应进行称重，如试件的平均失重率超过5%，即可停止其冻融循环实验。

（2）在冻融过程中，因故需中断实验，为避免失水和影响强度，应将冻融试件移入标准养护室保存，直至恢复冻融实验为止，同时还应将故障原因及暂停时间在实验结果中注明。

2. 快冻法实验注意事项

（1）为保证试件在冷冻液中冻结时温度稳定均衡，当有一部分试件停冻取出时，应另用试件填充空位。

（2）如冻融循环因故中断，试件应保持在冻结状态，并最好能将试件保存在原容器内用冰块围住，如无这一可能，则应将材料在潮湿状态下用防水材料包裹，加以密封，并存放在（-17±2）℃的冷冻室或冰箱中。

（3）试件处在融解状态下的时间不宜超过两个循环。特殊情况下，超过两个循环周期的次数，在整个实验过程中只允许1~2次。

【思考题】

（1）如何提高混凝土的抗冻性？

（2）相同的试件，用慢冻法和快冻法，实验结果是否有差异？

实验十七　混凝土抗渗性实验

【实验目的】

混凝土的抗渗性是指混凝土在水、油等液体压力作用下，抵抗渗透的性能。混凝土的抗渗性主要检验混凝土抵抗压力水渗透的能力，是水利工程、地下建筑等有抗渗要求结构设计的主要依据。此外，混凝土抗渗性能对混凝土的抗冻性和抗侵蚀性有直接影响。

【实验原理】

按规定方法制作混凝土抗渗试件，养护到一定龄期后，封闭试件侧面水的通道，让压力水作用在试件的底面。检测水渗透过一定厚度的混凝土试件所要到达的压力值，用此压力值来评价混凝土的抗渗性。

【实验设备及材料】

（1）混凝土抗渗仪：能使水压按规定的制度稳定地作用在试件上的装置（见图 3.16），工作压力范围为 0.1~10 MPa。

（2）加压装置：用于把侧面涂有密封材料的试件压入抗渗仪的试件的套中。

（3）密封材料：石蜡∶黄油 = 5∶1。

（4）油灰刀、电炉（1 kW）等。

图 3.16　混凝土抗渗仪

【实验内容及步骤】

（1）试件要求：抗渗性能实验应用顶面直径为 175 mm，底面直径为 185 mm，高度为 150 mm 的圆台体或直径与高度均为 150 mm 的圆柱体试件（视抗渗设备要求而定）。抗渗试件以 6 个为一组。试件成型后 24 h 拆模，用钢丝刷刷去两端面水泥浆膜，然后送入标准养护室养护。试件一般养护至 28 d 龄期进行实验，如有特殊要求，可在其他龄期进行。

（2）将试件养护至 28 d 后，在 105±5 ℃下烘干，冷却至 50~60 ℃；再将试件套加热至 60~80 ℃，同时用电炉将石蜡与黄油融化至液体。

（3）将温度为 50~60 ℃试件在融化的密封材料中转动，使试件的侧面粘上一层均匀的薄层密封材料，如涂层较薄可再涂一层，然后立即将试件放入已预热并水平倒置的试件套中，再将试件套连同试件同时倒置，并用加压装置将试件压入试件套中至试件底面与试件套底沿平齐。清除试件底面与顶面的密封材料,并用钢丝刷将底面打毛。

（4）将试件套安装座内注满水,然后将装好的试件套安装在安装座内,对角旋紧螺母,打开抗渗仪开关,使水压达到一定值,打开相应的阀门,观察试件周围是否有渗水现象;如有漏水,先将阀门关闭,将水压升至较大压力,之后再将阀门打开,用水压将试件顶起,以封住漏水点;如仍不能封住漏水点,需将试件套卸下,退出试件,重复前述步骤,重新安装。如此将6个带试件的试件套全部安装就位。

（5）实验从水压为0.1 MPa 开始,以后每隔8 h 增加水压0.1 MPa,并随时注意端面渗水情况。当6个试件中有3个试件端面呈有渗水现象时即可停止实验,记录下当时的水压(H)。

（6）实验结果处理:混凝土的抗渗标号以每组6个试件中3个试件出现渗水时的最大水压计算,其公式为

$$P = 10H - 1 \tag{1}$$

式中　P——抗渗标号;

H——6个试件中3个出现渗水时的最大水压力,MPa。

【注意事项】

对混凝土的抗渗性能起重要作用的因素有:水灰比及拌合物的和易性、水泥用量、砂率及其相应的灰砂比。此外,水泥品种、砂石颗粒级配、石子品种和最大粒径、养护条件及养护方式等,对混凝土的抗渗性能都产生不同程度的影响。

混凝土抗渗标号分级为 P2、P4、P6、P8、P10、P12 等,抗渗标号法的优点是简便、直观,但是抗渗标号法也存在一些不实用和不尽合理的问题,主要表现在如下几点:

（1）按抗渗标号的分级来评定混凝土的渗透性,不能确切地反映出混凝土的渗透性能,同一数量级下的渗透系数,其混凝土抗渗标号有较大差异。

（2）混凝土抗渗标号不便于在土木建筑物上使用,也难以将现场的压水结果与之联系。

（3）混凝土的抗渗标号不能直接用于混凝土结构设计上的透水性计算。

【思考题】

（1）混凝土抗渗性能受哪些因素影响?

（2）采用抗渗标号表示混凝土抗渗性能的优缺点?

实验十八 混凝土抗碳化性能实验

【实验目的】

混凝土的碳化是指空气中的二氧化碳在有水存在的条件下,与水泥中的氢氧化钙反应生成碳酸钙和水的过程。碳化过程是二氧化碳由表及里向混凝土内部逐渐扩散的过程。碳化过程会造成混凝土碱度下降,减弱对钢筋的防锈保护作用,同时造成混凝土显著收缩,使得混凝土表面产生拉应力,导致混凝土中出现微裂纹,从而降低混凝土抗拉、抗折强度。

本实验的目的是掌握混凝土抗碳化性能检测方法及评价抗碳化性能的方法。

【实验原理】

按规定方法制作混凝土抗碳化试件,养护到一定龄期后,除留一个或相对的两个侧面外,封闭试件其他表面。试件在密闭容器中于恒定的温度及湿度,恒定的二氧化碳浓度下静置一定时间后测量其碳化深度,用此碳化深度来评价混凝土的抗碳化性能。

【实验设备及材料】

(1)碳化箱:带有密闭盖的密闭容器,容器的容积至少应为进行实验的试件体积的两倍。箱内应有架空试件的铁架,二氧化碳引入口,分析取样用的气体引出口,箱内气体对流循环装置,温湿度测量以及为保持箱内恒温恒湿所需的设施。必要时,可设玻璃观察口以对箱内的温湿度进行读数;

(2)气体分析仪:能分析箱内气体中二氧化碳浓度,精确到1%;

(3)二氧化碳供气装置:包括气瓶、压力表及流量计;

(4)密封材料:石蜡。

【实验内容及步骤】

(1)试件要求:碳化实验采用棱柱体混凝土试件,以三块为一组,试件的最小边长应符合表3.18要求,棱柱体的高宽比应不小于3。

试件一般应在28 d龄期进行碳化,采用掺合料的混凝土可根据其特性决定碳化前的养护龄期。碳化实验的试件宜采用标准养护。

(2)将试件养护至28 d后,在60 ℃下烘48 h。经烘干处理后的试件,除留下一个或相对的两个侧面外,其余表面应用加热的石蜡予以密封。在侧面顺长度方向用铅笔以10 mm间距画出平行线,以预定碳化深度的测量点。

表 3.18　碳化实验试件尺寸选用表

试件最小边长/mm	骨料最大粒径/mm
100	30
150	40
200	60

（3）将经过处理的试件放入碳化箱内的铁架上，各试件经受碳化的表面之间的间距至少应不小于 50 mm。

（4）将碳化箱盖严密封。开动箱内气体对流装置，徐徐充入二氧化碳，并测定箱内的二氧化碳浓度，逐步调节二氧化碳的流量，使箱内的二氧化碳浓度保持在（20±3）%。在整个实验期间可用去湿装置或放入硅胶，使箱内的相对湿度控制在 70±5% 的范围内。碳化实验应在（20±5）℃的温度下进行。

（5）每隔一定时期对箱内的二氧化碳浓度、温度和湿度作一次测定。一般在第一、二天每隔 2 h 测定一次，以后每隔 4 h 测定一次，并根据所测得的二氧化碳浓度随时调节其流量。去湿用的硅胶应经常更换。

（6）碳化到了 3、7、14 及 28 d 时，各取出试件破型以测定其碳化深度。棱柱体试件在压力试验机上用劈裂法从一端开始破型。每次切除的厚度约为试件宽度的一半，用石蜡将破型后试件的切断面封好，再放入箱内继续碳化，直到下一个实验期。

（7）将切除所得的试件部分刮去断面上残余的粉末，随即喷上（或滴上）浓度为 1% 的酚酞酒精溶液（含 20% 蒸馏水）。经 30 s 后，按原先标划的每 10 mm 一个测量点用钢板尺分别测出两侧面各点的碳化深度。如果测点处的碳化分界线上刚好嵌有粗骨料颗粒，则可取颗粒两侧处碳化深度的平均值作为该点的深度值。碳化深度测量精度至 1 mm。

（8）实验结果处理：混凝土在各实验龄期时的平均碳化深度应按下式计算，精确到 0.1 mm。

$$\bar{d}_t = \frac{\sum\limits_{l=1}^{n} d_l}{n} \tag{1}$$

式中　$\bar{d}_t$——试件碳化 t 天后的平均碳化深度，mm；

　　　d_l——两个侧面上各测点的碳化深度，mm；

　　　n——两个侧面上的测点总数。

以在标准条件下（即二氧化碳浓度为（20±3）%，温度为（20±5）℃，湿度为（70±5）%）的三个试件碳化 28 d 的碳化深度平均值作为供相互对比用的混凝土碳化值，以此值来对比各种混凝土的抗碳化能力及对钢筋的保护作用。

以各龄期计算所得的碳化深度绘制碳化时间与碳化深度的关系曲线，以表示在该条件下的混凝土碳化发展规律。

【注意事项】

(1)碳化箱密封采用机械办法或油封,不可采用水封以免影响箱内的湿度调节。

(2)石蜡密封侧面时如一次密封后仍有部分未被密封,可采取二次密封,保证密封面不被二氧化碳渗透。

【思考题】

(1)碳化作用对混凝土性能的影响?

(2)影响碳化速度的主要因素有哪些?如何提高混凝土的碳化性能?

实验十九　混凝土收缩性能实验

【实验目的】

混凝土按收缩的原因分为干燥、冷缩(又称温度收缩)和碳化收缩等,主要与原材料性质、配合比、养护方法等有关。不均匀的收缩将在制品和构件中产生次内力,甚至发生裂缝,影响混凝土的质量和耐久性。

测定混凝土收缩性能方法分为非接触法和接触法两种。

【实验原理】

非接触法实验的目的是掌握早龄期混凝土的自由收缩变形或无约束状态下混凝土自收缩变形的测量方法。

接触法实验的目的是掌握在无约束和规定的温湿度条件下硬化混凝土试件的收缩变形性能测定方法。

【实验设备及材料】

1. 非接触法混凝土收缩性能实验仪器设备

(1)非接触法混凝土收缩变形测定仪(见图3.17):应设计成整机一体化装置,并应具备自动采集和处理数据,能设定采样时间间隔等功能。整个测试装置(含试件、传感器等)应固定于具有避振功能的固定式实验台面上。

(2)反射靶与试模:应有可靠方式将反射靶固定于试模上,使反射靶在试件成型浇注振动过程中不会移位偏斜,且在成型完成后能保证反射靶与试模之间的摩擦力尽可能小。试模应采用具有足够刚度的钢模,且本身的收缩变形应小。试模的长度应能保证混凝土试件的测量标距不小于400 mm。

(3)传感器:测量量程不小于试件测量标距长度的0.5%或量程不小于1 mm,测试精度不低于0.002 mm。应采用可靠方式将传感器测头固定,并应能使测头在测量整个过程中与试模相对位置保持固定不变。实验过程中应能保证反射靶能够随着混凝土收缩而同步移动。

2. 接触法混凝土收缩性能实验仪器设备

(1)标准杆:测量混凝土收缩变形的装置上应具有硬钢或石英玻璃制作的标准杆。

(2)收缩测量装置:可采用下列形式之一。

①卧式混凝土收缩仪(见图3.18):测量标距应为540 mm,并应装有精度为±0.001 mm的千分表或测微仪。

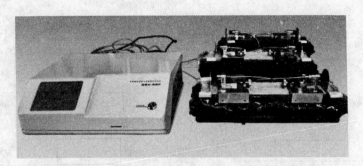

图 3.17　非接触法混凝土收缩变形测定仪

②立式混凝土收缩仪(见图 3.19):标距和测微器同卧式混凝土收缩仪。

③其他形式的变形测量仪表:标距不应小于 100 mm 及骨料最大粒径的 3 倍,并至少能达到±0.001 mm 的测量精度。

图 3.18　卧式混凝土收缩仪

图 3.19　立式混凝土收缩仪

(3)试件和测头的要求

①试件要求。采用 100 mm×100 mm×515 mm 的棱柱体试件,每组应为 3 个试件。

②采用卧式混凝土收缩仪时,试件两端应预埋测头或留有埋测头的凹槽(见图 3.20)。卧式收缩实验用测头应由不锈钢或其他不锈的材料制成。

③采用立式混凝土收缩仪时,试件一端中心应预埋测头,立式收缩测试用测头的另外一端宜采用 M20 mm×35 mm 的螺栓(螺纹通长),并应与立式混凝土收缩仪底座固定。螺栓和测头都应预埋进去(见图 3.21)。

④采用接触法引伸仪时,所有试件的长度应至少比仪器的测量标距长出一个截面边长。测头应粘贴在试件两侧面的轴线上。

⑤使用混凝土收缩仪时,制作试件的试模应具有能固定测头或预留凹槽的端板。使用接触法引伸仪时,可用一般棱柱体试模制作试件。

【实验内容及步骤】

1.非接触法混凝土收缩性能实验

(1)试件要求:采用 100 mm×100 mm×515 mm 的棱柱体试件,每组应为三个试件。

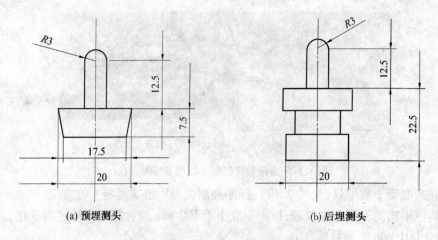

(a) 预埋测头   (b) 后埋测头

图 3.20　卧式收缩实验用测头(单位:mm)

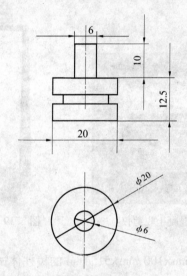

图 3.21　立式收缩实验用测头(单位:mm)

（2）实验在温度为(20±2)℃,相对湿度为(60±5)%的恒温恒湿条件下进行,非接触法收缩实验应带模进行测试。

（3）试模准备后,应在试模内涂刷润滑油,然后在试模内铺设两层塑料薄膜或者放置一片聚四氟乙烯片,且应在薄膜或聚四氟乙烯片与试模接触的面上均匀涂抹一层润滑油。应将反射靶固定在试模两端。

（4）将混凝土拌合物浇注入试模后,应振动成型并抹平,然后应立即带模移入恒温恒湿室。成型试件的同时,应测定混凝土的初凝时间。混凝土初凝实验和早龄期收缩实验的环境应相同。当混凝土初凝时,应开始测读试件左右两侧的初始读数,此后至少每隔1 h或按设定的时间间隔测定试件两侧的变形读数。

（5）实验结果处理。混凝土收缩率按下式计算:

$$\varepsilon_{st} = \frac{(L_{10}-L_{1t})+(L_{20}-L_{2t})}{L_0} \tag{1}$$

式中 ε_{st}——测试期为 $t(h)$ 的混凝土收缩率,t 从初始读数时算起;

L_{10}——左侧非接触法位移传感器初始读数,mm;

L_{1t}——左侧非接触法位移传感器测试期为 $t(h)$ 的读数,mm;

L_{20}——右侧非接触法位移传感器初始读数,mm;

L_{2t}——右侧非接触法位移传感器测试期为 $t(h)$ 的读数,mm;

L_0——试件测量标距(mm),等于试件长度减去试件中两个反射靶沿试件长度方向埋入试件中的长度之和。

每组应取三个试件测试结果的算术平均值作为该组混凝土试件的早龄期收缩测定值,计算应精确到 1.0×10^{-6}。作为相对比较的混凝土早龄期收缩值应以 3 d 龄期测试得到的混凝土收缩值为准。

2. 接触法混凝土收缩性能实验

(1)试模准备后,应在试模内涂刷润滑油,然后在试模内铺设两层塑料薄膜或者放置一片聚四氟乙烯片,且应在薄膜或聚四氟乙烯片与试模接触的面上均匀涂抹一层润滑油。应将反射靶固定在试模两端。

(2)将混凝土拌合物浇注入试模后,应振动成型并抹平,然后应立即带模移入恒温恒湿室。成型试件的同时,应测定混凝土的初凝时间。混凝土初凝实验和早龄期收缩实验的环境应相同。当混凝土初凝时,应开始测读试件左右两侧的初始读数,此后至少每隔 1 h 或按设定的时间间隔测定试件两侧的变形读数。

(3)收缩实验应在恒温恒湿环境中进行,室温应保持在 (20 ± 2)℃,相对湿度保持在 (65 ± 5)%。试件应放置在不吸水的搁架上,底面应架空,每个试件之间的间隙应大于 30 mm。

(4)测定代表某一混凝土收缩性能的特征值时,试件应在 3 d 龄期时(从混凝土搅拌加水时算起)从标准养护室取出,并应立即移入恒温恒湿室测定其初始长度。此后应至少按下列规定的时间间隔测量其变形读数:1 d、3 d、7 d、14 d、28 d、45 d、60 d、90 d、120 d、150 d、180 d、360 d(从移入恒温恒湿室内计时)。

(5)测定混凝土在某一具体条件下的相对收缩值时(包括在徐变实验时的混凝土收缩变形测定)应按要求的条件进行实验,对非标准养护试件,当需要移入恒温恒湿室进行实验时,应先在该室内预置 4 h,再测其初始值。测量时应记下试件的初始干湿状态。

(6)收缩测量前应先用标准杆校正仪表的零点,并应在测定过程中至少再重校 1~2 次,其中一次应在全部试件测读完后进行。当复核时发现零点与原值偏差超过 ±0.001 mm 时,应调零后重新测量。

(7)实验结果处理。混凝土收缩率按下式计算:

$$\varepsilon_{st}=\frac{L_0-L_t}{L_b} \tag{2}$$

式中 ε_{st}——测试期为 $t(d)$ 的混凝土收缩率,t 从测定初始长度时算起;

L_0——试件长度的初始读数,mm;

L_t——试件在实验期为 $t(d)$ 时测得的长度读数,mm;

L_b——试件的测量标距,用于混凝土收缩仪测量时应等于两测头内侧的距离,即等于混凝土试件长度(不计测头凸出部分)减去两个测头埋入深度之和 (mm)。采用接触法引伸仪时,为仪器的测量标距。

每组应取三个试件测试结果的算术平均值作为该组混凝土收缩测定值,计算应精确到 $1.0×10^{-6}$。作为相对比较的混凝土收缩值应为不密封试件于 180 d 所测得的收缩率值。可将不密封试件于 360 d 所测得的收缩率值作为该混凝土的终极收缩率值。

【注意事项】

1. 非接触法混凝土收缩性能实验

(1)在整个测试过程中,试件在变形测定仪上放置的位置、方向始终应保持固定不变。

(2)需要测定混凝土自收缩值的试件,应在浇注振捣后立即采用塑料薄膜作密封处理。

2. 接触法混凝土收缩性能实验

(1)收缩试件成型时不得使用机油等憎水性脱模剂。试件成型后应带模养护 1 ~ 2 d,并保证拆模时不损伤试件。

(2)对于没有埋设测头的试件,拆模后应立即粘贴或埋设测头。

(3)试件拆模后,应立即送至温度为(20±2)℃,相对湿度为 95% 以上的标准养护室养护。

(4)采用卧式收缩仪时,试件每次放置的位置和方向均应保持一致。试件上应标明相应的方向记号。试件在放置及取出时应轻稳仔细,不得碰撞表架及表杆。当发生碰撞时,应取下试件,并应重新以标准杆复核零点。

(5)采用立式收缩仪时,整套测试装置应放在不易受外部振动影响的地方。读数时宜轻敲仪表或上下轻轻滑动测头。安装立式混凝土收缩仪的测试台应有减振装置。

(6)用接触法引伸仪测量时,应使每次测量时试件与仪表保持相对固定的位置和方向,每次读数应重复三次。

【思考题】

(1)混凝土收缩是由哪些原因造成的?
(2)混凝土收缩受哪些因素的影响?

实验二十 混凝土早期抗裂性能实验

【实验目的】

本实验测试混凝土试件在约束条件下的早期抗裂性能。

【实验原理】

通过测定特定模具内受约束混凝土试件(24±0.5)h 后的平均开裂面积、单位面积上的裂缝数目、单位面积上的总开裂面积来评定混凝土的早期抗裂性能。

【实验设备及材料】

(1)钢制模具:尺寸为 800 mm×600 mm×100 mm(见图 3.22),模具的四边(包括长侧板和短侧板)宜采用槽钢或角钢焊接而成,侧板厚度不应小于 5 mm,模具四边与底板宜通过螺栓固定在一起。模具内应设有 7 根裂缝诱导器,裂缝诱导器可分别用 50 mm×50 mm、40 mm×40 mm 角钢和 5 mm×50 mm 钢板焊接组成,并应平行于模具短边。底板应采用不小于 5 mm 厚的钢板,并应在底板表面铺设聚乙烯薄膜或聚四氟乙烯片做隔离层。模具应作为测试装置的一个部分,测试时应与试件连在一起。

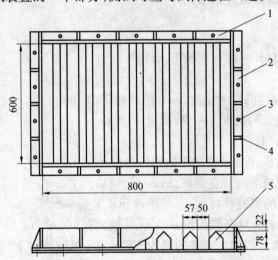

图 3.22 混凝土早期抗裂实验装置示意图

1—长侧板;2—短侧板;3—螺栓;4—加强肋;5—裂缝诱导器;6—底板

(2)风扇:风速可调,且应能够保证试件表面中心处的风速不小于 5 m/s。

（3）刻度放大镜：放大倍数不应小于 40 倍,分度值不应大于 0.01 mm。

（4）照明装置（手电筒或其他简易装置）、温度计、钢直尺（最小刻度应为 1 mm）。

【实验内容及步骤】

（1）实验宜在温度为（20±2）℃、相对湿度为（60±5）％的恒温恒湿室中进行。将混凝土浇筑到模具内以后,应立即将混凝土摊平,且表面应比模具边框略高。可使用平板表面式振捣器或者采用振捣棒插捣,应控制好振捣时间,并应防止过振和欠振。振捣后,用抹子整平表面,使骨料不外露且表面平实。

（2）试件成型 30 min 后,立即调节风扇位置和风速,使试件表面中心正上方 100 mm 处风速为（5±0.5）m/s,并使风向平行于试件表面和裂缝诱导器。

（3）实验时间应从混凝土搅拌加水开始计算,应在（24±0.5）h 测读裂缝。裂缝长度应用钢直尺测量,并应取裂缝两端直线距离为裂缝长度。当一个刀口上有两条裂缝时,可将两条裂缝的长度相加,折算成一条裂缝。

（4）裂缝宽度应采用放大倍数不小于 40 倍的读数显微镜进行测量,并应测量每条裂缝的最大宽度。

（5）平均开裂面积、单位面积的裂缝数目和单位面积上的总开裂面积应根据混凝土浇筑 24 h 测量得到裂缝数据来计算。

（6）实验结果计算及其确定应符合下列规定:

① 每条裂缝的平均开裂面积应按下式计算:

$$a = \frac{1}{2N} \sum_{i=1}^{N} (W_i \times L_i) \tag{1}$$

② 单位面积的裂缝数目应按下式计算:

$$b = \frac{N}{A} \tag{2}$$

③ 单位面积上的总开裂面积应按下式计算:

$$c = ab \tag{3}$$

式中　W_i——第 i 条裂缝的最大宽度,mm,精确到 0.01 mm;

L_i——第 i 条裂缝的长度,mm,精确到 0.01 mm;

N——总裂缝数目,条;

A——平板的面积,m^2,精确到小数点后两位;

a——每条裂缝的平均开裂面积,mm^2/条,精确到 1 mm^2/条;

b——单位面积的裂缝数目,条/m^2,精确到 0.1 条/m^2;

c——单位面积上的总开裂面积,mm^2/m^2,精确到 1 mm^2/m^2。

④ 每组应分别以两个或多个试件的平均开裂面积（单位面积上的裂缝数目或单位面积上的总开裂面积）的算术平均值作为该组试件平均开裂面积（单位面积上的裂缝数目或单位面积上的总开裂面积）的测定值。

【注意事项】

(1)每组试件所用的拌合物应从同一盘混凝土或同一车混凝土中取样；

(2)在制作试件时,不应采用憎水性脱模剂。

【思考题】

(1)造成混凝土开裂的原因有哪些? 采取何种措施改善?

(2)混凝土开裂造成哪些危害?

实验二十一　砂浆稠度实验

【实验目的】

砂浆在使用过程中,需要达到适宜的流动性即稠度才能施工。本实验的目的是掌握建筑砂浆稠度的测定方法,用来确定配合比或施工过程中控制砂浆的流动性。

【实验原理】

砂浆的稠度与砂浆的用水量和外加剂等有关,砂浆稠度不同时,一定质量的试锥沉入砂浆的深度也不相同,本实验用试锥沉入砂浆的深度来表示砂浆的稠度。

【实验设备及材料】

(1)砂浆稠度仪(见图3.23)由试锥、容器和支座三部分组成。试锥由钢材或铜材制成,试锥高度为145 mm,锥底直径为75 mm,试锥连同滑杆的质量为(300±2)g;承载砂浆容器由钢板制成,筒高为180 mm,锥底内径为150 mm;支座分底座、支架及刻度显示三个部分,由铸铁、钢及其他金属制成。

(2)钢制捣棒(直径为10 mm,长350 mm,端头磨圆)、秒表等。

图3.23　砂浆稠度仪

【实验内容及步骤】

(1)用少量润滑油轻擦滑杆,再将滑杆上多余的油用吸油纸擦净,使滑杆能自由滑动。

(2)用湿布擦净盛浆容器和试锥表面,将砂浆拌合物一次装入容器,使砂浆表面低于容器口约10 mm。用捣棒自容器中心向边缘均匀地插捣25次,然后轻轻地将容器摇动或敲击5~6下,使砂浆表面平整,然后将容器置于稠度仪的底座上。

(3)拧松制动螺丝,向下移动滑杆,当试锥尖端与砂浆表面刚接触时,拧紧制动螺丝,使齿条测杆下端刚接触滑杆上端,读出刻度盘上的读数(精确至1 mm)。

(4)拧松制动螺丝,同时计时间,10 s时立即拧紧螺丝,将齿条测杆下端接触滑杆上端,从刻度盘上读出下沉深度(精确至1 mm),二次读数的差值即为砂浆的稠度值。

(5)盛装容器内的砂浆,只允许测定一次稠度,重复测定时,应重新取样测定。

(6)实验结果处理:取两次实验结果的算术平均值,计算精确至1 mm;两次实验之差如果大于10 mm,则应重新取样测定。

【注意事项】

（1）向盛浆容器中装入砂浆试样前，一定要将砂浆翻拌均匀。

（2）实验时应将刻度盘牢牢固定在相应位置，不得松动，以免影响测量精度。

【思考题】

砂浆稠度与哪些因素有关？

实验二十二 砂浆分层度实验

【实验目的】

掌握砂浆分层度测定方法,从而了解砂浆分层度的意义及评定方法。

【实验原理】

砂浆分层度是衡量砂浆拌合物在运输及停放时内部组分稳定性的一个指标。通过测定砂浆的初始流动度和停放一定时间后的流动度的变化来表示砂浆分层度。

【实验设备及材料】

(1)砂浆分层度筒(见图3.24):内径为150 mm,上节高度为200 mm,下节带底净高度为100 mm,金属板制作,上下层连接处需加宽到3~5 mm,并设有橡胶垫圈,防止漏水。

(2)砂浆稠度仪、木槌等。

图3.24 砂浆分层度筒

【实验内容及步骤】

(1)首先将砂浆拌合物按砂浆稠度实验方法测定稠度。

(2)将砂浆拌合物一次装入分层度筒内,待装满后,用木槌在容器周围距离大致相等的四个地方轻轻敲击1~2下,如砂浆沉落低于筒口,应随时添加,然后刮去多余的砂浆并用抹刀抹平。

(3)静置30 min后,去掉上节200 mm砂浆,剩余的100 mm砂浆倒出后在拌合锅内拌制2 min,再测定其稠度,前后测得的稠度之差即为该砂浆的分层度值(mm)。

(4)实验结果处理:取两次实验结果的算术平均值(精确至1 mm)作为该砂浆的分层度值;两次分层度实验值之差如果大于10 mm,则应重新取样测定。

【注意事项】

(1)向盛浆容器中装入砂浆试样前,一定要将砂浆翻拌均匀。

(2)实验时应将刻度盘牢牢固定在相应位置,不得松动,以免影响测量精度。

【思考题】

影响砂浆分层度的因素有哪些?

实验二十三　砂浆抗压强度实验

【实验目的】

目前我国采用立方体抗压强度作为检验砂浆强度的标准方法。本实验的目的是掌握砂浆立方体试件制作和强度测试方法，掌握砂浆强度的计算方法和评定方法。从而可以划分砂浆标号、评定砂浆质量。

【实验原理】

按规定方法制作砂浆立方体试件，养护到一定龄期后，在压力机上进行抗压强度实验，测试试件所能承受的最大荷载，即可计算出试件的抗压强度。

【实验设备及材料】

（1）试模：尺寸为70.7 mm×70.7 mm×70.7 mm 的带底试模，材质为铸铁或钢材，应具有足够的刚度并拆装方便。试模的内表面应机械加工，其不平度为不超过0.05 mm/100 mm，组装后各相邻面的不垂直度不应超过±0.5°。

（2）钢制捣棒：直径为10 mm，长为350 mm，端部应磨圆。

（3）压力试验机：精度为1%，试件破坏荷载应不小于压力机量程的20%，且不大于全量程的80%。

（4）垫板：试验机上下压板及试件之间可垫以钢垫板，垫板的尺寸应大于试件的承压面，其不平度应不超过0.02 mm/100 mm。

（5）振动台：空载中台面的垂直振幅应为（0.5±0.05）mm，空载频率应为（50±3）Hz，空载台面振幅均匀度不大于10%，一次实验至少能固定（或用磁力吸盘）三个试模。

【实验内容及步骤】

（1）试模准备。采用立方体试件，每组试件三个。应用黄油等密封材料涂抹试模的外接缝，试模内涂刷薄层机油或脱模剂，将拌制好的砂浆一次性装满砂浆试模，成型方法根据稠度而定。当稠度大于等于50 mm 时采用人工振捣成型，当稠度小于50 mm 时采用振动台振实成型。

（2）成型。人工振捣：用捣棒均匀地由边缘向中心按螺旋方式插捣25 次，插捣过程中如砂浆沉落低于试模口，应随时添加砂浆，可用油灰刀插捣数次，并用手将试模一边抬高5～10 mm 各振动5 次，使砂浆高出试模顶面6～8 mm；机械振动：将砂浆一次装满试模，放置到振动台上，振动时试模不得跳动，振动5～10 s 或持续到表面出浆为止；不得过振。

（3）成型后待表面水分稍干后，将高出试模部分的砂浆沿试模顶面刮去并抹平。

（4）养护：试件制作后应在室温为（20±5）℃的环境下静置（24±2）h，当气温较低时，可适当延长时间，但不应超过两昼夜，然后对试件进行编号、拆模。试件拆模后应立即放入温度为（20±2）℃，相对湿度为90%以上的标准养护室中养护。养护期间，试件彼此间隔不小于10 mm，混合砂浆试件上面应覆盖塑料布以防有水滴在试件上。

（5）试件从养护地点取出后，应尽快进行实验，以免试件内部的温、湿度发生显著变化。实验前先将试件表面擦干净，测量尺寸，并检查外观。试件尺寸测量精确至1 mm，并据此计算试件的承压面积。若实测尺寸与公称尺寸之差不超过1 mm，可按公称尺寸进行计算。

（6）将试件安放在加压板上，试件的承压面应与成型时的顶面垂直，试件中心应与试验机下压板中心对准。开动试验机，当上压板和试件接近时，调整球座，使接触面均衡受压。承压试件应连续均匀地加荷，加荷速度为0.5~1.5 kN/s（砂浆强度为5 MPa及为5 MPa以下时，取下限为宜；砂浆强度为5 MPa以上时，取上限为宜）。当试件接近破坏而开始迅速变形时，停止调整试验机油门，直至试件破坏，记录破坏荷载。

（7）实验结果处理。砂浆立方体抗压强度应按下式计算：

$$F_{m,cu} = K \times N_u / A \qquad (1)$$

式中 $F_{m,cu}$——砂浆立方体抗压强度，计算结果精确至0.1 MPa；

N_u——试件破坏荷载，N；

A——试件承压面积，mm^2；

K——换算系数，取1.35。

以三个试件测值的算术平均作为该组试件的砂浆立方体试件抗压强度平均值（精确至0.1 MPa）。当三个测值的最大值或最小值中有一个与中间值的差值超过中间值的15%时，则把最大值及最小值一并舍去，取中间值作为该组试件的抗压强度值；如有两个测值与中间值的差值均超过中间值的15%时，则该组试件的实验结果无效。

【注意事项】

（1）试模在装入砂浆前，应在内壁涂刷薄层机油或脱模剂。

（2）由于砂浆强度较低，因此在拆模时，应格外小心，以免碰边掉角。

（3）试压时，一定要按规定速度加荷，不能过快，因为砂浆强度不高，过快加压可能造成试件突然破碎，而无法读取压力数值。

【思考题】

砂浆抗压强度的影响因素有哪些？

实验二十四　蒸压加气混凝土砌块实验

【实验目的】

学会检测蒸压加气混凝土的主要性能：干密度、含水率、吸水率、抗压强度、抗冻性，从而评价和控制蒸压加气混凝土砌块的质量。

【实验原理】

将蒸压加气混凝土制品切割成规定尺寸的标准试件进行测量：
(1)干密度即干燥状态下的表观密度；
(2)含水率即试件所含水量占干燥质量的百分比；
(3)吸水率即试件吸水饱和后的含水率；
(4)抗压强度即单位面积上所能承受的最大压力；
(5)抗冻性用试件冻融循环后的质量损失和强度损失来评价。

【实验设备及材料】

(1)电热鼓风干燥箱：最高温度为 200 ℃；
(2)托盘天平或磅秤：称量为 2 000 g，感量为 1 g；
(3)钢板直尺：规格为 300 mm，分度值为 0.5 mm；
(4)恒温水槽：水温为(15～25)℃；
(5)材料试验机：精度(示值的相对误差)不应低于±2%，其量程的选择应能使试件的预期最大破坏荷载处在全量程的 20%～80% 范围内；
(6)低温箱或冷冻室：最低工作温度-30 ℃以下；
(7)恒温水槽：水温(20±5)℃。

【实验内容及步骤】

1.标准试件制备
(1)试件的制备，采用机锯或刀锯，锯时不得将试件弄湿。
(2)试件应沿制品发气方向中心部分上、中、下顺序锯取一组，"上"块上表面距离制品顶面 30 mm，"中"块在制品正中处，"下"块下表面离制品底面 30 mm。制品的高度不同，试件间隔略有不同，以高度 600 mm 的制品为例，试件锯取部位如图 3.25 所示。
(3)试件为 100 mm×100 mm×100 mm 正立方体，试件表面必须平整，不得有裂缝或明显缺陷，尺寸允许偏差为±2 mm。试件要编号，标明锯取部位和发气方向。

2. 干密度、含水率、吸水率测定

（1）取试件一组三块，逐块量取长、宽、高三个方向的轴线尺寸，精确至 1 mm，计算试件的体积 V(mm³)；并称取试件质量 M(g，精确至 1 g)。

（2）将试件放入电热鼓风干燥箱内，在(60 ± 5)℃下保温 24 h，然后在(80 ± 5)℃下保温 24 h，再在(105 ± 5)℃下烘至恒重 M_0(g，精确至 1 g)。

（3）取另一组三块试件重复（2）的操作后冷却至室温，放入水温为(20 ± 5)℃的恒温水槽内，然后加水至试件高度的 1/3，保持 24 h，再加水至试件高度的 2/3，经 24 h 后，加水高出试件 30 mm 以上，保持 24 h。然后将试件从水中取出，用湿布抹去表面水分，立即称取每块质量 M_g(g，精确至 1 g)。

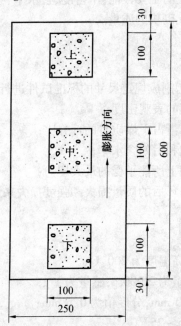

图 3.25　蒸压加气砌块试件锯取示意图(单位：mm)

（4）结果计算与评定

①干密度 r_0(kg/m³)按下式计算：

$$r_0 = \frac{M_0}{V} \times 10^6 \tag{1}$$

②含水率 W_s(%)按下式计算：

$$W_s = \frac{M - M_0}{M_0} \times 100\% \tag{2}$$

③吸水率 W_R(%)按下式计算：

$$W_R = \frac{M_g - M_0}{M_0} \times 100\% \tag{3}$$

上述结果都按三块试件实验的算术平均值进行评定。干密度的计算结果精确至 1 kg/m³，含水率和吸水率的计算结果精确至 0.1%。

3. 抗压强度测定

(1)取试件一组三块,测量试件的尺寸,精确至 1 mm,并计算试件的受压面积 A_1(mm²)。

(2)将试件放在材料试验机下压板的中心位置,试件的受压方向应垂直于制品的发气方向。开动试验机,当上压板与试件接近时,调整球座,使接触均衡。以(2.0±0.5)kN/s 的速度连续而均匀地加荷,直至试件破坏,记录试件破坏荷载 P_1(N)。

(3)将实验后的试件全部或部分立即称取质量,然后在(105±5)℃下烘至恒重,计算其含水率。

(4)结果计算与评定:蒸压加气混凝土抗压强度 f_{cc}(MPa)按下式计算(精确至 0.1 MPa):

$$f_{cc} = \frac{P_1}{A_1} \tag{4}$$

按三块试件实验值的算术平均值进行评定,精确至 0.1 MPa。

4. 抗冻性测定

(1)取立方体试件一组三块放入电热鼓风干燥箱内,在(60±5)℃下保温 24 h,然后在 (80±5)℃下保温 24 h,再在(105±5)℃下烘至恒重。

(2)试件冷却至室温后,立即称取质量 M_0(g,精确至 1 g),然后浸入水温为(20±5)℃恒温水槽中,水面应高出试件 30 mm,保持 48 h。

(3)取出试件,用湿布抹去表面水分,放入预先降温至−15 ℃以下的低温箱或冷冻室中,其间距不小于 20 cm,当温度降至−18 ℃时记录时间。在(−20±2)℃下冻 6 h 取出,放入水温为(20±5)℃的恒温水槽中,融化 5 h 作为一次冻融循环,如此冻融循环 15 次为止。

(4)每隔 5 次循环检查并记录试件在冻融过程中的破坏情况,若发现试件呈明显的破坏,应取出试件,停止冻融实验,并记录冻融次数。

(5)将经 15 次冻融后的试件放入电热鼓风干燥箱内,按(1)规定烘至恒重。试件冷却至室温后,立即称取质量 M_s(g,精确至 1 g)。

(6)将冻融后试件按抗压强度测定的规定,进行抗压强度实验及计算。

(7)结果计算与评定:质量损失率按下式计算:

$$M_m = \frac{M_0 - M_s}{M_0} \times 100 \tag{5}$$

抗冻性按冻融试件的质量损失率平均值和冻后的抗压强度平均值进行评定,质量损失率精确至 0.1%。

【注意事项】

烘至恒重是指在烘干过程中间隔 4 h,前后两次质量差不超过试件质量的 0.5%。

【思考题】

(1)蒸压加气混凝土的生产原料是什么?生产工艺如何?

(2)蒸压加气混凝土砌块根据抗压强度分为哪些强度级别?

(3)蒸压加气混凝土砌块根据干密度分为哪些级别?

实验二十五　普通混凝土小型空心砌块实验

【实验目的】

学会检测普通混凝土小型空心砌块的主要性能:块体密度、空心率、含水率、吸水率、相对含水率、抗压强度、软化系数、抗冻性,从而评价和控制混凝土小型空心砌块的质量。

【实验原理】

(1)块体密度即砌块干燥状态下的表观密度;

(2)空心率即砌块空心体积占总体积的百分率,砌块的绝对体积用排开水的质量来测定,空心体积即总体积减去绝对体积;

(3)吸水率即试件吸水饱和后的含水率;相对含水率是指砌块实际含水量占饱和吸水量的百分率;

(4)抗压强度即单位面积上所能承受的最大压力;

(5)软化系数即饱水状态下的抗压强度和气干状态下的抗压强度的比值;

(6)抗冻性用试件冻融循环后的质量损失和强度损失来评价。

【实验设备及材料】

(1)材料试验机:示值误差应不大于2%,其量程选择应能使试件的预期破坏荷载落在满量程的20%~80%;

(2)冷冻室或低温冰箱:最低温度能达到-20 ℃;

(3)磅秤:最大称量为50 kg,感量为0.05 kg;

(4)电热鼓风干燥箱;

(5)钢板(平面尺寸应大于440 mm×240 mm)、玻璃平板(平面尺寸同钢板)、吊架、水平尺等;

(6)水池或水箱;

(7)水桶:大小应能悬浸一个主规格的砌块。

【实验内容及步骤】

1.块体密度和空心率的测定

(1)试件数量为三个砌块。测量试件的长度、宽度、高度,分别求出各个方向的平均值,计算每个试件的体积 V,精确至 0.001 m³。长度在条面的中间,宽度在顶面的中间,高度在顶面的中间测量。每项在对应两面各测一次,精确至 1 mm。

(2)将试件放入电热鼓风干燥箱内,在(105±5)℃温度下至少干燥 24 h,然后每间隔 2 h 称量一次,直至两次称量之差不超过后一次称量的 0.2% 为止。待试件在电热鼓风干燥箱内冷却至与室温之差不超过 20 ℃后取出,立即称其绝干质量 m,精确至 0.05 kg。

(3)将试件浸入 15~25 ℃的水中,水面应高出试件 20 mm 以上,24 h 后将其分别移到水桶中,称出试件的悬浸质量 m_1,精确至 0.05 kg。称取悬浸质量的方法如下:将磅秤置于平稳的支座上,在支座的下方与磅秤中线重合处放置水桶。在磅秤底盘上放置吊架,用铁丝把试件悬挂在吊架上,此时试件应离开水桶的底面且全部浸泡在水中。将磅秤读数减去吊架和铁丝的质量,即为悬浸质量。

(4)将试件从水中取出,放在铁丝网架上滴水 1 min,再用拧干的湿布拭去内、外表面的水,立即称其面干潮湿状态的质量 m_2,精确至 0.05 kg。

(5)结果计算与评定

①每个试件的块体密度按下式计算:

$$\gamma = \frac{m}{V} \tag{1}$$

块体密度以三个试件块体密度的算术平均值表示,精确至 10 kg/m³。

②每个试件的空心率按下式计算:

$$K_\gamma = \left[1 - \frac{\dfrac{m_2 - m_1}{d}}{V} \right] \times 100\% \tag{2}$$

式中 d——水的密度,1 000 kg/m³。

砌块的空心率以三个试件空心率的算术平均值表示,精确至 1%。

2. 含水率、吸水率和相对含水率测定

(1)试件数量为三个砌块。试件如需运至远离取样处实验,则在取样后应立即用塑料袋包装密封。

(2)试件取样后立即称取其质量 M_0。如试件用塑料袋密封运输,则在拆袋前先将试件连同包装袋一起称量,然后减去包装袋的质量(袋内如有试件中析出的水珠,应将水珠拭干),即得试件在取样时的质量,精确至 0.05 kg。

(3)按 1(2)的方法将试件烘干至恒重,称取其绝干质量 m。

(4)将试件浸入 15~25 ℃的水中,水面应高出试件 20 mm 以上。24 h 后取出,按 1(4)的规定称量试件面干潮湿状态的质量 m_2,精确至 0.05 kg。

(5)结果计算与评定

①每个试件的含水率按下式计算:

$$W_1 = \frac{m_0 - m}{m} \times 100\% \tag{3}$$

砌块的含水率以三个试件含水率的算术平均值表示,精确至 0.1%。

②每个试件的吸水率按下式计算

$$W_2 = \frac{m_2 - m}{m} \times 100\% \tag{4}$$

砌块的吸水率以三个试件吸水率的算术平均值表示,精确至0.1%。

③砌块的相对含水率按下式计算,精确至0.1%:

$$W = \frac{W_1}{W_2} \times 100\% \qquad (5)$$

式中　W——砌块的相对含水率,%;

　　　W_1—— 砌块出厂时的含水率,%;

　　　W_2—— 砌块的吸水率,%。

3. 抗压强度测定

(1)试件处理:试件数量为5个砌块。处理试件的坐浆面和铺浆面,使之成为互相平行的平面。将钢板置于稳固的底座上,平整面向上,用水平尺调至水平。在钢板上先薄薄地涂一层机油,或铺一层湿纸,然后铺一层以1份质量的普通硅酸盐水泥和2份细砂,加入适量的水调成的砂浆,将试件的坐浆面湿润后平稳地压入砂浆层内,使砂浆层尽可能均匀,厚度为3~5 mm。将多余的砂浆沿试件棱边刮掉,静置24 h以后,再按上述方法处理试件的铺浆面。为使两面能彼此平行,在处理铺浆面时,应将水平尺置于现已向上的坐浆面上调至水平。在温度为10 ℃以上不通风的室内养护3 d后做抗压强度实验。为缩短时间,也可在坐浆面砂浆层处理后,不经静置立即在向上的铺浆面上铺一层砂浆,压上事先涂油的玻璃平板,边压边观察砂浆层,将气泡全部排除,并用水平尺调至水平,直至砂浆层平而均匀,厚度达3~5 mm。

(2)按1(1)的方法测量每个试件的长度和宽度,分别求出各个方向的平均值,精确至1 mm。

(3)将试件置于试验机承压板上,使试件的轴线与试验机压板的压力中心重合,以10~30 kN/s的速度加荷,直至试件破坏。记录最大破坏荷载P。若试验机压板不足以覆盖试件受压面时,可在试件的上、下承压面加辅助钢压板。辅助钢压板的表面光洁度应与试验机原压板同,其厚度至少为原压板边至辅助钢压板最远角距离的1/3。

(4)结果计算与评定:每个试件的抗压强度按下式计算,精确至0.1 MPa:

$$R = \frac{P}{LB} \qquad (6)$$

式中　R——试件的抗压强度,MPa;

　　　P——破坏荷载,N;

　　　L——受压面的长度,mm;

　　　B——受压面的宽度,mm。

实验结果以五个试件抗压强度的算术平均值和单块最小值表示,精确至0.1 MPa。

4. 软化系数检测

(1)试件数量为两组10个砌块。试件表面处理按3(1)的规定进行。

(2)从经过表面处理和静置24 h后的两组试件中,任取一组五个试件浸入室温为15~25 ℃的水中,水面高出试件20 mm以上,浸泡4 d后取出,在铁丝网架上滴水1 min,再用拧干的湿布拭去内、外表面的水。

(3)将五个饱和面干的试件和其余五个气干状态的对比试件按3(2)~3(4)的规定

进行抗压强度实验。

（4）结果计算与评定

砌块的软化系数按下式计算,精确至 0.01:

$$K_f = \frac{R_f}{R}$$ (7)

式中　　K_f——砌块的软化系数;

R_f——五个饱和面干试件的平均抗压强度,MPa;

R——五个气干状态的对比试件的平均抗压强度,MPa。

5. 抗冻性检测

（1）试件数量为两组 10 个砌块。分别检查 10 个试件的外表面,在缺陷处涂上油漆,注明编号,静置待干。

（2）将一组五个冻融试件浸入 10～20 ℃的水池或水箱中,水面应高出试件 20 mm 以上,试件间距不得小于 20 mm。另一组五个试件作对比实验。浸泡 4 d 后从水中取出试件,在支架上滴水 1 min,再用拧干的湿布拭去内、外表面的水,立即称量试件饱和面干状态的质量 m_3,精确至 0.05 kg。

（3）将五个冻融试件放入预先降至 -15 ℃的冷冻室或低温冰箱中,试件应放置在断面为 20 mm×20 mm 的木条制作的格栅上,孔洞向上,间距不小于 20 mm。当温度再次降至 -15 ℃时开始计时。冷冻 4 h 后将试件取出,再置于水温为 10～20 ℃的水池或水箱中融化 2 h。这样一个冷冻和融化的过程即为一个冻融循环。每经 5 次冻融循环,检查一次试件的破坏情况,如开裂、缺棱、掉角、剥落等,并做出记录。

（4）在完成规定次数的冻融循环后,将试件从水中取出,按（2）的方法称量试件冻融后饱和面干状态的质量 m_4。

（5）冻融试件静置 24 h 后,与对比试件一起按 3（1）的方法作表面处理,在表面处理完 24 h 后,按 5（2）～5（5）的方法进行泡水和抗压强度实验。

（6）结果计算与评定

①报告五个冻融试件的外观检查结果。

②砌块的抗压强度损失率按下式计算,精确至 1%:

$$K_R = \frac{R_f - R_R}{R_f} \times 100\%$$ (8)

式中　　K_R——砌块的抗压强度损失率,%;

R_f——五个未冻融试件的平均抗压强度,MPa;

R_R——五个冻融试件的平均抗压强度,MPa。

③每个试件冻融后的质量损失率按下式计算:

$$K_m = \frac{m_3 - m_4}{m_3} \times 100\%$$ (9)

式中　　K_m——试件的质量损失率,%;

m_3——试件冻融前的质量,kg;

m_4——试件冻融后的质量,kg。

砌块的质量损失率以五个冻融试件质量损失率的算术平均值表示,精确至0.1%。

④抗冻性以冻融试件的抗压强度损失率、质量损失率和外观检验结果表示。

【注意事项】

砌块各部位名称如图3.26所示。

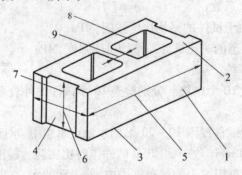

图3.26　砌块各部位名称

1—条面;2—坐浆面(肋厚较小的面);3—铺浆面(肋厚较大的面);4—顶面;5—长度;6—宽度;7—高度;8—壁;9—肋

【思考题】

(1)了解混凝土制品的生产工艺及生产原理。

(2)混凝土小型空心砌块按抗压强度分为哪些强度等级?

综合(创新)型实验

实验二十六　混凝土配合比设计

【实验目的】

通过根据给定要求进行混凝土配合比设计、试拌、试配、调整直至配出能指导施工的配比的过程,从而了解普通混凝土原材料诸如砂、石、水泥、外加剂等的性能及检测方法;以及原材料对混凝土性能的影响规律;重点掌握普通混凝土以及掺加减水剂或者粉煤灰的混凝土配合比设计方法以及基础理论依据;进一步了解并掌握混凝土主要性能及检测方法。

【实验原理】

1. 混凝土配合比的表达

混凝土配合比是指混凝土中各组成材料数量之间的比例关系。常用的表示方法有两种:

(1)以 1 m^3 混凝土中各项材料的质量表示;

(2)以各项材料相互间的质量比来表示(以水泥质量为1)。

2. 混凝土配合比设计的基本要求

(1)满足混凝土结构设计的强度等级;

(2)满足施工所要求的混凝土拌合物的和易性;

(3)满足混凝土耐久性要求(例如抗冻标号、抗渗标号和抗侵蚀性等);

(4)在满足上述要求的基础上最经济。

3. 混凝土配合比设计的基本理论依据

(1)确定用水量的方程——需水性定则:根据实验,在采用一定的骨料的情况下,流动性混凝土混合料的坍落度,如果单位加水量一定,在实际应用范围内,单位水泥用量即使变化,坍落度大体上保持不变,这一规律通常称为固定加水量定则,或称需水性定则。

(2)确定水灰比和水泥用量的方程——水灰比定则:表示水和水泥的质量比与混凝土的抗压强度之间的依赖关系。即混凝土强度与灰水比在一定范围内呈线性关系。利用这个定则,就可以根据混凝土配制强度,确定水灰比。

(3)确定集料总用量方程——绝对体积法、假定容重法:绝对体积法(体积法)是假设混凝土组成材料绝对体积的总和等于混凝土的体积;假定容重法(重量法)是假定混凝土混合料的容重为已知,因此,可求出单位体积混凝土的集料总用量。

(4)确定粗细集料比例的方程——颗粒级配问题:使砂、石级配出的空隙率最小从而保证水泥用量最少。这样就有一个最佳砂率即在保证混凝土强度与和易性要求的情况下用水量或水泥用量为最小时的含砂率。

4. 普通混凝土配合比设计的步骤

(1)理论配合比的计算

①试配强度的选择

$$f_{cu,0} \geq f_{cu,k} + 1.645\sigma \qquad (1)$$

式中　$f_{cu,0}$——混凝土配制强度,MPa;

　　　$f_{cu,k}$——混凝土立方体抗压强度标准值,MPa;

　　　σ——混凝土强度标准差,MPa。

遇有下列情况时应提高混凝土配制强度:现场条件与实验室条件有显著差异时,C30级及其以上强度等级的混凝土采用非统计方法评定时,混凝土强度标准差宜根据同类混凝土统计资料计算确定,并应符合下列规定:计算时强度试件组数不应少于25组;当混凝土强度等级为C20和C25级,其强度标准差计算值小于2.5 MPa时,计算配制强度用的标准差应取不小2.5 MPa;当混凝土强度等级等于或大于C30级,其强度标准差计算值小于3.0 MPa时,计算配制强度用的标准差应取不小于3.0 MPa。当无统计资料计算混凝土强度标准差时其值应按现行国家标准《混凝土结构工程施工及验收规范》的规定取用。

②水灰比的确定

混凝土强度等级小于C60级时混凝土水灰比宜按下式计算:

$$W/C = \frac{\alpha_a f_{ce}}{f_{cu,0} + \alpha_a \alpha_b f_{ce}} \qquad (2)$$

式中　α_a,α_b——回归系数;

　　　f_{ce}——水泥抗压强度实测值,MPa。

当无水泥28 d抗压强度实测值时,公式中的f_{ce}值可按下式确定:

$$f_{ce} = \gamma_c f_{ce,g} \qquad (3)$$

式中　γ_c——水泥强度等级值的富余系数,可按实际统计资料确定;

　　　$f_{ce,g}$——水泥强度等级值,MPa。

f_{ce}值也可根据3 d强度或快测强度推定28 d强度关系式推定得出。

回归系数α_a,α_b宜按下列规定确定:根据工程所使用的水泥、骨料通过实验由建立的水灰比与混凝土强度关系式确定;当不具备上述实验统计资料时其回归系数可按表3.19采用。

表3.19　回归系数 α_a,α_b 选用表

	碎石	卵石
α_a	0.46	0.48
α_b	0.07	0.33

③单位用水量的确定

干硬性和塑性混凝土用水量的确定,可按表3.20、表3.21选取。

表3.20　干硬性混凝土的用水量　　　　　　　　　　　kg/m³

拌合物稠度		卵石最大粒径/mm			碎石最大粒径/mm		
项目	指标	10	20	40	16	20	40
维勃稠度/s	16~20	175	160	145	180	170	155
	11~15	180	165	150	185	175	160
	5~10	185	170	155	190	180	165

表3.21　塑性混凝土的用水量　　　　　　　　　　　kg/m³

拌合物稠度		卵石最大粒径/mm				碎石最大粒径/mm			
项目	指标	10	20	31.5	40	16	20	31.5	40
坍落度/mm	10~30	190	170	160	150	200	185	175	165
	35~50	200	180	170	160	210	195	185	175
	55~70	210	190	180	170	220	205	195	185
	75~90	215	195	185	175	230	215	205	195

表3.20,表3.21适用于水灰比0.40~0.80范围时,水灰比小于0.40的混凝土以及采用特殊成型工艺的混凝土用水量应通过实验确定。

表3.20,表3.21用水量系采用中砂时的平均值,采用细砂时每立方米混凝土用水量可增加5~10 kg;采用粗砂时,则可减少5~10 kg。掺用各种外加剂或掺合料时用水量应相应调整。

流动性和大流动性混凝土的用水量宜按下列步骤计算:

a. 以表3.21中坍落度为90 mm的用水量为基础,按坍落度每增大20 mm用水量增加5 kg,计算出未掺外加剂时的混凝土的用水量;

b. 掺外加剂时的混凝土用水量可按下式计算:

$$m_{wa} = m_{w0}(1-\beta) \tag{4}$$

式中　m_{wa}——掺外加剂混凝土每立方米混凝土的用水量,kg;

　　　m_{w0}——未掺外加剂混凝土每立方米混凝土的用水量,kg;

　　　β——外加剂的减水率,%,外加剂的减水率应经实验确定。

④每立方米混凝土的水泥用量可根据单位用水量和水灰比确定。

⑤砂率(砂占砂、石总重的百分率)的确定

当无历史资料可参考时,混凝土砂率的确定应符合下列规定。

a. 坍落度为10~60 mm的混凝土砂率可根据表3.22选取。

b. 表3.22中数值系中砂的选用砂率,对细砂或粗砂可相应地减少或增大砂率;只用一个单粒级粗骨料配制混凝土时砂率应适当增大;对薄壁构件砂率取偏大值。

c. 坍落度大于60 mm的混凝土砂率可经实验确定,也可在表3.22的基础上按坍落度每增大 20 mm,砂率增大 1% 的幅度予以调整。

d. 坍落度小于 10 mm 的混凝土其砂率应经实验确定。

表 3.22　混凝土的砂率　　　　　　　　　　　　%

水灰比 (w/c)	卵石最大粒径/mm			碎石最大粒径/mm		
	10	20	40	16	20	40
0.40	26 ~ 32	25 ~ 31	24 ~ 30	30 ~ 35	29 ~ 34	27 ~ 32
0.50	30 ~ 35	29 ~ 34	28 ~ 33	33 ~ 38	32 ~ 37	30 ~ 35
0.60	33 ~ 38	32 ~ 37	31 ~ 36	36 ~ 41	35 ~ 40	33 ~ 38
0.70	36 ~ 41	35 ~ 40	34 ~ 39	39 ~ 44	38 ~ 43	36 ~ 41

⑥粗骨料和细骨料用量的确定

a. 当采用重量法时应按下列公式计算:

$$m_{c0} + m_{s0} + m_{g0} + m_{w0} = m_{cp} \tag{5}$$

$$\beta_s = \frac{m_{s0}}{m_{s0} + m_{g0}} \times 100\% \tag{6}$$

式中　m_{c0}——每立方米混凝土的水泥用量,kg;

m_{g0}——每立方米混凝土的粗骨料用量,kg;

m_{s0}——每立方米混凝土的细骨料用量,kg;

m_{w0}——每立方米混凝土的用水量,kg;

β_s——砂率,%;

m_{cp}——每立方米混凝土拌合物的假定质量,其值可取 2 350 ~ 2 450 kg/m³。

b. 当采用体积法时可按下列公式确定:

$$\frac{m_{c0}}{\rho_c} + \frac{m_{g0}}{\rho_g} + \frac{m_{s0}}{\rho_s} + \frac{m_{w0}}{\rho_w} + 0.01\alpha = 1 \tag{7}$$

$$\beta_s = \frac{m_{s0}}{m_{s0} + m_{g0}} \times 100\% \tag{8}$$

式中　ρ_c——水泥密度,可取 2 900 ~ 3 100 kg/m³;

ρ_g——粗骨料的表观密度,kg/m³;

ρ_s——细骨料的表观密度,kg/m³;

ρ_w——水的密度,可取 1 000 kg/m³;

α——混凝土的含气量,在不使用引气型外加剂时,可取为 1。

(2)基准配合比的确定

进行混凝土配合比试配时应采用工程中实际使用的原材料,混凝土的搅拌方法宜与生产时使用的方法相同。混凝土配合比试配时每盘混凝土的最小搅拌量应符合表 3.23 的规定。当采用机械搅拌时其搅拌量不应小于搅拌机额定搅拌量的 1/4。

按计算的理论配合比进行试配时首先应进行试拌以检查拌合物的性能,当试拌得出的拌合物坍落度或维勃稠度不能满足要求,或粘聚性和保水性不好时,应在保证水灰比不变的条件下相应调整用水量或砂率直到符合要求为止,然后提出供混凝土强度实验用的基准配合比。

表 3.23　混凝土试配的最小搅拌量

骨料最大粒径/mm	拌合物数量/L
31.5 及以下	15
40	25

(3)实验室配合比的确定

①混凝土强度实验时至少应采用 3 个不同的配合比,当采用 3 个不同的配合比时其中一个应为基准配合比,另外两个配合比的水灰比宜较基准配合比分别增加和减少0.05,用水量应与基准配合比相同,砂率可分别增加和减少 1%。当不同水灰比的混凝土拌合物坍落度与要求值的差超过允许偏差时,可通过增减用水量进行调整。

②制作混凝土强度实验试件时应检验混凝土拌合物的坍落度或维勃稠度、粘聚性、保水性及拌合物的表观密度并以此结果作为代表相应配合比的混凝土拌合物的性能。

③进行混凝土强度实验时每种配合比至少应制作一组三块试件标准养护到 28 d 时试压。需要时可同时制作几组试件供快速检验或较早龄期试压,以便提前定出配合比供施工使用,但应以标准养护强度或现行国家标准等规定的龄期强度的检验结果为依据调整配合比。

④根据实验得出的混凝土强度与其相对应的灰水比(c/w)关系用作图法或计算法求出与混凝土配制强度($f_{cu,0}$)相对应的灰水比,并应按下列原则确定每立方米混凝土的材料用量。

a.用水量(m_w)应在基准配合比用水量的基础上根据制作强度试件时测得的坍落度或维勃稠度进行调整确定;

b.水泥用量(m_c)应以用水量乘以选定出来的灰水比计算确定;

c.粗骨料和细骨料用量(m_g 和 m_s)应在基准配合比的粗骨料和细骨料用量的基础上按选定的灰水比进行调整后确定。

⑤经试配确定配合比后,尚应按下列步骤进行校正:

a.按下式计算混凝土的表观密度计算值 $\rho_{c,c}$:

$$\rho_{c,c} = m_w + m_c + m_s + m_g \tag{9}$$

b.按下式计算混凝土配合比校正系数 δ:

$$\delta = \frac{\rho_{c,t}}{\rho_{c,c}} \tag{10}$$

式中　$\rho_{c,t}$——混凝土表观密度实测值,kg/m³;

　　　$\rho_{c,c}$——混凝土表观密度计算值,kg/m³。

⑥当混凝土表观密度实测值与计算值之差的绝对值不超过计算值的 2% 时,则上述确定的配合比即为设计配合比即实验室配合比;当二者之差超过 2% 时,应将配合比中每项材料用量均乘以校正系数 δ 即为确定的设计配合比。

(4)施工配合比(即考虑了现场骨料含水率情况后的配合比)的确定

实验室得出的配合比,是以干燥材料为基准的,而工地存放的砂、石材料都含有一定的水分。所以现场材料的实际称量应按工地砂、石的含水情况进行修正,修正后的配合比,称为施工配合比。工地存放的砂、石的含水情况常有变化,应按变化情况,随时加以修正。

现假定工地测出砂的含水率为 $a\%$,石的含水率为 $b\%$,则将上述实验室配合比换算为施工配合比,其材料的称量应为

$$C' = C \tag{11}$$
$$S' = S(1 + a\%) \tag{12}$$
$$G' = G(1 + b\%) \tag{13}$$
$$W' = W - Sa\% - Gb\% \tag{14}$$

式中　　C'、S'、G'、W'——分别为施工配合比中每立方米混凝土中水泥、砂、石、水的用量;

　　　　C、S、G、W——分别为实验室配合比中每立方米混凝土中水泥、砂、石、水的用量。

【实验设备及材料】

(1)实验设备可参见前述相关实验的设备。主要参考实验一、实验十一、实验十二、实验十三、实验十五的实验设备。

(2)实验材料:42.5 等级的普通硅酸盐水泥、中砂、5 ~ 31.5 mm 碎石、减水剂、粉煤灰。

【实验内容及步骤】

1. 实验内容

(1)测定砂、石子的含水率;

(2)测定砂的颗粒级配和细度模数;

(3)测定石子的颗粒级配;

(4)测定减水剂和水泥的适应性及减水剂的最佳掺量;

(5)在上述原材料实验内容的基础上进行普通混凝土或者掺加减水剂或者粉煤灰的混凝土理论配比计算及实验室试拌、试配;

(6)新拌混凝土和易性测定;

(7)混凝土立方体试块成型;

(8)3 d、7 d、28 d 龄期混凝土立方体抗压强度测定。

2. 实验步骤

(1)提出设计方案,要求计算出理论配合比。

设计方案:某工程结构采用 T 型梁,最小截面尺寸为 140 mm,钢筋最小净距为 50 mm。要求混凝土的设计强度等级为 C30。采用机械搅拌,振动浇捣。设计混凝土一种为坍落度为 30 ~ 50 mm 的塑性混凝土(不加减水剂);一种为坍落度大于 180 mm 的大流动性混凝土(掺加减水剂);一种坍落度为 30 ~ 50 mm 的混凝土,但是用等量取代法或者超量取代法或者取代部分细集料法掺一定量的粉煤灰代替水泥来配制。拟采用的材料规

格如下：

水　　泥：普通硅酸盐水泥 P·O42.5；

细集料：河砂，中砂；

粗集料：碎石，粒径为 5～31.5 mm；

水：自来水；

减水剂：聚羧酸盐减水剂，减水率约为 25%；

粉煤灰：一级粉煤灰。

（2）分别测定砂、石子的含水率、颗粒级配情况并分析实验结果；计算砂的细度模数；测定减水剂和水泥的适应性；并测定减水剂的最佳掺量。根据上述对原材料性能的测定结果，讨论修正理论计算配合比，并计算出实验室拌混凝土用各原材料用量。

（3）分别拌制不掺减水剂的塑性混凝土和掺减水剂的流动性混凝土以及掺加了粉煤灰的混凝土。分别测定它们的坍落度后，用振动台成型立方体试块各 9 块。注意试拌、试配过程中的调整。将成型好的立方体试块自然养护 1 d 后脱模编号，然后放入标准养护室养护。分别在 3 d,7 d,28 d 时测定混凝土的立方体抗压强度，注意强度数据分析规律。

（4）对坍落度和强度实验结果以表或者图的形式比较三种混凝土的性能发展规律的异同。并写出实验报告。

【注意事项】

（1）本实验为综合实验，可酌情增减内容，比如关于原材料的性能检测也可测定骨料的表观密度等；

（2）混凝土性能检测也可酌情增加抗冻性、抗渗性、抗裂性等的检测；

（3）本实验在进行实验结果分析时，不但要分析混凝土强度的发展规律更要注重减水剂和粉煤灰对混凝土性能的影响规律分析。

【思考题】

（1）什么是混凝土的水灰比定则？什么是混凝土的需水性定则？

（2）进行掺加粉煤灰的混凝土配合比设计时，什么是等量取代法？什么是超量取代法？

（3）混凝土配合比怎样由实验室配合比转换为施工配合比？

参考文献

［1］周永强,吴泽,孙国忠.无机非金属材料专业实验［M］.哈尔滨:哈尔滨工业大学出版社,2002.

［2］施惠生.无机非金属材料实验［M］.上海:同济大学出版社,1999.

［3］林宗寿.无机非金属材料工学［M］.武汉:武汉理工大学出版社,2008.

［4］库马 梅塔,保罗 J M,蒙特罗.混凝土［M］.北京:中国电力出版社,2008.

［5］中华人民共和国国家质量监督检验检疫总局.GB/T 14684—2001 建筑用砂［S］.北京:中国标准出版社,2001.

［6］中华人民共和国国家质量监督检验检疫总局.GB/T 14685—2001 建筑用卵石、碎石［S］.北京:中国标准出版社,2001.

［7］中华人民共和国建设部.JGJ 52—2006 普通混凝土用砂、石质量及检验方法标准［S］.北京:中国建筑工业出版社,2007.

［8］国家技术监督局.GB 8076—1997 混凝土外加剂［S］.北京:中国标准出版社,1997.

［9］中华人民共和国国家质量监督检验检疫总局.GB/T 8075—2005 混凝土外加剂定义、分类、命名与术语［S］.北京:中国标准出版社,2005.

［10］中华人民共和国国家发展和改革委员会.JC/T 1083—2008 水泥与减水剂相容性试验方法［S］.北京:中国建材工业出版社,2008.

［11］中华人民共和国建设部.GB/T 50080—2002 普通混凝土拌合物性能试验方法标准［S］.北京:中国建筑工业出版社,2003.

［12］中华人民共和国建设部.GB/T 50081—2002 普通混凝土力学性能试验方法标准［S］.北京:中国建筑工业出版社,2003.

［13］中华人民共和国住房和城乡建设部.GB/T 50082—2009 普通混凝土长期性能和耐久性能试验方法标准［S］.北京:中国建筑工业出版社,2009.

［14］中华人民共和国建设部.JGJ/T 70--2009 建筑砂浆基本性能试验方法标准［S］.北京:中国建筑工业出版社,2009.

［15］中华人民共和国国家质量监督检验检疫总局.GB/T 11969--2008 蒸压加气混凝土性能试验方法［S］.北京:中国标准出版社,2008.

［16］中华人民共和国国家质量监督检验检疫总局.GB 11968—2006 蒸压加气混凝土砌块［S］.北京:中国标准出版社,2006.

［17］国家技术监督局.GB 8239—1997 普通混凝土小型空心砌块［S］.北京:中国标准出版社,1997.

［18］国家建筑材料工业局.GB/T 4111—1997 混凝土小型空心砌块试验方法［S］.北京:中国标准出版社,1997.

［19］中华人民共和国建设部.JGJ 55—2000 普通混凝土配合比设计规程［S］.北京:中国建筑工业出版社,2001.

第四章　耐火材料性能实验

耐火材料是指耐火度不低于 1 580 ℃的一类无机非金属材料,目前已被广泛应用于冶金、化工、石油、机械制造、硅酸盐、动力等工业领域,做焦炉、高炉、冲天炉、转炉、电弧炉等热工设备的内衬结构材料、高温容器材料、高温装置中的元件部件材料等。耐火材料作为高温工业的最重要的基础材料,其性能和质量直接关系到高温构筑物的质量和寿命,进而关系到生命财产的安全。

近年来,因耐火材料性能和质量引发的事故时有发生。

案例1 2005 年 10 月下旬,江苏华尔润集团倾心建设的日熔化量 400 t 的浮法玻璃新生产线于 2005 年 2 月投产运行后仅 9 个月时间,熔窑的蓄热室格子体就出现了严重的损毁坍塌事故,不仅严重影响了正常的生产,而且造成了巨大的经济损失。调研结果显示,导致江苏华尔润 400 t/d 浮法玻璃生产线熔窑蓄热室格子体损毁的主要原因有三点:①蓄热室格子砖设计质量未达到技术要求是格子体损毁的内在因素。质量问题主要包括:由承包方提供的镁锆砖杂质含量偏高,导致了砖材高温性能的弱化,最终导致损毁;97镁砖和 95 镁砖设计成分与技术要求有偏差,在形成低熔点矿物时,伴有较大的体积膨胀,引起了方镁石的炸裂和剥落;97 镁砖与 95 镁砖 Fe_2O_3 杂质含量超出设计标准规定,影响了镁砖的使用性能。②筒型砖错误地倒置码砌是中下层镁砖断裂损毁的主要因素。倒置码砌使中下层镁砖的高温承载能力大幅度下降,最终出现断裂损毁。③熔窑设计不当造成格子体孔堵塞。设计熔窑时对外部生产条件未有明确配套规范标准,亦未对原料提出具体的要求,熔窑蓄热室格子体在外部高温及碱蒸气的双重作用下,碱性材料的晶粒逐渐长大,引起体积变化、粉化,引发 1 号蓄热室上层格子体镁锆(VZ25)砖表面出现"开花"、"盖帽",造成格子体孔堵塞。

案例2 2006 年 9 月,渤海铝业有限公司的 50 t 熔铝圆炉炉盖的耐火砖出现较为严重的损毁。具体情况是:炉盖呈球冠形,其直径为 7 015 mm,矢高为 860 mm,厚度为 375 mm,内层是 300 mm 厚的高铝砖($w_{Al_2O_3} > 70\%$),外层为轻质保温浇注料,在使用一年多后,炉盖拱脚砖大面积断裂脱落,并且自拱脚炉盖中心方向延伸 2 ~ 3 m 范围内,内层高铝砖也大面积深度剥落,剥落深度为 50 ~ 150 mm 或更严重,整个炉盖处于非常易于整体垮塌的危险作业状态。经调查后认为造成炉盖在较短的时间内损坏的主要原因有两点:①结构设计不合理,使炉盖内存在不合理的静态和动态的切向结构切应力,直接导致拱脚砖发生断裂脱落,且剥落破坏会随着使用时间的延长不断加重,最后导致整个炉盖砖大面积深度剥落(中部脱落可能少一些)。②工艺中不当的急冷急热操作和耐火砖抗急冷急热性能较差,均加剧了炉拱耐火砖的损毁。

案例3 2007 年 10 月 25 日,位于沙坪坝区井口镇的重庆吉马玻璃制品有限公司内,一座装有 30 多吨玻璃溶液距地约 1.5 m 高的窑炉底部突然裂开手臂粗的大口,温度高达

1 500 ℃的玻璃溶液喷泻而出,所到之处一片火海。事后调查显示:窑炉由黏土砖砌成,使用久了以后,窑炉下部黏土砖因玻璃液高温、摩擦、侵蚀、热震等作用出现了严重的损毁,最终在高温生产过程中突然出现裂口。所幸窑炉下方未堆积任何可燃物,故未引起更严重的后果。

案例4 2010年7月31日,马钢(合肥)有限责任公司内,一座正在检修中的炼铁高炉发生事故,两名检修工人在炉内搭建脚手架时,上部耐火砖突然坍塌,将检修工人掩埋,由于温度较高,砖块多,塌陷面积大,内部空间狭小,救援工作非常困难,最终2人均遇难。事后调查显示:该次事故的主要原因有两点:①耐火砖的质量较差。②高炉设计、施工、使用中存在诸多不合理之处。

上述案例均显示:耐火材料在使用过程中,本身会受到多种作用的破坏,如:高温下承受炉体及物料的荷重;由于温度急剧变化、受热不均而出现的极大温差以及由此而产生的内应力;各种高温流体及炉渣、烟尘的冲刷;液态金属、炉渣及杂质元素的侵蚀等,这些作用会直接导致耐火材料的熔融软化,熔蚀磨损和崩裂损坏,随使用时间的延长,其性能会逐渐劣化。为了保证高温构筑物的稳定运行,必须要求耐火材料具备抵抗高温(一般为1 000～1 800 ℃甚至更高)条件下发生的物理、化学、机械等作用的能力,要求其具有能适应于各种操作条件的性能。

耐火材料的性能主要包括结构性能、热学性能、力学性能、使用性能等。结构性能包括气孔率、体积密度、气孔孔径分布、吸水率、透气度等,其测试方法简单,是鉴定产品质量和控制生产工艺过程的常用测试项目;热学性能包括热导率、热膨胀系数、导温系数、比热容、热容等,它们对热工设备修砌、设计及热平衡计算等具有重要意义;力学性能包括耐压强度、抗拉强度、抗折强度、抗扭强度、剪切强度、冲击强度、耐磨性、蠕变性、黏结强度、弹性模量等,是判断产品质量和控制生产工艺过程的重要指标;使用性能包括耐火度、荷重软化温度、重烧线变化、抗热震性、抗渣性、抗酸性、抗碱性、抗水化性、抗CO侵蚀性、导电性、抗氧化性等,是衡量耐火材料在高温、载荷、物理化学侵蚀等作用下质量优劣的极其重要的技术指标。

"百年大计,质量第一",正确规范对耐火制品的各项性能进行检测,确保耐火制品的性能和质量,是避免事故发生的最好的举措之一。

基础型实验

实验一　耐火材料真密度的检测

【实验目的】

(1)掌握耐火原料及制品真密度的检测方法。

(2)了解真密度测定在生产和实验中所具有的重要意义。

【实验原理】

将试样破碎、磨细到尽可能不存在闭口气孔,测定该细粉的干燥质量和真体积,从而计算出真密度。利用比重瓶和一种已知密度的液体,测定细粉料的真体积,测定过程中,控制好液体温度或仔细测量液体温度。

真密度:干料的质量与其真体积之比值。

真体积:多孔体中固体物质的体积。

【实验设备及材料】

(1)比重瓶:容量为 25 mL、50 mL 或 100 mL,配有带毛细管的磨口瓶塞。

(2)天平:感量为 ±0.1 mg。

(3)装有压力指示器的真空装置,能抽真空到残余压力不大于 2.5 kPa。

(4)恒温控制浴:能保持在室温以上 2~5 ℃,精度为 ±0.2 ℃。

(5)孔径为 63 μm 的试验筛。

(6)电热干燥箱及干燥器等。

【实验内容及步骤】

(1)从实验用制品或原料的中心部分,按比例各取下几块不带表面的小块,集成总质量约 150 g,全部粉碎至 2 mm 以下,混合均匀,用四分法缩减至 25~50 g,再粉碎至完全能通过 63 μm 的筛作为试料。试样在粉碎磨细过程中不得带入杂质或受潮。

(2)将试料置于电热干燥箱内,在(110±5) ℃下烘干 2 h 以上至恒重,然后在干燥器中自然冷却至室温,前后两次连续称量试料的质量差不大于 0.1%。

（3）试料初始质量（m_1）的测定：清洗空比重瓶，保证其完全干燥、冷却至室温；称量洗净的带瓶塞的空比重瓶，精确至 0.000 2 g。向比重瓶中加入约相当于比重瓶体积 1/3 的干燥试料，当比重瓶及试料重新达到室温时，称量装有试料并带瓶塞的比重瓶，精确到 0.000 2 g，两次称量之差即为试料的初始质量（m_1）。

（4）装有试料和实验液体的比重瓶质量（m_2）的测定：

①向装有干燥试料的比重瓶中加入一定量的脱气蒸馏水或其他已知密度的液体至瓶内试料全部淹没在液体中为止，然后在真空装置中，抽真空至残余压力不大于 2.5 kPa，并在此真空度下保持到不再有气泡上升为止。

②用蒸馏水或其他所选用液体几乎全部充满比重瓶，让瓶内试料沉淀，直至上层清液仅有轻微混浊为止（通常让试料在瓶内沉淀过夜就够了）。

③小心地加满比重瓶，塞上瓶塞，仔细地除去溢流出的液体，将比重瓶放入恒温控制浴中，升温至室温以上 2~5 ℃（此为实验温度），保持此温度恒定在 ±0.2 ℃ 以内。

④当接近实验温度时，少量液体通过塞子上的毛细管溢出，仔细地用滤纸吸掉，当液体停止从毛细管溢出时，比重瓶达到规定温度，从恒温控制浴中取出比重瓶，要防止手上的热量传递给比重瓶，而导致更多的液体溢出，也可以将比重瓶放入冷水中几秒，小心擦干比重瓶表面，称量精确至 0.000 2 g（质量 m_2）。

（5）装满液体比重瓶的质量（m_3）的测定：倒空并洗净比重瓶，并注满水或其他选用的液体。然后按照第（4）步的③和④的检验程序进行，测定装满选用液体的比重瓶的质量（m_3）。不同温度下水的密度见表 4.1。

【结果计算】

按下式计算真密度

$$\rho = \frac{m_1}{m_3 + m_1 - m_2} \times \rho_{液} \tag{1}$$

式中　ρ——试样的真密度，g/cm^3，取到小数点后第三位；

　　　$\rho_{液}$——是在恒温控制浴中的温度下，所选液体的密度，g/cm^3。

表 4.1　不同温度下水的密度

温度/℃	水的密度/(g·cm^{-3})	温度/℃	水的密度/(g·cm^{-3})
15	0.999 099	23	0.997 538
16	0.998 943	24	0.997 296
17	0.998 774	25	0.997 044
18	0.998 595	26	0.996 783
19	0.998 405	27	0.996 512
20	0.998 203	28	0.996 232
21	0.997 992	29	0.995 944
22	0.997 770	30	0.995 646

【注意事项】

（1）清洗空比重瓶时，最好带皮指套操作，使其温度接近室温。

（2）盛有试样及试液的比重瓶和盛有试液的比重瓶必须在同一温度下恒温后进行称量，若这两次恒温温度有波动，会影响测定结果。

（3）当从恒温控制浴中拿取比重瓶时，不要直接用手拿取，以免使比重瓶受热时液体流出造成损失，因此拿取时必须带橡皮手套或者用镊子夹出。

（4）试样不要磨得过细，否则极细的样粉会浮在液面上，使实验结果偏低。

【思考题】

（1）为什么恒温控制浴的精度要求在±0.2 ℃以内？

（2）试样的粒度差异对测试结果有什么影响？

（3）试液性质对测试结果有什么影响？

实验二　致密定形耐火制品体积密度、显气孔率和真气孔率的检测

【实验目的】

(1)掌握致密定形耐火制品体积密度、显气孔率和真气孔率的检测方法。

(2)掌握本实验原理中涉及的相关概念及定义。

【实验原理】

利用阿基米得定律,求出试样的体积,根据预先称量好的干燥试样的质量可以计算出显气孔率、体积密度,根据试样的真密度(见实验一)计算真气孔率。

开口气孔:浸渍时能被液体填充的气孔;

闭口气孔:浸渍时不能被液体填充的气孔;

体积密度:带有气孔的干燥材料的质量与其总体积的比值,用 g/cm^3 或 kg/m^3 表示;

总体积:带有气孔的材料中固体物质、开口气孔及闭口气孔的体积总和;

真体积:带有气孔的材料中固体物质的体积;

真密度:带有气孔的干燥材料的质量与其真体积之比值,用 g/cm^3 或 kg/m^3 表示;

显气孔率:带有气孔的材料中所有开口气孔的体积与其总体积之比值,用%表示;

闭口气孔率:带有气孔的材料中所有闭口气孔的体积与其总体积之比值,用%表示;

真气孔率:显气孔率和闭口气孔率的总和,用%表示;

致密定形耐火制品:真气孔率小于45%的定形耐火制品。

【实验设备及材料】

(1)电热干燥箱:控制精度±5 ℃。

(2)天平:分度值为 0.01 g。

(3)带溢流管的容器一套。

(4)抽真空装置:保证能将绝对压力降至不大于 2 500 Pa,并能够测量所使用的压力。

(5)液体比重天平或比重计:分度值为 0.001 g。

(6)浸液:自来水或工业纯有机液体。

(7)干燥器、温度计、浸液槽、毛巾等。

【实验内容及步骤】

(1)制样:实验用的制品,每块对分两半,半块作为实验用样品,另外半块作为保留样

品。在实验用样品的角上取样,并尽量保留其表皮。试样应制成棱柱体或圆柱体,体积应为 50 ~ 200 cm³,试样的最长尺寸与最短尺寸之比不超过 2∶1。试样外观应平整,无肉眼可见的裂纹。

(2)烘样:将刷净表面的试样放在电热干燥箱内,在(110±5)℃下烘干至恒重。取出放在干燥器中冷却至室温。

(3)称量干燥试样质量(m_1),精确至 0.01 g。

(4)浸渍:把试样放入浸液槽内,并置于抽真空装置中,抽真空至其剩余压力小于 2 500 Pa 时,继续恒压 5 min,之后在约 3 min 内缓慢地注入浸液,直至试样完全淹没,再继续抽真空 5 min,停止抽气后将浸液槽取出,在空气中静置 30 min,使试样充分饱和。

(5)饱和试样悬浮在液体中质量(m_2)的测定:将饱和试样迅速移至带溢流管容器的浸液中,被浸液完全淹没的试样吊在天平的挂钩上称量(m_2),精确至 0.01 g,测量浸液温度,精确至±1 ℃。

(6)饱和试样质量(m_3)的测定:从浸液中取出试样,用饱和了浸液的棉毛巾小心地擦去多余的液滴,迅速称量饱和试样在空气中的质量(m_3),精确至 0.01 g。

(7)浸液密度的测定:用比重计或液体比重天平测定实验温度下液体密度 ρ_{ing},精确至 0.001 g/cm³,如果是自来水,那么在 15 ~ 30 ℃ 之间,被认为是 1.0 g/cm³。

【结果计算】

(1)显气孔率按下式计算:

$$\pi_a = \frac{m_3 - m_1}{m_3 - m_2} \times 100\% \qquad (1)$$

(2)体积密度按下式计算:

$$\rho_b = \frac{m_1}{m_3 - m_2} \times \rho_{ing} \qquad (2)$$

(3)真气孔率按下式计算:

$$\pi_t = \frac{\rho_t - \rho_b}{\rho_t} \times 100\% \qquad (3)$$

式中 ρ_t—— 试样的真密度,用 g/cm³ 表示,由实验一求得。

(4)闭口气孔率按下式计算:

$$\pi_f = \pi_t - \pi_a \qquad (4)$$

气孔率值精确至 0.1%,体积密度值精确至小数后 2 位。

(5)实验误差

同一实验室、同一实验方法、同一块试样的复验误差不允许超过:

体积密度:0.02 g/cm³;显气孔率、真气孔率、闭口气孔率:0.5%。

不同实验室、同一实验方法、同一块试样的复验误差不允许超过:

体积密度:0.04 g/cm³;显气孔率、真气孔率、闭口气孔率:1.0%。

【注意事项】

进行实验步骤(6)时,试样一定要轻拿轻放,以免液体从气孔中脱出。

【思考题】

（1）溢流管的作用是什么？

（2）使用比重计时应注意哪些问题？

（3）影响试样体积密度测试结果的因素有哪些？

实验三　耐火材料气孔孔径分布的检测

【实验目的】

(1)掌握耐火材料气孔孔径分布、平均孔径、气孔孔容积百分率的检测方法。

(2)了解测定耐火材料气孔孔径分布在实际生产中所具有的重要意义。

【实验原理】

汞在给定的压力下会浸入多孔物质的开口气孔,当均衡地增加压力时能使汞浸入样品的细孔,被浸入的细孔大小和所加的压力成反比。本检测方法测试孔径范围为0.006 ~ 360 μm。

平均孔径:在所测孔径范围内,直径对孔容积的积分除以总的孔容积。

小于1 μm 孔容积百分率:耐火材料中小于1 μm 的孔容积百分数。

孔径分布:不同孔径下的孔容积分布频率。

【实验设备及材料】

(1)压汞仪:压汞仪原理如图4.1 所示。

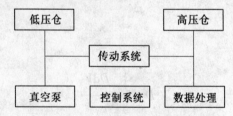

图4.1　压汞仪原理图

技术要求:最大压力,207 MP;最小压力,3.45 kPa;最大真空度,50 μmHg。

(2)瓶装氮气(或压缩空气):要求清洁、干净、无油,压力大于0.3 MPa。

(3)天平:顶部开门最大量程为300 g;感量为0.1 mg。

(4)烘箱:最高温度为200 ℃,控温精度为±5 ℃。

(5)交流稳压电源:频率为50 Hz;电压为(220±0.1) V;功率为3 kV·A。

(6)汞:不少于5 kg,纯度为99.9 %。

(7)标准筛:4 mm,8 mm。

(8)其他材料:瓷盘至少2 个;装废汞的器皿。

(9)压汞仪须置于开有活动门,抽气的密封罩内。

环境温度:14～25 ℃;相对湿度:30%～70%。

【实验内容及步骤】

1.试样的制备

从待测的样品上任取50～100 g试样,破碎后,用标准筛筛取4～8 mm的试样20 g左右,置于烘箱中在(100±5)℃温度下,恒温2 h。自然冷却至常温后,置于干燥器中备用。

对小于4 mm的样品,则直接称取20 g左右,按上述要求烘干备用。

2.膨胀计体积值的标定

压汞仪膨胀计的形状如图4.2所示。体积值的标定在14～25 ℃的室温内,任选三个温度点,分别进行一次空膨胀计的注汞操作,按注入的汞质量,算出该温度下的体积值,取三次测量结果的算术平均值,作为该膨胀计的标定值。

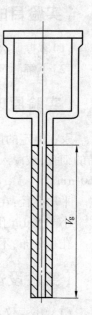

3．操作步骤

(1)在膨胀计中装入干燥后的试样,密封后用天平称量,记录下质量,将称量值减去试样质量即为空膨胀计质量;

(2)将装好试样的膨胀计放入压汞仪的低压舱内固定好;

(3)开真空泵抽真空;

(4)通入氮气(或压缩空气);

(5)待真空度达到50 μm Hg时,给膨胀计内注汞;

(6)取出已注汞的膨胀计,置于高压舱内,在高压运行中,记录不同压力(P)对应的汞压入量V_g。

图4.2　膨胀计形状

【结果计算】

1.平均孔径的计算

$$\bar{D} = \frac{\int_0^{V_{总}} D\mathrm{d}V}{V_{总}} \tag{1}$$

式中　　$\bar{D}$——平均孔径,μm;

　　　　D——某一压力所对应的孔直径,μm;

　　　　$V_{总}$——开口气孔的总容积,cm^3;

　　　　$\mathrm{d}V$——孔容积微分值,cm^3。

2.小于1 μm孔容积百分率的计算

(1) 孔径与压力的关系见下式:

$$D = \frac{4\gamma\cos\theta}{P} \tag{2}$$

式中　　D——孔径,μm;

　　　　P——压力,MPa;

　　　　γ——汞的表面张力,485 dyn/cm;

θ—— 汞的接触角,(°)。

(2) 不同孔径即对应有汞压入量(孔容积),计算公式如下:

$$V' = \frac{V_{总} - V_1}{V_{总}} \times 100\%$$ (3)

式中　　V'—— 小于 1 μm 的孔容积百分率,%;

　　　　$V_{总}$—— 汞压入总量,cm³;

　　　　V_1—— 大于 1 μm 孔径的汞压量,cm³。

3. 膨胀计的选择

(1) 汞压入量的计算方法

实验中,汞压入量应控制在膨胀计最大可测量体积(V_1) 的 25% ~ 90%。测定显气孔率 n(%) 和体积密度 d(g/cm³)。将试样装满膨胀计,然后倒出称取试样质量。

汞压入量按下式计算:

$$V_g = \left(W \times \frac{n}{d} \times V_1 \right) \times 100\%$$ (4)

式中　　V_g—— 汞压入量,%;

　　　　W—— 试样质量,g;

　　　　n—— 试样显气孔率,%;

　　　　d—— 试样体积密度,g/cm³;

　　　　V_1—— 膨胀计最大可测体积,cm³。

(2) 膨胀计选择

若计算得 $V_g > 90\%$,可减少试样质量 W,直至 V_g 值在 50% ~ 70% 之间;若计算得 $V_g < 25\%$,则需要更换膨胀计,重新计算,直至 V_g 值为 50% ~ 70%,即为合适。试样若为粉状(< 4 mm),则需更换特殊膨胀计。

【注意事项】

实验中一定要根据需求选择适宜的膨胀计。

【思考题】

(1) 在选择膨胀计时,V_g 值为什么要在 50% ~ 70% 之间才合适?

(2) 耐火材料中的闭口气孔率是否会影响平均孔径的计算结果? 为什么?

(3) 膨胀计体积值标定中应注意哪些事项?

实验四　耐火材料导热系数的检测

【实验目的】

(1)掌握十字热线法和平行热线法测试耐火材料导热系数的基本方法和原理。

(2)了解水流量平板法测试耐火材料导热系数的基本方法和原理。

(3)比较不同方法测试耐火材料导热系数的异同和应用范围。

方法一：十字热线法

【实验原理】

十字热线法适用于测量温度不高于1 250 ℃、导热系数小于1.5 W/(m・K)、热扩散率不大于10^{-6} m^2/s的耐火材料、粉料及颗粒料。试样在炉内加热至规定温度并在此温度下保温,用沿试样长度方向埋设在试样中的线状电导体(热线)进行局部加热,热线载有已知恒定功率的电流,即在时间上和试样长度方向上功率不变。从热线的功率和接通电流加热后已知两个时间间隔的温度可以计算导热系数,此温升与时间的函数就是被测试样的导热系数。

导热系数(λ)：单位时间内在单位温度梯度下沿热流方向通过材料单位面积传递的热量。单位为瓦每米开尔文[W/(m・K)]。

热扩散系数(α)：材料的导热系数与其单位体积热容之比。单位为平方米每秒(m^2/s)。

单位体积的热容：热容除以体积,单位为焦每立方米开尔文[J/(m^3・K)]。

【实验设备及材料】

1.实验炉

能容纳一个或多个试样组件的电加热炉,能升至1 250 ℃,试样任意两点间的温差不大于10 ℃;在测试中(约15 min内)试样周围温度波动不大于0.5 ℃。实验炉控温精度为±5 ℃。

2.热线

最好采用铂线、铂/铑合金线,长约(200±0.5)mm,直径不大于0.5 mm。

3.热线电源

采用交流或直流稳压电源,测量期间功率波动不超过2%。

4.测量十字架

由热线和铂/铂铑热电偶组成,热电偶焊接在热线的中心,热电偶的两个分支应有合适的角度(见图4.3和图4.4)。热电偶的最大直径应不大于热线的直径(为了减少测量点的热损)。

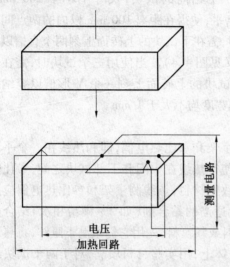

图4.3 两试块加热和测量电路装配示意图
（十字热线法）

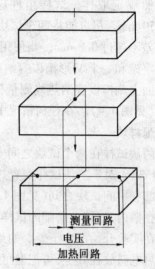

图4.4 三试块加热和测量电路装配示意图
（十字热线法）

5.测量回路

热线的两端都焊有相同材质的两根线(直径尽可能大于热线的直径):一对供给热流,另一对测量电压降。热电偶焊接在热线的中心,并与参比热电偶反接以测量温度变化。引线要能延伸到炉体外与测量设备相连,连线可用其他材质的导线。

6.测量设备(见图4.5)

(1)热线两端电压降的测量应精确到±0.5%,对于交流电压的测量,热线的电阻可测量到相同的精度。如温升大于15 ℃,允许热线电阻随温度变化。

(2)热线的电流测量应精确到±0.5%。

(3)热线温度测量的灵敏度为10 μV/cm,精度为1%。

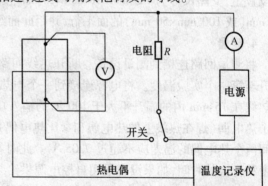

图4.5 测量仪器电路装配示意图(十字热线法)

7.匣钵

用于实验粉料或颗粒料,它的内部尺寸和规定的整体试样相同,以便使实验系统有规定的2~3个接触面,下匣钵是一个无盖的方盒,上匣钵和中匣钵是一个方框另带一个盖。

【实验内容及步骤】

1. 试样制备

应按照规定取样。试样组件应包括 2～3 个相同的试块,尺寸不小于 200 mm×100 mm×50 mm。尽可能将两个试块的接触面磨平,使得在距离 100 mm 以内的两点间平整度的偏差不超过 0.2 mm。当使用两个试块时,需在下试块的上砖面上刻两个直槽以容纳测量十字架和一个 V 形槽以容纳参比热电偶(见图 4.4)。当使用三个试块时,需在下试块的砖面上刻槽以容纳热线测量架和在中间试块的上砖面上刻一个 V 形槽以容纳参比热电偶(见图 4.4)。在任何情况下,其深度和宽度均不大于 1 mm。

2. 装配样块

对于两块试样在两个试块之间安置热线十字架和参比热电偶,即和热线在一个平面内(见图 4.3)。对于三块试样安置热线测量架使得热线在中间和下部试块之间,参比热电偶在上部和中间试块之间(见图 4.4)。对于致密材料,热线测量架和参比热电偶应用泥浆黏合在槽内,泥浆由磨细的试样细粉和少量适当的黏合剂(如 2% 糊精和水)结合而成。泥浆在实验开始前应干燥。如果试样是粉料或颗粒料,先用它们填满下匣钵,将热线测量架和热电偶放在其上,再把上匣钵放在下匣钵上,用实验材料填满,对于两个试块的实验,这就完成了试样的装配。对于三个试块的实验,将参比热电偶放在中间试块的上面,按相同的模式放置上匣钵并充填。装填试样时,不应敲打、振捣,以保持自然堆积状态,然后测量堆积体积密度。

3. 装炉

将试样组件装入炉内,要保证受热均匀,将试样组件都放在与实验材料材质类似的两个支座上,支座尺寸为 125 mm×10 mm×20 mm、支承面为 125 mm×10 mm,与试块 114 mm×76 mm(或 100 mm×50 mm)的面平行,并距此面约 20 mm。

4. 测量

将测量回路连接到测量设备。断开热线回路。以不大于 10 K/min 的升温速率将炉温升至第一个实验温度。将电源连接到一个与热线电阻值相等的假负载电阻上,以此得出热线在 15 min 内的温升不大于 100 ℃ 的输入功率。当炉温达到实验温度后,用反接的两个热电偶(焊在热线上的热电偶和参比热电偶)检查装样区温度是否均匀和稳定,测量期间两个热电偶的温差应不超过 0.05 ℃。此时在接通热线回路的同时连续记录热线的温度和对应的时间,如果没有采用自控电源供给装置,就需在接通热线回路之时起每间隔 2 min 同时记录通过热线的电流和电压,包括计算结果的时间 t_1 和 t_2(通常是 2 min 和 10 min)。

5 重复测量

在测量一段时间之后,一般为 10～15 min,切断热线回路,实验炉保温一段时间,使热线和试样达到温度平衡。再次检查温度的均匀与稳定性,如上所述,在相同条件下再次测量热线温升速率。在相同的条件第三次测量热线温升速率。以不大于 10 K/min 的速率将炉温升到下一个实验温度,在每个温度下测量三次热线的温升速率。

【结果计算】

1. 导热系数的计算

$$\lambda = \frac{I^2 R}{4\pi} \times \frac{\ln(t_2/t_1)}{\Delta\theta_2 - \Delta\theta_1} \tag{1}$$

或

$$\lambda = \frac{VI}{4\pi} \times \frac{\ln(t_2/t_1)}{\Delta\theta_2 - \Delta\theta_1} \tag{2}$$

式中　　λ——导热系数，W/(m·K)；

　　　　I——电流，A；

　　　　V——热线单位长度的电压降，V/m；

　　　　R——热线在实验温度时单位长度的电阻，Ω/m；

　　　　t_1、t_2——接通热线回路后的测量时间，min；

　　　　$\Delta\theta_1$ 和 $\Delta\theta_2$——接通热线回路后在 t_1、t_2 时间测量时热线的温升，K。

在已知实验条件下，本方法的重复性约为8%。

2. 数据处理

当采用计算机测控时，热线的温升与时间遵从对数定律，记录的温升与时间在半对数坐标中呈直线。运用一元线性回归，采用最小二乘法确定回归系数，然后确定测试结果。

【注意事项】

（1）不烧砖和不定形耐火材料预制件的导热系数由于受硬化或凝固后残留水在加热时脱水的影响，试样须作预处理，预处理的方法按相关规定和协商进行。测量非均质材料一般是困难的，尤其是含有纤维的材料，也应按相关规定和协商进行实验。

（2）对于1 000 ℃以下的实验，热线可根据温度选择合适的贱金属线。

（3）在达到试块表面平整度要求的前提下，建议选用230 mm×114 mm×64 mm 或230 mm×114 mm×76 mm 标准砖做试块。

（4）在下试样的上接触面参比热电偶焊点的位置应是距230 mm 边5 mm 和距底边不足10 mm 的交点。

（5）升温速率应低至保证试样不受热震损坏。

（6）如果热线的电流在测量期间波动超过2%，结果应舍弃。需采用较小的电流再次进行测量。热线的温升与时间遵从对数定律，记录的温升与时间在半对数坐标中呈直线，如果不是这样，或是待测材料没有满足实验必须的条件，结果没有意义，或实验有错误，应重新进行实验。

（7）如温度与时间在低端是非线性的，这可能是热线周围埋设材料的影响，可采用选择另一个 t_1 得到有用的结果；如温度与时间在高端是非线性的，这可能是由于材料的热扩散率过高，可采用选择另一个 t_2 得到有用的结果。

方法二:平行热线法

【实验原理】

平行热线法是测量距埋设在两个试块间线热源规定距离和规定位置上的温度升高所进行的一种动态测量法。试样组件在炉内加热至规定温度并在此温度下保温,再用沿试样长度方向埋设在试样中的线状电导体(热线)进行局部加热,热线载有已知恒定功率的电流,即在时间上和试块长度方向上功率不变。热电偶安放在离热线规定的位置,且平行于热线(见图4.6)。从接通加热电流的瞬间开始,热电偶便开始测量温升随时间的变化,此温升与时间的函数就是被测试样的导热系数。平行热线法适用于测量温度不大于 1 250 ℃,导热系数小于 25 W/(m·K)的耐火材料及粉料、颗粒料。

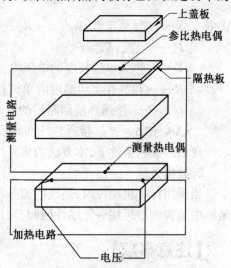

图4.6 加热和测量电路装配示意图
(平行热线法)

【实验设备及材料】

(1)实验炉:能容纳一个或多个试样组件的电加热炉,至少能升至 1 250 ℃,试样任意两点间的温差不大于 10 ℃;在测试中(约 15 min 内),试样外部温度波动不大于±0.5 ℃。实验温度偏差为±5 ℃。

(2)热线:最好采用铂线、铂/铑合金线,长约(200±0.5)mm,直径不大于 0.5 mm。热线的一端与电源电流的引线连接,也可以不用引线,直接延伸热线本身。在任何情况下,埋在试样内的引线的直径应和热线相同;热线的另一端和测量电压的引线相连,在试样内的引线直径不大于热线直径,试样外的引线应由两根或两根以上 0.5 mm 直径的导线绞成,炉子外部的电源线采用大容量的电缆(20 A/2.5 mm²)。

(3)热线电源:采用交流稳压电源,测量期间功率波动不超过 2%。能供给热线的功率至少是 80 W(对于 200 mm 长的热线相当于 250 W/m),如果可能,最好采用恒定功率电源。

(4)示差铂/铂(铑)热电偶(R 或 S 型),由测量热电偶和一个反接的参比热电偶组成(见图4.6)。测量热电偶和热线平行,二者相距(15±1)mm(见图4.7)。参比热电偶放在上试块的上表面和盖板中间,盖板材质和试样相同,以保持有稳定的输出。热电偶的直径应和热线相同,其长度应能延伸到炉外经连线和测量仪器相连,连线可用其他材质的导线,热电偶外部接点应恒温。

(5)数字万用表:用于测量热线电流和电压,二者的测量精度至少为±0.5%。

(6)测量系统:温度时间记录装置,灵敏度至少为 2 μV/cm 或能显示 0.05 μV,时间分辨率要高于 0.5 s,测温精度为 0.05 K。

(7)匣钵:用于实验粉料或颗粒料,它的内部尺寸和规定的整体试样相同,以便使实验系统有规定的两个接触面,下匣钵是一个无盖的方盒,上匣钵是一个方框另带一个盖(见图 4.8)。

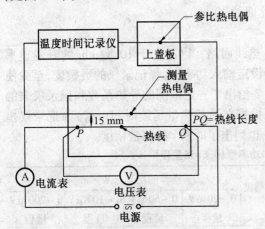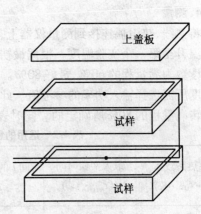

图 4.7　测量仪器电路装配示意图　　　图 4.8　装有热线和热电偶的试样匣钵
　　　　　（平行热线法）　　　　　　　　　　　　（平行热线法）

【实验内容及步骤】

1. 试样制备

应按照规定取样。试样组件应包括两个相同的试块,尺寸不小于 200 mm×100 mm×50 mm。尽可能将两个试块的接触面磨平,使得在距离 100 mm 以内的两点间平整度的偏差不超过 0.2 mm。对于致密材料,需在试块的两个接触面或仅在下试块的砖面上刻槽以容纳热线和热电偶,其深度和宽度应满足图 4.9 的要求。

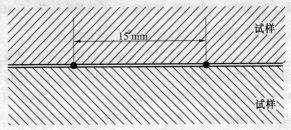

图 4.9　对称埋入试块中的热线和热电偶(平行热线法)

2. 装配样块

在两个试块之间安置热线和示差热电偶,使热线沿着砖面的中心线,并用泥浆将其黏合在槽内,泥浆由磨细的试样细粉和少量适当的黏合剂(如 2% 糊精和水)结合而成。应确保热线黏结均匀,使其在上下试块的热量传递相等 (见图 4.9)。如果试样采用粉料或颗粒料,先用它们填满下部匣钵,将热线和热电偶放在其上(见图 4.8),再把上匣钵放在下匣钵上,用实验材料填满,用与匣钵同样材质的盖板盖在匣钵上。装填试样时,不应敲打、振捣，以保持自然堆积状态，然后测量堆积体积密度。

3. 装炉

将试样组件装入炉内，要保证受热均匀，将试样组件放在与被实验材料材质类似的两个支座上，支座尺寸为 125 mm×10 mm×20 mm、支承面为 125 mm×10 mm，与试块 114 mm×76 mm(或 100 mm×50 mm)的面平行，并距此面约 20 mm。

4. 测量

将热线、热电偶连接到测量仪器上，断开热线回路。以不大于 10 K/min 的升温速率将炉温升至第一个实验温度。根据最初实验设定输入功率，选择记录仪的灵敏度，至少使仪表读数为满量程的 60%，最好 80%。表 4.2 给出了一定范围的导热系数和记录仪表的灵敏度所需选择输入功率的参考值。此值是根据在最长测量延续时间(t_{max})内记录仪指针偏转满量程的 80% 所确定的。同时表 4.2 也列出了时间 t 的测量精度。

表 4.2　选用的量程和功率值(0.8×满量程)

导热系数 λ /[W·(m·K)$^{-1}$]	最大实验时间 /(t_{max}·s^{-1})	时间 t 的测量精度 /s	推荐的功率/(W·m^{-1})			
			0~20 μV 量程	0~50 μV 量程	0~100 μV 量程	0~200 μV 量程
0.1	2 500	4.0	—	—	7.5	15
0.4	1 260	2.0	—	15	30	60
1.0	900	2.0	15	40	75	150
2.0	450	1.0	30	75	150	—
4.0	350	1.0	60	150	300	—
8.0	190	0.4	120	300	—	—
16	100	0.2	240	—	—	—
25	65	0.2	375	—	—	—

注：此表的数据是根据使用"S"型热电偶制定的，如果使用"R"型热电偶应加以调整。

当炉温达到实验温度后，应检查装样区温度是否均匀和稳定，示差热电偶在实验前 10 min 内其波动应不超过 0.05 ℃。此时在接通热线回路的同时记录示差热电偶的输出和对应的时间，如果没有采用自控电源供给装置，就需在接通热线回路之时起，同时记录通过热线的电压和电流，并在整个测试期间间隔记录几次。在加热一段时间以后，切断热线回路，停止记录示差热电偶的输出。在热线和试样达到温度平衡后，再次以如上所述方法检查温度的均匀与稳定，重复操作，在相同条件下再次测量热线温升速率。以不大于 10 K/min 的速率将炉温升到下一个实验温度测试，每个实验温度至少重复测量两次。

【结果计算】

导热系数按下式计算：

$$\lambda = \frac{VI}{4\pi l} \times \frac{-E_i(\frac{-r^2}{4at})}{\Delta\theta(t)} \tag{3}$$

式中　　λ——导热系数，W/(m·K)；

I——电流，A；

V——电压，V；

l——在热线 P、Q 之间的长度(见图4.7)，m；

$\Delta\theta_{(t)}$——在 t 时间测量热电偶和示差热电偶之间的温差，K；

r——热线和测量热电偶的间距，m；

t——在接通和切断热线回路间的时间，s；

α——热扩散系数，m^2/s。

【注意事项】

(1)不烧砖和不定形耐火材料预制件的导热系数由于受硬化或凝固后残留水在加热时脱水的影响，试样须作预处理，预处理的方法按相关规定和协商进行。测量非均质材料一般是困难的，尤其是含有纤维的材料，也应按相关规定和协商进行实验。

(2)热线也可以用贱金属线，在此种情况下，引线应和热线材质相同。

(3)在1 000 ℃以下可以用贱金属热电偶。

(4)在上试块和盖板间可加隔热板。

(5)数字万用表要选用0.2级以上的仪器。

(6)在达到试块要求的前提下，建议选用 230 mm×114 mm×64 mm 或 230 mm×114 mm×76 mm 标准砖做试块。

(7)高导热材料(如≥5 W/(m·K))需在上下两个接触面上刻槽。

(8)升温速率应低至保证试样不受热震损坏。

(9)热线输入功率大小根据设备的不同而不同，初始实验时可预估，最终可根据经验确定。

方法三：水流量平板法

【实验原理】

根据傅里叶一维平板稳定导热过程的基本原理，测定稳态时单位时间一维温度场中热流纵向通过试样热面流至冷面后被流经中心量热器的水流吸收的热量。该热量同试样的导热系数、冷热面温差、中心量热器吸热面面积成正比，同试样的厚度成反比。本方法适用于热面温度在 200~1 300 ℃，导热系数在 0.03~2.00 W/(m·K)之间的耐火材料导热系数的测定。

导热系数按下式计算：

$$\lambda = Q \times \frac{\delta}{A\Delta T} \tag{4}$$

式中　　λ——导热系数，W/(m·K)；

Q——单位时间内水流吸收的热量，W；

δ—— 试样厚度,m;

A—— 试样面积,m^2;

ΔT—— 冷、热面温差,K。

水流吸收的热量与水的比热容,水的质量,水温升高成正比。

$$Q = cw\Delta t \qquad (5)$$

式中　Q—— 单位时间内水流吸收的热量,W;

　　　c—— 水的比热容,$J/(g \cdot K)$;

　　　w—— 水流量,g/s;

　　　Δt—— 水温升高,K。

【实验设备及材料】

(1)实验炉采用电加热炉(见图4.10),且应满足下列条件:

①实验炉应具有加热到1 300 ℃以上的能力;

②实验炉应能容纳 $\phi180$ mm×(10 ~ 25)mm试样一块;

③控温热电偶热端安放在均热板中心位置正上方10 ~ 20 mm 处,冷端置于冰水中或采取温度自动补偿;

④实验炉在空气气氛中能按规定的升温速率加热试样。仪表的控温精度为不大于0.5 ℃。恒温时,炉内装样区的温度均匀,任意两点间的温差不大于10 ℃,实验温度偏差为±5 ℃。

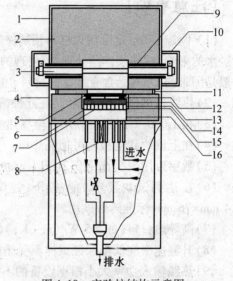

图4.10　实验炉结构示意图

1—炉上体;2—高铝纤维;3—加热元件;4—炉下体;5—均热板;6—热面测温点;7—冷面测温点;8—接线柱;9—绝缘瓷管;10—防护罩;11—高铝纤维;12—支承块;13—试样;14—垫板;15—玻璃纤维布;16—量热器

(2)量热器系统

①中心量热器、第一保护量热器和第二保护量热器均用比热容小、导热性能好的紫铜材料制成,并保证三个量热器在同一水平面上。

②中心量热器为双回路水道,保证量热器温度均匀。

③温升热电偶堆,由10对 $\phi0.3$ mm 的铜–康铜热电偶丝制成,用以测量流经中心量热器进出水的温升。

④温差调零热电偶堆,由8对 $\phi0.3$ mm 的铜–康铜热电偶丝制成,用以测量中心量热器与第一保护量热器的温差。

(3)给水系统

中心量热器水路流量应能在30 ~ 120 g/min 范围内调节。恒压水箱应具有在实验过程中维持水压稳定的上水、下水和溢流装置,并确保实验过程中水温波动不大于0.6 ℃。恒压水箱安装在距地面约2.5 m 处。

（4）测散料的固定环

用耐火材料制成的圆环，尺寸为内径为（180±2）mm，外径为（210±2）mm。

（5）垫板

（6）其他器具

①热电偶：试样冷、热面温度和加热炉控温均采用 φ0.5 mm S 型铂铑 10-铂热电偶。热电偶应定期进行校验。

②电信号测量装置：采用 UJ33a 直流电位差计或 0.05 级以上的电信号测量器具。

③秒表：分辨率为 0.1 s。

④游标卡尺：分度值为 0.02 mm。

⑤测厚仪：分度值为 0.02 mm。

⑥天平：最大量程为 2 kg，感量为 10 mg。

⑦烧杯。

【实验内容及步骤】

1. 试样制备

（1）每次从样品中制取一块试样，试样尺寸为 φ(160 ~ 180) mm×(10 ~ 25) mm 圆形试样。试样的两个端面应平整，不平行度应小于 1 mm。

（2）标型砖或其他尺寸的样品需切割长度为 180 mm，宽度不小于 80 mm 的中间部分，然后切割两个弧形拼在两边，形成直径为（160 ~ 80）mm 的圆形试样，如图 4.11 所示。

图 4.11　试样拼接方式示意图

（3）不定形耐火材料。可参照其施工要求，用合适的模具直接制备出规定尺寸的试样。也可用固定环在炉中测试位置将其固定后测试，在向圆环中间装填物料时，还可进行捣实，装填高度应与圆环高度一致。

2. 干燥及热处理

试样和垫板应放在（110±5）℃下干燥至恒重，或按制品的工艺要求进行处理。

3. 测量试样的厚度

用游标卡尺沿试样边缘每隔 120°测量一个值，然后取其平均值。测量厚度精确到 0.02 mm。

4. 装炉

（1）将制备好的直径为 220 mm 的玻璃纤维布及所需材质的垫板按先后顺序放在量热器上，将测量冷面温度的热电偶端点放置在垫板中心处。

（2）将试样放置在垫板上（冷面热电偶上）用手轻轻按压，使垫板和试样间呈现最小的空隙。

（3）将由轻质材料制成的支承块放在试样边缘（每隔 120°放置一个），然后在试样周围的空隙处填充高铝纤维棉。

（4）在试样热表面的中心处放置测量热面温度的热电偶热端。

（5）将均热板放在支撑块上，使均热板与试样平行，其间距为 10 ~ 15 mm，均热板周围用纤维毡（毯）盖严。盖上炉盖，并使其与炉下体部分无空隙。

5. 加热

按下列规定之一加热：

（1）一般试样从室温至实验温度，按不大于 10 ℃/min 升温，在实验温度下恒温 50 min。

（2）对于硅质制品，从室温至实验温度，按 5 ℃/min 升温，在实验温度下恒温 50 min。

（3）对于不定形耐火材料从室温至实验温度，按不大于 10 ℃/min 升温，在实验温度下恒温 120 min。

（4）按制品的工艺要求升温。

6. 测量

（1）调节中心量热器的水流量，流量根据试样的材质确定，一般控制在 30 ~ 120 g/min 范围内。

（2）调节第一保护量热器的水流量，使中心量热器与第一保护量热器的温差为零，允许波动±0.005 mV。

（3）测量热面热电偶、冷面热电偶电势。

（4）测量水温升高，即 10 对热电偶的电势。

（5）测量中心量热器的水流量，每个实验温度点测量三次，每隔 10 min 测量一次，然后计算其平均值，每个测量值与平均值的偏差不大于 10%，否则应重新测定。

【结果计算】

按下式计算导热系数：

$$\lambda = k\Delta mvw \times \frac{\delta}{(t_1 - t_2)} \tag{6}$$

式中　　λ—— 导热系数，W/(m·K)；

k—— 常数，J/(g·mV·m²)；

$\Delta(mv)$—— 中心量热器的水温升高的电动势差，mV；

w—— 中心量热器的水流量，g/s；

δ—— 试样厚度，m；

t_1—— 试样热面温度，℃；

t_2—— 试样冷面温度，℃。

计算结果按规定修约至 3 位小数。

【注意事项】

装炉时，应使量热器、垫布、垫板、试样、均热板同轴。

【思考题】

（1）热线法与水流量平板法各有什么特点？

（2）十字热线法与平行热线法测试耐火材料导热系数有何异同？

（3）热线材质的选择应注意什么？

实验五 耐火材料加热永久线变化的检测

【实验目的】

(1)掌握致密定形耐火制品加热永久线变化的检测方法；
(2)了解不定形耐火材料加热永久线变化的检测方法。

【实验原理】

将已测定长度或体积的长方体或圆柱体试样置于实验炉内,按规定的加热速率加热到实验温度,并保持一定的时间,冷却至室温后,再次测量其长度或体积,并计算其加热永久线变化率或体积变化率。

【实验设备及材料】

(1)实验炉:能以预定的升温曲线均匀升温及保温,至少装配三支热电偶,测量和记录炉腔装样区温度且热电偶之间测出的温度差不得大于±10 ℃。

(2)温度记录和显示装置:能连续控制、记录和显示炉内温度。

(3)长度测量装置。

①长度测量仪,适用于致密定形制品。由机架、底座和载样台组成（见图 4.12）。一个精度为 0.01 mm 的百分表装在机架上,百分表可上下自由移动并可围绕支架做圆周运动。正方形载样台面的一个角上刻有对角线标记,测量时对准试样上的标记定位（见图4.13）。

②比较计,适用于定形隔热制品及不定型材料。能测量试样相对面距离的游标卡尺、数字比较计、电子数字比较计,精度为 0.01 mm。

(4)体积测量装置(适用实验二测量体积装置)。

(5)电热鼓风干燥箱:能鼓风,并具有有效通风能力的排风口,温度控制能满足(110±5)℃。

【实验内容及步骤】

1.试样制备

(1)致密定形耐火制品

一般从每块砖上制取一个试样,长方体试样为 50 mm×50 mm×(65±2)mm,圆柱体试样为直径 50 mm,高(65±2)mm。试样的 65 mm 尺寸应与砖的成型加压方向一致。长方体的 50 mm×50 mm 两个面或圆柱体的两端面应该先磨平并使之相互平行。

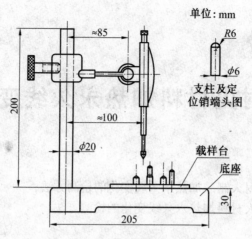

图 4.12 长度测量装置

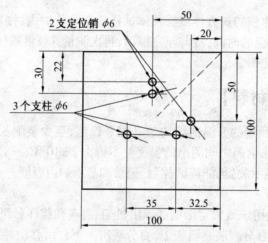

图 4.13 载样台

（2）定形隔热耐火制品

从每个样品上制取一个试样，试样尺寸为 100 mm×114 mm×65 mm 或 100 mm×114 mm×75 mm，如尺寸所限，可从样品上切取长度为 100 mm 的试样，记录其厚度和宽度。试样相距 100 mm 的两个面应是平面且互相平行。

（3）不定型耐火材料

每组试样数量不应少于三块，通常试样尺寸为 160 mm×40 mm×40 mm。

2. 试样干燥

将试样在电热干燥箱中于(110±5)℃下烘干至恒重。

3. 试样测量

（1）致密定形耐火制品——长度测量仪法

用校准块校准长度测量装置。将试样按 65 mm 尺寸方向竖直地放置在底座的载样台上。对于长方体试样，以一个带标记的角对准载样台对角线标记，圆柱体试样以两条相互垂直的任一直径对准载样台上的对角线，并作上标记以便试样加热前后仍在同一位置

· 240 ·

进行测量。在底座上移动装有试样的载样台,在试样顶面的四个位置上测量长度,准确到 0.01 mm。对于长方体试样,四个位置在试样顶面对角线上距每个角 20 ~ 25 mm 处;对圆柱体试样,四个位置在试样顶面两条相垂直的直径上,距圆周 10 ~ 15 mm 处。标记测量位置并记录每个测量点长度 L_0。

(2)致密定形耐火制品——体积测量法。

按实验二的测量方法测量体积。

(3)定形隔热制品及不定型耐火材料——比较计法。

在试样长度方向测量两相对面的距离 L_0,共测量四次,精确到 0.2 mm。两次测量试样顶底面的中心线,两次测量试样前后面的中心线,测量点距测量面的边缘为 15 mm。

4.试样加热

(1)试样放置:试样必须放置在炉腔均温带,不得叠放且彼此分离,间距应不小于试样高度的一半。试样与炉壁间距不应小于 50 mm,试样不能直接受到电炉的热辐射或燃气炉火焰的冲击。试样应底面向下放置。致密定形耐火制品以未做记号的面为底面;定形隔热制品以试样 100 mm×65 mm 或 100 mm×75 mm 的一个面为底面;不定形耐火材料以试样成型时的底面为底面。试样要放在炉中 30 ~ 65 mm 厚的砖上,砖与试样系同一材质,把砖放在两个高为 20 ~ 50 mm,距离为 80 mm 的三角形断面的支承体上。

(2)温度分布和测量

至少用三支热电偶测量和记录炉腔装样区温度,热电偶要离开炉壁且不能与发热体或火焰接触,热电偶之间测出的温度差不得大于±10 ℃。

(3)加热速率(见表4.3)。

表4.3　不同实验温度下不同试样的升温速率

实验温度	温度范围	试样类型	升温速率/(℃/min)
≤1 250 ℃	室温至低于实验温度 50 ℃	定形耐火制品	5 ~ 10
		不定型耐火材料	4 ~ 6
	最后 50 ℃	定形耐火制品	1 ~ 5
		不定型耐火材料	1 ~ 2
>1 250 ℃	室温至 1 200 ℃	定形耐火制品	5 ~ 10
		不定型耐火材料	4 ~ 6
	1 200 ℃ 至低于实验温度 50 ℃		2 ~ 5
	最后 50 ℃		1 ~ 2(致密定形制品可为 1 ~ 5)
燃气炉,≥1 500 ℃	室温至 1 200 ℃	定形耐火制品	5 ~ 20
		不定型耐火材料	4 ~ 10
	1 200 ℃ 至低于实验温度 50 ℃		2 ~ 5
	最后 50 ℃		1 ~ 2

（4）保温冷却

保温期间三支热电偶的任何一支所记录的温度都在实验温度±10 ℃以内，记下三支热电偶温度的平均值作为实际的实验温度。停炉后，试样随炉自然冷却至室温。对于燃气炉，在规定的加热时间内抽取炉内试样附近的气体，并测定其氧含量以保证氧化气氛。

（5）烧后试样的测量

长度测量仪法：如实验步骤3（1）所述测量试样原测量位置的长度 L_1。如发现原测量位置上有加热过程中产生的结瘤、鼓泡等缺陷时，可以用附近未受影响的测量点代替。

比较计法：检查记录试样外观，如实验步骤3（3）所述测量试样原测量位置的长度 L_1。

体积测量法：按实验二的方法测量试样的体积。

【结果计算】

加热永久线变化（L_c）以试样加热前后的长度变化率计，数值以%表示。试样加热后长度或体积膨胀的以（+）表示，收缩的以（-）表示。报告每个试样的加热永久线变化的单值和一组试样的平均值。也可报告加热永久体积变化率（V_c）。如果一组试样加热后长度或体积变化值不是同（+）或同（-），只报告每个试样的加热永久线变化的单值，不报告平均值。实验结果修约至1位小数。

1. 定形耐火制品

长度测量仪法和比较计法按下式计算，以四个测量位置线变化的平均值为试样的加热永久线变化。

$$L_c = \frac{L_1 - L_0}{L_0} \times 100\% \tag{1}$$

式中　L_1——试样加热后各点测量的长度值，mm；

　　　L_0——试样加热前各点测量的长度值，mm。

体积测量法按下式计算：

$$L_c = \frac{1}{3} \times \frac{V_1 - V_0}{V_0} \times 100\% \tag{2}$$

式中　V_1——试样加热后的体积，cm³；

　　　V_0——试样加热前的体积，cm³。

试样的加热永久体积变化率按下式计算：

$$V_c = \frac{V_1 - V_0}{V_0} \times 100\% \tag{3}$$

2. 不定型耐火材料

以四个测量位置线变化的平均值为试样的加热永久线变化。

干燥线变化 L_d 按下式计算：

$$L_d = \frac{L_1 - L_0}{L_0} \times 100\% \tag{4}$$

式中　L_1——试样烘干后冷却至室温的长度值，mm；

　　　L_0——试样烘干前的长度值，mm。

烧后线变化按下式计算：

$$L_f = \frac{L_t - L_1}{L_1} \times 100\%$$ (5)

式中 L_t —— 试样烧后冷却至室温的长度值,mm;

L_1 —— 试样烘干后冷却至室温的长度值,mm。

总的线变化用下式计算：

$$L_c = \frac{L_t - L_0}{L_0} \times 100$$ (6)

式中 L_t —— 试样烧后冷却至室温的长度值,mm;

L_0 —— 试样烘干前的长度值,mm。

【注意事项】

(1)测量试样时,将试样放置在载样台上,试样要靠紧定位。

(2)要采用不锈钢等高硬度钢材制作的测量校准块,其尺寸为:直径 50 mm,高度 65 mm。

【思考题】

(1)耐火制品测定永久线变化测试为什么要规定升温速率?

(2)选择三支热电偶时应注意什么?

实验六　耐火材料热膨胀性的检测(顶杆法)

【实验目的】

(1)掌握顶杆法测定耐火材料热膨胀性的实验方法;

(2)了解测定耐火材料热膨胀性在实际生产中所具有的重要意义。

【实验原理】

以规定的升温速率将试样加热到指定的实验温度,测定随温度升高试样长度的变化值,计算出试样随温度升高的线膨胀率和指定温度范围的平均线膨胀系数,并绘制出膨胀曲线。该方法适用于测定室温至 1 300 ℃间耐火材料的线膨胀率或平均线膨数。若设备条件允许,可测至 1 500 ℃。

线膨胀率:室温至实验温度间试样长度的相对变化率,用% 表示。

平均线膨胀系数:室温至实验温度间温度每升高 1 ℃试样长度的相对变化率,单位为 $10^{-6}/℃$。

【实验设备及材料】

一台加热炉和三个测控系统,按正确方法进行校正。

(1)加热炉:应能容纳试样及装样管(见图4.14),装样区应保持炉温均匀,且具有冷却水装置,能满足(4~5)℃/min 升温速率的要求。对于含碳试样,应具备能通入保护气体的装置。

(2)传感器系统:用于测量试样的长度变化。其精确度要求在 0.5% 以上。对于直径为 10 mm,长度为 50 mm 的试样,其量程不小于 2.5 mm;对于直径为 20 mm,长度为 100 mm 的试样,其量程不小于 5 mm。

(3)千分表:精确度在 0.5% 以上,量程不小于 3 mm。

(4)温度测控系统:用于控制和测量炉温,测控炉温的精确度为±0.5%。

(5)热电偶:采用 Pt–PtRh10 热电偶,热电偶的热端应位于试样的中部。

(6)电热干燥箱:能控制在(110±5)℃。

(7)游标卡尺:精确度为 0.02 mm。

(8)标样:用于获得标准数据、校正系统膨胀,可采用氧化铝或氧化镁材质,推荐采用刚玉或蓝宝石质标样。

【实验内容及步骤】

（1）试样的制备。

①形状和大小：从样品上切取的试样，其周边与制品边缘的距离至少为 15 mm，应制成 φ10 mm×(45～50)mm 或 φ20 mm×(80～100)mm 的试样。

②试样应于(110±5)℃烘干，然后在干燥器中冷却至室温。

（2）测量试样的长度，精确至 0.02 mm。

（3）将试样放入装样管的装样区内，热电偶的热端位于试样长度的中心并与试样接触。调整测量装置（见图 4.14），使试样、顶杆、位移传感器接触良好，能及时测出试样的膨胀和收缩，记录初始测量温度时试样的长度。

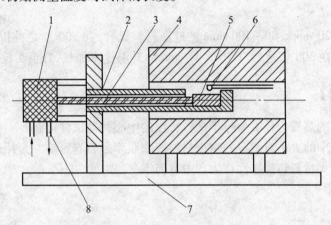

图 4.14　测量装置示意图

1—位移传感器；2—装样管；3—顶杆；4—炉体；5—试样；6—热电偶；7—底座；
8—冷却水系统

（4）如果采用人工测量方式，记录初始表盘读数，在加热过程中每 50 ℃记录一次。如果采用自动化测量方式，则连续记录试样长度变化。

（5）以 4～5 ℃/min 的升温速率加热，直至实验最终温度。

【结果计算】

（1）按下式计算由室温至实验温度的各温度间隔的线膨胀率：

$$\rho = \frac{(L_t - L_0) + A_k(t)}{L_0} \times 100 \tag{1}$$

式中　ρ—— 试样的线膨胀率，%（精确至 0.01）；

L_0—— 试样在室温下的长度，mm；

L_t—— 试样加热至实验温度 t 时的长度，mm；

$A_k(t)$—— 在温度 t 时仪器的校正值，%。

实验结果修约至 2 位小数。

（2）按下式计算从室温至实验温度 t 的平均线膨胀系数 α：

$$\alpha = \frac{\rho}{(t - t_0) \times 100} \tag{2}$$

式中　　α——试样的平均线膨胀系数，$10^{-6}/℃$（精确至 0.1）；

　　　　ρ——试样的线膨胀率，%；

　　　　t_0——室温，℃；

　　　　t——实验温度，℃。

实验结果修约至 1 位小数。

【注意事项】

（1）制备试样时，试样两端面应磨平且互相平行并与其轴线垂直，应避免试样出现裂纹和水化现象。

（2）对于 $\phi 20$ mm×（80～100）mm 的硅质材料试样，在 300 ℃之前以 2～3 ℃/min 的升温速率加热，在 300 ℃之后以 4～5 ℃/min 的升温速率加热，直至实验最终温度。

【思考题】

（1）热电偶的热端为什么要位于试样长度的中心并与试样接触？

（2）升温速率的大小对测定的耐火材料线膨胀率是否有影响？为什么？

（3）测定耐火材料热膨胀性在生产中有何意义？

实验七　耐火材料常温耐压强度的检测

【实验目的】

（1）掌握致密定形耐火制品耐压强度无衬垫实验检测方法；

（2）了解致密耐火材料耐压强度衬垫实验检测方法。

【实验原理】

室温下，对规定尺寸的试样以恒定的加压速度施加载荷，直至试样破碎或者压缩到原来尺寸的90%，记录最大载荷。根据试样所承受的最大载荷和平均受压截面积计算出常温耐压强度。无衬垫实验用来测试常温耐压强度的真值，而衬垫实验用于日常质量控制。

【实验设备及材料】

（1）压力试验机：带有能够测定对试样施加压力的装置，示值误差在±2%以内。能以规定的速率均匀施加应力，施加于试样上的最大应力应大于试验机量程的10%。试验机两块压板应满足：洛氏硬度58HRC～62HRC；与试样接触面的平整度误差为0.03 mm；表面粗糙度为0.8～3.2 μm。两块压板都应经过研磨，其中一块压板应装有球形座，能补偿试样受压面与压板之间平行度的微小偏差。下压板应刻有中心标记，以利于试样放置在压板中心。

（2）电热干燥箱：能控温在（110±5）℃。

（3）游标卡尺：分度值为0.02 mm。

（4）衬垫板：厚度为3～7 mm的无波纹纸板或硬纸板。

（5）三角板、塞尺、钢直尺等。

【实验内容及步骤】

方法一：致密定形耐火制品耐压强度无衬垫实验法（仲裁法）

1. 试样准备

（1）取样部位：试样应从制品成型受压面钻取。制样时要记录试样在制品中的原位置。那些有裂纹或明显缺陷的试样要做记录并废弃不用。

（2）形状尺寸：试样为直径为（50±0.5）mm，高为（50±0.5）mm的圆柱体。如果试样的尺寸不能满足这一要求，也可使用直径为（36±0.3）mm，高为（36±0.3）mm的圆柱体。

（3）圆柱体试样两端的受压面应研磨平整，并保持相互平行，为确保试样上下两个受压面的平整度，将每个端面以（3±1）kN的压力逐一按压在由复写纸和硬滤纸（0.15 mm厚）衬垫的水平板上，压面压痕不完整、不清晰者重磨。

（4）允许偏差：试样的平行度通过测量四个测点的高度值来检验，测点位于互相垂直的二直径两端。任何两个测点高度之差不应超过 0.2 mm。将试样放在一个平面上，用三角板的直角边在测量高度的四个测点位置检查试样的垂直度，试样与三角板之间的间隙不应超过 0.5 mm。

（5）制备好的试样置于干燥箱中（110±5）℃下干燥至恒重。而后冷却至室温，实验前应防受潮。

2.试样检测

（1）测量试样两受压面相互垂直的两条直径，精确至 0.1 mm。根据四个直径的算术平均值，计算出平均初始截面积 A_0。

（2）将试样或装好试样的适配器安装在试验机上下两块压板的中心位置。试样与压板之间不使用任何衬垫材料。选择载荷量程，以（1.0±0.1）MPa/s 的加载速率连续均匀地加压，直至试样破碎，即试样不能承受载荷为止。记录指示的最大荷载。

方法二：致密耐火材料耐压强度衬垫实验法

1.试样准备

（1）取样部位：试样应从制品受压面切取或钻取，试样的受压面应尽可能平行，并尽可能垂直于加压方向。那些有裂纹或明显缺陷的试样要作记录并废弃不用。不定形材料以试样的侧面作为上下加压面。

（2）形状尺寸：样品为标准砖或样品的体积≤2 000 cm³时，应制取一个试样，样品体积较大时可制取两个试样。试样为直径（50±2）mm，高（50±2）mm 的圆柱体；边长为（50±2）mm 的立方体；边长为（65±2）mm 或（75±2）mm 的立方体；半块标准砖；不定性材料为边长为（40±2）mm 或（65±2）mm 的立方体。如果试样的尺寸不能满足上述要求，采用尽可能大的圆柱体（高度等于直径）或立方体。

（3）允许偏差：试样受压面的平行度通过测量四个点的高度值来检验。圆柱体试样测量互相垂直的二直径两端。立方体试样测量受压面四条边的中间。任何两个测量点高度之差应不大于高度的 2%。试样垂直度的检查是将试样和三角板的一条直角边同时放在一个平面上，用塞尺检验三角板的另一条直角边与试样四个高度测量点的间隙，每个测量值不应超过高度的 2%。

（4）不定形材料试样的成型、养护、烘干和焙烧按有关规定进行。

（5）制备好的试样置于干燥箱中（110±5）℃下干燥至恒重。而后冷却至室温，实验前应防受潮。

2.试样检测

（1）用卡尺测量试样两个受压面互相垂直的两条直径或中线，精确至 0.1 mm。根据两个受压面的四个直径或中线测量值，计算出平均初始截面积 A_0。

（2）将试样安装在试验机上下两块压板或适配器的中心位置。在试样每个受压面与压板之间插入衬垫板,衬垫板应至少超过受压面边线12.7 mm。选择载荷量程,以(1.0±0.1)MPa/s的加荷速率连续均匀地加压,直至试样破碎,即试样不能承受载荷为止。记录指示的最大荷载。

【结果计算】

按下式计算常温耐压强度:

$$\sigma = \frac{F_{max}}{A_0} \tag{1}$$

式中 σ—— 常温耐压强度,MPa;

F_{max}—— 记录的最大载荷,N;

A_0—— 试样受压面初始截面积,mm^2。

计算结果保留 3 位有效数字。

【注意事项】

检测试样受压面的平整度时要严格把关,凡是印痕不清晰不完整的都为不合格试样,必须重磨。

【思考题】

(1)两种实验方法的测试结果能否进行直接比较? 为什么?

(2)试样为什么要从制品受压面钻取?

(3)加载速度对测试结果有什么影响?

实验八 耐火材料常温耐磨性的检测

【实验目的】

(1)掌握耐火砖常温耐磨性的检测方法。

(2)了解耐火浇注料和耐火可塑料常温相对耐磨性的检测方法。

(3)了解测试耐火材料常温耐磨性的目的及在生产实践中的应用。

【实验原理】

将规定形状尺寸试样的实验面垂直对着喷砂管,用压缩空气将磨损介质通过喷砂管喷吹到试样上,测量试样的磨损体积。

耐磨性:材料抵抗摩擦蚀损的能力,可用来预测耐火材料在磨损及冲刷环境中的适用性。

磨损介质:用来对试样进行耐磨性实验的磨损材料。本实验方法专指规定粒度和化学组成的黑色碳化硅材料。

【实验设备及材料】

1. 磨损试验机

用于实验耐火材料试样的耐磨性,由下列部分构成(见图4.15)。

(1)喷枪:为本实验方法专用设备(见图4.16),由两部分组成。

①文氏管。压缩空气喷嘴入口内径为2.86~2.92 mm,出口内径为2.36~2.44 mm,其表面用长为9.2 mm、内径为6.5 mm、壁厚为0.3 mm的塑料管保护,每两次实验后,更换塑料管。文氏管内径大于10 mm时,喷枪应予更换。

②喷砂管。喷砂管由长为115 mm、外径为7 mm、公称壁厚为1 mm的硼硅酸盐仪器玻璃制成,每次实验后需更换。用长为70 mm、外径为9.5 mm钢管来固定喷砂管,钢管一端应呈喇叭状或台阶状,以便置于螺母内,保持密封,并使喷砂管垂直于试样。喷砂管外圆应装尺寸合适的密封垫,使密封垫外径紧贴文氏管内壁,保持喷枪内有一定真空度。保证喷砂管一端距压缩空气喷嘴出口端2 mm,磨损介质通过此端进入喷砂枪,喷枪结构如图4.16所示。

(2)空气供给系统

空气压缩机;压力表:精确度为0.4级,量程为0~0.6 MPa的精密压力表,尽可能装在靠近喷枪处;压缩空气:干净、干燥。

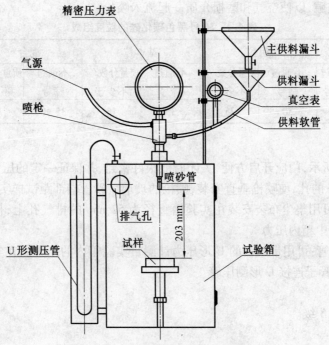

图 4.15 磨损试验机的结构示意图

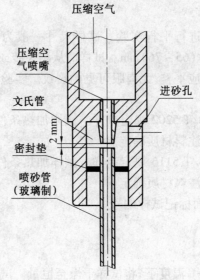

图 4.16 喷枪结构示意图

（3）磨损介质

国产 36 号粒度黑色碳化硅（1 000±5）g，化学组成符合 GB/T 2480，粒度组成符合 GB/T 2481，见表 4.4。

（4）磨损介质供给系统

如图 4.15 所示，主供料漏斗必须有合适的节流孔，以使（1 000±5）g 磨损介质流入供料漏斗的时间在（450±15）s 内。漏斗可以由金属、玻璃或塑料制成。在节流孔和供料漏斗之间必须有空隙,以使空气和磨损介质一起流入喷枪。

表4.4　36号黑色碳化硅的粒度组成

粒度	最粗粒	粗粒		基本粒		混合粒		细粒
	100%通过下列筛号	不通过筛号	质量分数/%不多于	不通过筛号	质量分数/%不少于	不通过筛号	质量分数/%不少于	通过下列筛号最多3%
36号	20	30	25	35	45	35 40	65	45

(5)实验箱

如图4.15所示,门应开启方便,关闭时能很好密封,并保证一定的压力。在箱顶部留有直径为13 mm的孔,使喷枪垂直安装,喷枪的玻璃喷砂管端部距试样实验面203 mm。

①集尘器:可用集尘布袋安装在实验箱直径为52 mm的排气孔上,排气孔装有阀门来调节实验过程中箱内压力。

②U形测压管:可用带刻度的U形压力计测量实验箱内的压力。在实验箱上部安装内径为6 mm的管子连接U形测压管。

(6)真空表

精确度为2.5级。

2.天平

感量为0.1 g,称量为2 000～3 000 g。

3.试样

(1)每次需取两块试样进行平行实验。试样尺寸一般为100 mm ×100 mm ×(25～30)mm到114 mm ×114 mm ×(65～76)mm。试样应从耐火砖或成型制品上切割或用不定形材料成型。试样的实验面应平整,无肉眼可见的裂纹。实验结束,如果试样被磨穿,本次实验无效。

(2)耐火浇注料应按YB/T 5202规定制样。试样加热条件按YB/T 5203规定执行,加热温度及保温时间根据浇注料材质确定。

(3)耐火可塑料应按YB/T 5116规定制样。试样加热条件按YB/T 5117规定执行,加热温度及保温时间根据浇注料材质确定。

(4)在试样实验面的背面标记试样编号。

【实验内容及步骤】

(1)实验前在105～110 ℃温度下,将试样干燥至恒量。试样干燥至最后两次称量之差不大于其前一次的0.1%即为恒量。

(2)称量试样,精确至0.1 g,测量试样长、宽、厚,计算试样的体积。

(3)将试样的实验面(磨损面114 mm ×114 mm或100 mm ×100 mm)以与喷砂管成垂直的方向,置于距喷砂管端部203 mm位置。对于不定形耐火材料试样,应将最能反映实际使用的面(即上部镘光面或底部注模面)作为实验面。

(4)关闭实验箱门,接通压缩空气,将压力调至448 kPa处,在磨损介质通过装置前后检查空气压力。

（5）用 U 形测压管测量实验箱内压力，调整排气孔阀门，使箱内压力在 311 Pa（31.7 mm 水柱）水位处。

（6）压缩空气到达喷枪处，箱内压力调整好后，用真空表检查文氏管内真空度，使之真空度大于 0.05 MPa。如真空度达不到要求，则应检查喷砂管位置及空压机状况。然后将（1 000±5）g 的干燥磨损介质缓慢均匀地倒入主供料漏斗（主供料漏斗不要装得太满，更不可溢出来），使磨损介质在（450±15）s 内送出。

（7）碳化硅磨损介质最多只用三次。每次实验后，需筛去 20 号筛（0.85 mm）的筛上料和通过 45 号筛（0.355 mm）的筛下料。

（8）从实验箱内取出耐火材料试样，扫去粉尘后，称量精确至 0.1 g。

【结果计算】

（1）根据质量与体积，计算出试样的体积密度。

（2）按下式计算每个试样的磨损量

$$A=(M_1-M_2)/B=M/B$$

式中　　B——体积密度，g/cm^3；

　　　　M_1——实验前试样质量，g；

　　　　M_2——实验后试样质量，g；

　　　　M——试样质量损失，g。

（3）体积密度和磨损量均精确到小数点后 2 位。

【注意事项】

设备使用前要校正误差：用 10～12 mm 厚的无色透明浮法平板玻璃作为准标样，其两次重复实验的数据偏差不能超过 7%。

【思考题】

（1）分析耐火材料耐磨性和硬度之间的内在联系。

（2）阐述影响耐火材料常温耐磨性的主要因素。

实验九 耐火泥浆冷态抗剪黏结强度的检测

【实验目的】

掌握耐火泥浆与耐火砖之间的抗剪黏结强度的检测方法。

【实验原理】

耐火泥浆的抗剪黏结强度是试件所能承受的最大剪切力与试件的黏结面积的比值，即黏结面的极限平均剪应力。测定时，用供实验的耐火泥浆将耐火砖试块黏结，经烘干或烧结后，于室温下进行抗剪实验直至黏结面断裂。

【实验设备及材料】

(1)试验机：可采用油压式或杠杆式的加荷装置，均应能以规定的加荷速率均匀加荷，测力示值的误差不大于±2%。

(2)搅拌机：采用 GB 177—77《水泥胶砂强度检验方法》中所规定的搅拌机，搅拌叶与搅拌锅的材质应对耐火泥浆的理化性质没有影响。

(3)干燥箱：采用装有温度调节器的电热干燥箱。

(4)针入度测定器：采用 YB/T 5121—93《耐火泥浆稠度实验方法》中规定的针入度测定器。

(5)架盘天平：最大载荷为 2 kg，感量为 2 g。

(6)卡尺：感量为 0.1 mm。

(7)加热炉：应能满足实验内容及步骤中第(6)条所规定的加热条件。

(8)热电偶高温计。

【实验内容及步骤】

(1)试样的制备

①从每批产品中取 1 袋或 50 kg，用四分法或二分器缩分至 5 kg 作为试样。

②按照图 4.17 及表 4.5 所示尺寸制备供实验用耐火砖试块三对。试块各边尺寸允许偏差为±0.5 mm。试块应边角垂直，无裂纹，表面平整，黏结面清洁。

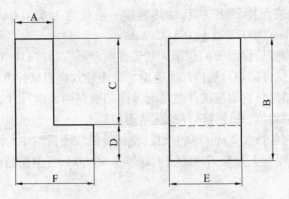

图 4.17   实验用耐火砖的形状

表 4.5   试样的尺寸   mm

尺寸代号	耐火砖	耐火隔热砖
A	20	30
B	65	75
C	45	45
D	20	30
E	40	40
F	42	62

③试块在使用前置于干燥箱中,在(110±5)℃烘干 8 h 以上,然后冷却至室温。

(2)将试样再用四分法或二分器缩分后用架盘天平称取试样 1.5 kg。

(3)根据稠度要求,按 YB/T 5121—93 的规定加水于试样中,放在搅拌机中搅拌 10 min,达到拌合均匀,然后放置 30 min。

(4)将拌合好的耐火泥浆涂抹在烘干后的试砖黏结面上,黏结成如图 4.18 所示的试件并做成规定的砖缝(无特别规定时为 2 mm),用刮刀刮去多余的泥浆。重复上述操作,制作三个试件。试件上下两面应平行。

(5)试件在室温下静置,自然干燥 24 h。

(6)将自然干燥后的试件小心地移入干燥箱。由室温先升温至(65±5)℃,保温 4 h 以上,然后升温至(110±5)℃,再烘干 12 h 以上。

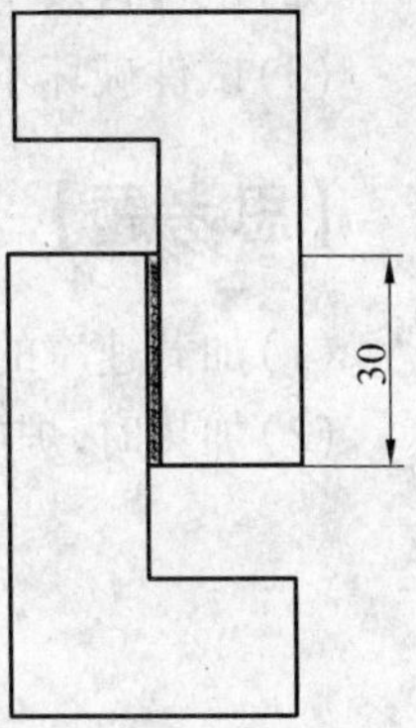

(7)烧结后抗剪黏结强度实验,试件的加热按以下规定进行。

①在加热炉炉底平撒上高温下不与试样起作用的耐火细砂(如电熔刚玉砂、一等铝矾土熟料砂等)。

图 4.18   试样黏结部位示意图

②将烘干后的试件放到加热炉膛的均温带,试件之间的间距及试件与均热板之间的间距不应少于 10 mm。无均热板时,试件与发热体之间的间距不应少于 20 mm,且使发热体的辐射热不直射试件的砖缝。

③加热时,炉内应保持氧化气氛,加热速度一般规定为 5 ℃/min。对于硅质泥浆,600 ℃以下为 3 ℃/min;600 ℃以上为 5 ℃/min。

④升到规定的温度后保温 3 h,保温期间温度波动不应超过±10 ℃。

⑤保温结束后,试件随炉自然冷却至室温。黏土质及高铝试件可在 200 ℃以下出炉。

⑥在烘干或烧结后分别测量试件黏结面纵向和横向两处的尺寸,精确到 0.1 mm,求出每个方向尺寸的平均值,并计算试件的黏结面积。

⑦在试件上下面各垫放 2 mm 厚的纸板,使试验机加压板的中心对准试件砖缝,然后均匀加荷,加荷速度原则上为 5～7 kgf/s(1 kgf≈9.806 N),直至黏结面断裂,记录断裂时的最大载荷。

【结果计算】

(1)按下式计算抗剪黏结强度:

$$B_S = \frac{F}{A} \tag{1}$$

式中　B_S——抗剪黏结强度,kgf/cm^2(9.806×10^4 Pa);

　　　F——试件黏结面断裂时的最大载荷,Kgf;

　　　A——试件的黏结面积,cm^2。

(2)抗剪黏结强度取三个试件的计算值的平均值。

(3)抗剪黏结强度计算至小数点后 1 位数。

【注意事项】

(1)一般采用与实验的耐火泥浆同材质的耐火砖或耐火隔热砖;对特种耐火泥浆,则采用与之配合使用的特定耐火砖或耐火隔热砖。

(2)试件自然干燥、烘干、加热时,均宜侧放。

(3)试件破坏不发生在黏结面的应注明。

【思考题】

(1)加载速率的改变是否会影响抗剪黏结强度的测试结果? 为什么?

(2)加热时,炉内为什么要保持氧化气氛?

实验十　耐火材料高温抗折强度的检测

【实验目的】

(1)掌握定形烧成耐火制品高温抗折强度的检测方法。

(2)了解高温抗折强度指标在判定耐火材料性能优劣方面的重要性。

【实验原理】

将试样加热到实验温度,保温至规定的温度分布,以恒定的加荷速率施加应力直至试样断裂。

抗折强度:具有一定尺寸的耐火材料条形试样,在三点弯曲装置上受弯时所能承受的最大应力。

实验温度:试样张力面中点的温度。

【实验设备及材料】

(1)加荷装置,符合下列要求:

①加荷装置应具有两个下刀口和一个上刀口,三个刀口应互相平行。下刀口之间的距离为(125±2)mm,上刀口应放置在两个下刀口的正中,精确至±2 mm(见图4.19)。

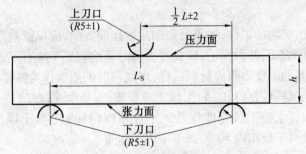

图4.19　弯曲装置原理图

②刀口和试样在实验温度下接触时应不发生任何反应。

③刀口长度比试样宽度应至少长5 mm,刀口的曲率半径应为(5±1)mm,使用过程中刀口应定期检查,以保证其曲率半径符合规定。

④两个下刀口应在同一水平面上,其间距应在室温下测量,精确至±0.5 mm。

⑤加荷装置应能以规定的加荷速率对试样均匀地加荷,并应具备记录或指示试样断裂时载荷的装置,示值精度应为±2%。

（2）实验炉，应符合下列要求：

①实验炉应能同时加热加荷装置和试样，并且在实验时使试样上温度均匀分布，温差不超过±10 ℃。

②对于含碳等易氧化试样，实验炉中试样周围的气氛应是中性的或还原性的，以保护试样免于氧化。实验后试样折断处的表面与断面应无氧化变色。为此，应采取下列措施之一：如果用气密的实验炉，应通入纯净的氩气或氮气等保护性气体；如果用非气密的实验炉，用匣钵以石墨粉埋覆试样。

（3）温度测量装置，应符合下列要求：

①应在试样张力面中点附近用校准的热电偶测量温度。

②应事先确定测量的温度和试样张力面中点温度之间的关系，并应按程序定期检查。

③实验期间应使试样张力面中点保持在实验温度下。

【实验内容及步骤】

1. 试样准备

（1）数量：定形耐火制品样品的抽取及数量按规定进行，对不定形耐火材料每组试样应不少于三个。

（2）形状和尺寸

①通常情况下，试样应为长方体，横截面为（25±1）mm×（25±1）mm，长约为150 mm，每个试样长度方向上的相对面应相互平行，允许偏差不超过±0.2 mm，横截面的对边应相互平行，允许偏差不超过0.1 mm，应保证试样表面平滑，棱角完整。如果采用其他尺寸，试样的尺寸变化按5 mm的间隔进行。

②不定形耐火材料试样尺寸可为（40±1）mm×（40±1）mm×160 mm。

③用游标卡尺测量常温下试样中部的长和宽，精确至±0.1 mm。

（3）制样

①由定形制品上切取的试样，如果已知制品的压制方向，应保留垂直于压制方向的一个原砖面做试样的压力面，并做标记，而长度方向的其他表面不应有原砖面。

②使用模型制备的不定形耐火材料试样，以成型时的侧面作为试样的压力面。

③一般情况下，试样应在（110±5）℃烘干至恒重；对易水化试样，应尽可能干切，如需湿切，湿切后用干布将水擦干后立即在鼓风干燥箱内（110±5）℃干燥至恒重；对含碳材料，湿切后立即在鼓风干燥箱内40 ℃以下干燥至恒重。

2. 加热

（1）实验温度推荐使用100 ℃的倍数（如1 000 ℃，1 100 ℃，1 200 ℃……），如果需要也可使用50 ℃的倍数（如1 050 ℃，1 100 ℃，1 150 ℃……）。

（2）将试样置于实验炉内，按试样材质要求控制试样周围气氛，将试样加热到实验温度±10 ℃，升温速率为2～10 ℃/min，最好为4～6 ℃/min。

（3）达到实验温度时，将试样在此温度下保温一定时间，以使试样上温度分布均匀，温差不超过±10 ℃，保温时间应在实验报告中注明。

（4）对于烧成耐火材料，保温时间一般为30 min。

（5）由位于试样压力面中心点附近的热电偶测量的温度在实验过程中的波动不超过±2 ℃。

3. 加荷

（1）将试样对称地置于下刀口上。

（2）使上刀口在试样的压力面中部垂直地均匀加荷，直至断裂。应力增加速率应符合下列规定：

①致密耐火制品：(0.15 ± 0.015) MPa/s；

②隔热耐火制品：(0.05 ± 0.005) MPa/s。

（3）记录试样断裂时的最大载荷（F_{max}）。

【结果计算】

按下式计算抗折强度：

$$R_e = \frac{3}{2} \times \frac{F_{max} L_S}{bh^2}$$

式中 R_e——抗折强度，MPa；

F_{max}——试样断裂时的最大载荷，N；

L_S——支承刀口之间的距离，mm；

b——试样的宽度，mm；

h——试样的高度，mm。

计算结果修约至 1 位小数。

【注意事项】

（1）对每台新实验炉和每当实验条件变化，例如更换加热元件或实验热电偶时，都应对试样温度分布进行预先测量。

（2）在本实验结果计算中给出的公式仅对长条状的试样有效，因此推荐试样高与宽之比及试样高与支撑刀口之间距离之比分别为 $h/b \geqslant 1/3, h/L_S \leqslant 1/4$。

（3）由定形制品上切取试样时，建议采用连续凸缘金刚石刀片切割。

【思考题】

耐火材料高温抗折强度实验时为什么要规定载荷增加速率？

应用型实验

实验十一　耐火材料耐火度的检测

【实验目的】

(1)掌握实验锥的制作方法及耐火度的检测方法。

(2)了解测定耐火材料耐火度的目的和在生产实践中的作用。

【实验原理】

将耐火材料的实验锥与已知耐火度的标准测温锥一起栽在锥台上,在规定的条件下加热并比较实验锥与标准测温锥的弯倒情况来表示实验锥的耐火度。

耐火度:耐火材料在无荷重的条件下抵抗高温而不熔化的特性。

标准测温锥:具有特定的组成和规定形状与尺寸的、带边棱的截头斜三角锥。可在规定的条件下安装并加热,当达到设定温度时,其锥体以已知方式弯倒。

标准测温锥弯倒温度:当安插在锥台上的标准测温锥,在规定的条件下,按规定的加热速率加热时,其锥的尖端弯倒至锥台面时的温度。

【实验设备及材料】

(1)实验炉

①采用立式管状炉(炉管内径最小为 80 mm,安放圆锥台的耐火支柱可回转,并可上下调整)或箱式炉(炉膛有效尺寸不小于长 100 mm、宽 100 mm、高 60 mm),能按照规定的升温速率达到所需要的温度。

②实验时整个锥台所占空间中最大温差不得超过 10 ℃(相当于半个标准锥号),炉温的均匀性可用热电偶或标准测温锥经常检查。

③炉内应保持氧化气氛。

④当使用燃气炉时,标准测温锥和实验锥不能直接受火焰和热气涡流的冲击。

(2)标准测温锥

(3)锥台

①锥台应当是用耐火材料制成的长方体或圆盘,它们的上、下表面应平整并相互平行,并具有锥样起始位置标识。

②锥台和固定实验锥及标准测温锥所用的耐火泥,应在实验温度下,不与实验锥和标准测温锥起反应。

③为了尽量减小实验锥和标准测温锥受热的不均匀性,锥台在实验期间应相对于实验炉运动。

④实验锥成型模具,用不会沾污实验锥的材料制作。

【实验内容及步骤】

1. 试样的制备

模具成型实验锥:从耐火制品或原料块的中心部位按比例地各敲下不带表皮的小块集成总质量约为 150 g,并粉碎至 2 mm 以下。混合均匀后,用四分法或多点取样法缩减至 15~20 g,在研钵中磨碎至过 180 μm 的试验筛,注意经常筛样避免产生过细的颗粒。粉碎和研磨的过程中,不应掺入影响耐火度的杂质。将可塑性粉末试样与水调和,或将非可塑性粉末试样与不影响耐火度的有机结合剂(糊精)调和后,在模具内成型为实验锥,其形状和尺寸均同于标准测温锥,即高为 30 mm,下底边长为 8.44 mm,上底边长为 2 mm 的试锥。成型时所用工具不得沾污实验锥。

切取实验锥:从砖或制品上用锯片切取实验锥,不定形耐火材料的试样应先成型和焙烧然后切取,首先切一个 15 mm×15 mm×40 mm 的长方条,如遇粗糙松脆的试样可用固化剂浸渍固化再切割,然后用砂轮修磨,去掉烧成制品的表皮。

2. 检验方法

用 C 表示试锥;用 N 表示预估的试样耐火度的标准锥;$N-1$ 表示比 N 低一号的标准锥;$N+1$ 则表示比 N 高一号的标准锥。如果是矩形锥台,则按 $N+1$,N,C,$N-1$ 排列,排成两行共八个,行间距为 10 mm。如果是圆形锥台,则按 C,N,$N+1$,C,N,$N-1$ 以均匀间距排列成圆周,共六个。如图 4.20 所示。

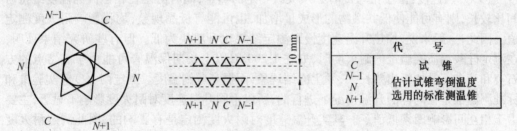

图 4.20 试锥和标准锥在锥台上的排列

根据锥台是圆形还是矩形,按上述规定将试锥和标准测温锥安插在锥台上预留的孔穴上,其深度为 2~3 mm,并用耐火泥固定。锥与锥之间应留有足够空间。插锥时,应使标准测温锥的标号面和实验锥的相应面均面向锥台中心排列,且使该面相对的棱向外倾斜,与垂线的夹角成(8±1)°。

把装有试锥和标准测温锥的锥台置入炉子均温带。在 1.5~2 h 内,把炉温升至比试样估计的耐火度低 200 ℃的温度。再按平均 2.5 ℃/min 匀速升温。当任一试锥弯倒至其尖端接触锥台时,应立即观测标准测温锥的弯倒程度,至最末一个试锥或标准测温锥弯倒至其尖端接触锥台时,便停止实验。

【结果计算】

从炉中取出锥台,以实验锥与标准测温锥的尖端同时接触锥台的标准测温锥的锥号表示实验锥的耐火度;当实验锥的弯倒介于两个相邻标准测温锥之间,顺次记录两个相邻的锥号,如 CN 168~170,来表示实验锥的耐火度;如果实验过程中没有观测到实验锥在预估标准锥温度范围内弯倒,可以在实验锥快弯倒时,用光学高温计或热电偶高温计测量实验锥弯倒时温度,用以决定下次实验时的标准测温锥;凡在实验过程中,有任何一个锥头部或根部先熔化、锥体扭曲变形、锥体偏向一侧弯倒,或者两个实验锥的弯倒偏差大于半个标准测温锥号时,实验应重做。

【注意事项】

(1)试锥的形状和插锥方法:试锥的高度和底边尺寸间的比例关系如加以改变,则对耐火度测定有严重的影响,例如高 45.5 mm,底边 16 mm 的高型锥与高 38.1 mm,底边长 19.1 mm 的矮型锥相比较,其弯倒接触底盘面的温度,高锥型比矮锥型约低 25 ℃。如尺寸不同,但比例关系不变,耐火度测定结果也不变。插锥的深度一般规定为 2~3 mm,若插得太深,测定耐火度值偏高,反之偏低。因此在检验中必须严格按照规定锥形尺寸、插锥角及深度进行。

(2)试样粉碎颗粒大小:耐火度随着试样的分散度(细度)的增大而降低,因为试样分散度大,表面积也随着增大,在高温作用下化学反应的速度加快,因而耐火度降低,例如硅砖检验耐火度试样粒度为<0.2 mm 和 0.075 mm 的两种粒度试样,其耐火度测定值为 1 710 ℃和 1 690 ℃。所以在检验耐火度时必须控制试样的粒度,在粉碎过筛中避免产生过细的颗粒。

(3)升温速度:由于锥弯倒时必须吸收一定的热量,同时由于在相当高的温度维持时间比较长,则有可能使低共融物的形成量增加,也可能有析晶现象,均将影响耐火度测定值。因此,一般来说,加热升温速度慢则测定结果比升温快为低。但有些研究结果证明,在测定硅酸铝质实验锥的耐火度时,如在 1 200 ℃以上长期保温有可能由于高熔点的方石英和莫来石晶体析出并长大,发生冻结现象,而提高弯倒温度。测定耐火度时实验锥和标准测温锥是在同样的升温情况下进行的,所以不同升温速度对耐火度影响不显著,主要由于相互间影响因素抵消了。其实升温速度对耐火度测定是有影响的,因此测定耐火度时必须按照规定升温速度进行。

(4)炉内气氛:如试样成分中含有较多铁质,则在不同的气氛条件下测定耐火度值是不一样的,在还原气氛条件下高价铁被还原为低价铁熔点低,生成的液相黏度也小,会降低耐火度的测定值,所以耐火度测定炉内应保持氧化气氛。

【思考题】

(1)怎样根据实验锥尽可能接近地预估合适的标准测温锥?
(2)耐火度测试时为什么规定采用氧化气氛?
(3)试样的颗粒度对耐火度测试结果有什么影响?

实验十二　荷重软化温度的检测

【实验目的】

(1)掌握测定致密和隔热定形耐火材料荷重软化温度检验的示差升温法以及耐火制品非示差升温法。

(2)了解示差升温法与非示差升温法的区别及适用条件。

方法一：耐火材料示差升温法

【实验原理】

在规定的恒定载荷和升温速率下加热圆柱体试样,直到其产生规定的压缩形变,记录升温时试样的形变,测定产生规定形变量时的相应温度。

荷重软化温度:耐火材料在规定的升温条件下,承受恒定荷载产生规定变形时的温度。

【实验设备及材料】

1. 加荷装置

(1)加荷装置能沿加压棒、试样和支承棒的公共轴心线垂直施加压力。恒定载荷竖直向下直接施加于试样上面,试样的形变由通过加压棒或支承棒中心的测量装置来测量。测量装置通过支承棒中心装置在整个设备下方。

(2)支承棒:直径至少为 45 mm,并带有轴向孔。

(3)加压棒:直径至少为 45 mm。

(4)上、下垫片:厚度为 5 ~ 10 mm,直径至少为 50.5 mm,不小于试样的实际直径,采用与待测材料相匹配的耐火材料制作。每个垫片的表面平整且相互平行,如果试样和垫片之间预期会发生化学反应,试样和垫片之间应放置铂或铂铑垫片。

(5)加压棒、支承棒和上下垫片及试样的位置如图 4.21 和图 4.22 所示。

(6)荷载:在给定的载荷下,加荷装置直到最终的实验温度应不发生明显变形。

2. 实验炉

最好具有竖直的轴线,应能使整个压棒系统易于安放,应能在空气中按规定的升温速率加热。额定温度在 1 700 ℃ 以上。当实验炉温达到 500 ℃ 以上时,试样周围(上下12.5 mm)的温度应均匀,温差保持在 ±20 ℃ 以内。

3. 测量装置

（1）外刚玉管，放置在支承棒内，紧顶下垫片的下表面，并可在支承棒内自由移动。

（2）内刚玉管，放置在外刚玉管内，并通过下垫片和试样的中心孔紧顶上垫片的下表面，并能在外刚玉管、下垫片和试样之间自由移动。

内外刚玉管，上下垫片和试样的布置见图 4.21 和图 4.22 所示。把一个合适的测量装置固定在外刚玉管的一端，由内刚玉管传动，灵敏度至少为 0.005 mm。

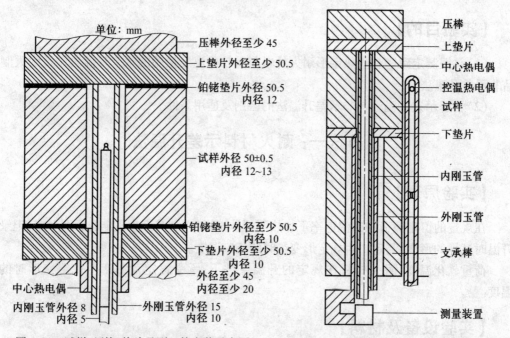

图 4.21 试样、压棒、热片及刚玉管安装示意图　　图 4.22 测量装置在试样下部的示意图

4. 温度测量装置

（1）中心热电偶：插入内刚玉管，焊点置于试样中部，用于测量试样几何中心的温度。

（2）控温热电偶：由铂或铂铑丝组成，装在保护管内，放置在试样外部，用于控制升温速率，可以连接到温度-位移记录系统。

5. 游标卡尺

分度值为 0.1 mm。

【实验内容及步骤】

（1）试样制备：试样为中心带通孔的圆柱体，直径为（50±0.5）mm，高为（50±0.5）mm，中心通孔直径为 12～13 mm，并与圆柱体同轴。圆柱体试样的轴向应与制品的压制方向一致。试样的上下端面应确保平整且相互平行并与圆柱体轴线垂直。圆柱体表面不能有肉眼可见缺陷，游标卡尺测量试样任何两点的高度差不应超过 0.2 mm。

（2）试样测量：测量试样的高度及内外径，精确到 0.1 mm。将试样放在加压棒和支承棒之间，并用垫片隔开，调整测量装置至合适位置并将其放入炉内。

（3）加压：对加压棒施加一定的载荷，包括加压棒的质量，使得试样上受到的压应力为:致密定形耐火材料 0.2 MPa;定性隔热耐火材料 0.05 MPa。压应力误差为±2%,总应力精确至整数 1 N。

(4)加热:升温速率一般为(4.5~5.5)℃/min,对致密定形耐火材料,当温度超过 500 ℃时,可采用 10 K/min 的升温速率。升温速率由控温热电偶调节。

(5)实验记录:实验过程中,记录试样中心的温度和测量装置的读数,记录间隔不超过 5 min,当达到最大膨胀点时,温度和变形的记录间隔为 15 s。按一定的升温速率连续加热,直到达到允许的最高温度或变形超过试样原始高度的 5% 为止。

【结果计算】

如图 4.23 所示,将实验结果绘制曲线 C_1,C_1 代表试样高度变化百分率与中心热电偶测量温度的关系,不计刚玉管长度的变化。确定内刚玉管在试样中心孔的长度变化 H 和温度的关系。绘制 H 随温度变化的校正曲线 C_2。绘制校正后曲线 C_3,在任何给定温度下,$AB=CD$。通过校正曲线的最高点画平行于温度轴的直线,试样在温度 T 时的变形量 H 等于直线的纵坐标与该温度下校正曲线的纵坐标之差。在曲线上标出试样变形量相对于试样初始高度为 0.5%、1%、2%、5% 的点,以及对应的温度 $T_{0.5}$、T_1、T_2 和 T_5。

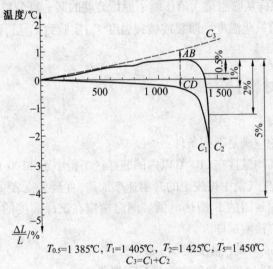

$T_{0.5} = 1\ 385℃$, $T_1 = 1\ 405℃$, $T_2 = 1\ 425℃$, $T_5 = 1\ 450℃$
$C_3 = C_1 + C_2$

图 4.23　在给定温度下试样的变形量与温度关系的实例

【注意事项】

(1)在结果计算中可利用生产商给定的内刚玉管所用烧结刚玉材料的线膨胀进行校正,直到 1 500 ℃。

(2)为确保试样端面必须平整,可将其两端面依次压在衬有复印纸的硬滤纸(厚度 0.15 mm)上,或采取印邮戳的方式,如果印痕不清晰、不完整则应重新磨平。也可以用直尺测量试样的平整度。或者将试样的一个端面放置在一个平面上,角尺的一边应与此面接触,另一边应与试样圆柱面接触,其柱面与角尺之间的间隙不超过 0.5 mm。

（3）实验炉的选择应能使整个压棒系统易于安放，可以通过移动支承棒，或当支承棒移动移入炉体受限时移动炉体本身，整个装置应是加压棒和试样竖直放置并与支承棒同轴。

（4）热电偶应定期校验精度。

（5）测量铝硅酸盐制品时采用高温烧成莫来石或氧化铝材料制作的垫片；测量碱性制品时采用氧化镁或尖晶石材料制作的垫片。

方法二：耐火制品非示差升温法

【实验原理】

在恒定的荷重和升温速率下，圆柱体试样受荷重和高温的共同作用产生变形，测定其规定变形程度的相应温度。本实验涉及的定义如下：

荷重软化温度：耐火制品在规定升温条件下，承受恒定压负荷产生变形的温度。

最大膨胀值温度 T_0：试样膨胀到最大值时的温度。

$x\%$ 变形温度 T_x：试样从膨胀最大值压缩了原始高度的某一百分数（x）时的温度。当 $x=0.6$ 时，即 $T_{0.6}$ 称开始软化温度。溃裂或破裂温度 T_b：实验到 T_b 后，试样突然溃裂或破裂时的温度。

【实验设备及材料】

（1）加热系统

①加热炉，电加热炉应满足下列条件：

a. 竖式圆形炉膛，其均温性在 ±10 ℃ 以内的装样区不得小于 $\phi100\ mm \times 75\ mm$。

b. 加热炉应能在空气气氛中按规定的升温速率加热，直至实验结束。

②热电偶：采用一端封闭的 B 型热电偶。测温端应在试样高度的一半处，且尽可能地接近试样表面，但不应接触试样。

③温度记录控制仪或微机：精度为 0.5 级。

（2）加荷系统，给试样加荷的装置应能满足下列条件：

①沿压棒、试样、支承棒及垫片的公共轴线施加负荷，其压应力不得小于 0.20 MPa。

②机械摩擦力及惯性力不得超过 4 N。

③压棒和垫片可采用石墨制品。用该压棒材质的圆柱体代替试样进行空白实验，从室温加热到实验炉最高温度，不得有压缩变形，同时整个加荷系统的膨胀量，每 100 ℃ 不得大于 0.2 mm。

④变形测量装置：百分表或位移传感器，其精度不小于 0.01 mm。若同时采用百分表和位移传感器，两者以 90° ~120° 间隔安装。

（3）游标卡尺：分度值为 0.02 mm。

（4）电热鼓风干燥箱。

【实验内容及步骤】

（1）试样制备

①取样：应保证试样的高度方向为制品成型时的加压方向。

②形状尺寸：圆柱体试样，直径为（36±0.5）mm；高为（50±0.5）mm。

③外观质量：两底面平整度和平行度均不应大于0.2 mm，底面与主轴的垂直度不应大于0.4 mm。试样不应有因制样而造成的缺边、裂纹等缺陷或水化现象。

（2）试样干燥：试样应于（110±5）℃或允许的较高的温度下在电热干燥箱内鼓风干燥至恒重。

（3）试样测量：尺寸测量准确到0.1 mm。

（4）装样

①将试样放入炉内均温区的中心，并在试样的上、下两底面与压棒和支承棒之间，垫以厚约10 mm，直径约50 mm的垫片。

②压棒、垫片、试样、支承棒及加荷机械系统，应垂直平稳地同轴安装，不得偏斜。

③调整好变形测量装置和测温热电偶。

（5）加荷

①对试样施加的荷重，包括压棒、垫片的质量及加荷机械系统施加的压力，应准确到±2%以内。

②对致密定形耐火制品施加的压应力为0.2 MPa。

③对特殊制品，如隔热制品，按制品的技术条件规定加荷。

（6）加热：按下列规定的升温速率连续均匀地加热，直至实验结束。

①温度小于等于1 000 ℃时，升温速率为5~10 ℃/min；

②温度大于1 000 ℃时，升温速率为4~5 ℃/min。

（7）记录

①每隔10 min须将时间、温度、变形以及其他特征记录一次，临近试样膨胀最大值时，必须及时观察记录。

②试样膨胀到最大值时应及时记录最大膨胀值及温度T_0。

③记录实验结束时的变形量及温度。

④对镁质及硅质制品出现溃裂或破裂时，记录溃裂或破裂时的温度T_b。

⑤能够自动记录并绘制"温度、变形、时间"曲线时，应记录并绘制"温度-时间"、"变形-时间"及"变形-温度"曲线。

（8）实验终止：出现下列情况之一，则终止实验。

①达到了实验温度，即试样自膨胀最大值变形到要求的某一百分数，如$T_{0.6}$。

②达到了加热炉的最高使用温度。

③硅质及镁质制品，产生溃裂或破裂。

④其他异常情况。

【结果计算】

(1)一般情况下,报告 T_0、$T_{0.6}$,必要时报告 T_b。依据制品的技术条件,可以 T_x 作为实验结果。若加热炉已达到了使用的最高温度,而试样变形尚未达到规定要求,则报告变形百分数和相应的温度。

(2)实验误差

同一实验室同一样品不同试样的复验误差不得超过 20 ℃。

不同实验室同一样品不同试样的复验误差不得超过 30 ℃。

【注意事项】

实验只要出现下列情形之一,需重新进行实验:

(1)实验过程中,加压系统明显向一侧偏斜。

(2)实验后,试样上底面与下底面错开 4 mm 以上,或者试样周围的高度相差 2 mm 以上。

(3)试样的一边熔化或有其他加热不均匀的现象;或因测温口进入空气后对试样产生显著影响而呈现淡色圆斑。

(4)同时采用了百分表和位移传感器,而其变形不一致者。

(5)其他异常情况。

【思考题】

(1)实验方法一中为什么测量的是试样几何中心点的温度而不是表面温度?

(2)为什么要限定试样的加热升温速率?

(3)加热气氛对实验结果有没有影响?

(4)示差法与非示差法有何异同?实验结果可能有何差异?

实验十三　耐火制品抗热震性的检测(水急冷法)

【实验目的】

(1)掌握水急冷法检测耐火制品的原理、步骤和结果的处理方法以及适用的条件。

(2)了解空气急冷检测法和水急冷-裂纹判定检测法分别适用的条件。

【实验原理】

在规定的实验温度和水冷介质条件下,一定形状和尺寸的试样,在经受急热急冷的温度突变后,通过测量其受热端面破损程度来确定耐火制品的抗热震性。本检测法适用于烧成耐火制品;而空气急冷法适用于碱性耐火制品、硅质耐火制品、熔铸耐火制品、显气孔率大于45%的耐火制品以及与水相互作用或水急冷法热震次数少难以判定抗热震性优劣的耐火制品的抗热震性能的检测;水急冷-裂纹判定法适用于测定长水口、浸入式水口、塞棒及定径水口等耐火材料的抗热震性检测。

抗热震性:耐火制品对温度急剧变化所产生破损的抵抗性能。

水急冷法:试样经受急热后,以5～35 ℃流动的水作为冷却介质急剧冷却的方法。

【实验设备及材料】

(1)加热炉:采用电加热炉。

①炉温应能达到1 100 ℃以上,装入试样后,炉温降低应不大于50 ℃,5 min 内便能复原至1 100 ℃,并能控制在±10 ℃内。

②装样区炉温分布均匀,保证各试样的受热端面之间的温度差小于15 ℃。

③均温区至少可容纳三块试样同时进行实验。

(2)热电偶:采用 S 型热电偶,且一端封闭,封闭端距试样受热端面为10～20 mm。

(3)温度控制仪:1 级。

(4)流动水槽:至少可容纳三块以上试样同时进行急冷,并保证流入和流出水槽水的温升不得大于10 ℃。

(5)试样夹持器:能同时夹持3～6块试样,并能调节试样入炉及入水深度。

(6)电热鼓风干燥箱、方格网(网孔尺寸为5 mm×5 mm)、钢板尺等。

【实验内容及步骤】

(1)试样的制备:供检验用的试样样品及数量,按该制品标准的技术条件规定取样。

试样尺寸及形状为长约为(200～230)mm,宽为(100～150)mm,厚为(50～100)mm的直形砖。从每块样品中各切取或磨取一块试样,试样的受热端面为制品的工作面,应做好标记。不得有因制样而造成的裂纹等缺陷,否则另行制样。

(2)试样的干燥。须在(110±5)℃下或者允许的更高的温度下烘干至恒重。

(3)装样。将试样装在试样夹持器上,一次最多装六块。试样间距不小于10 mm,试样不能叠放。要保证试样50 mm长一段能够经受急冷急热,在试样夹持部分,试样间须用厚度大于10 mm的隔热材料填充。用方格网测量试样受热端面的方格数。

(4)试样急热过程

①将加热炉升至(1 100±10)℃,保温15 min后,将试样迅速移入炉膛内,使受热端面距离炉门内侧为(50±5)mm,距发热体表面应不小于30 mm。用隔热材料及时堵塞试样及炉门的间隙。

②试样入炉后,允许炉温降低50 ℃以内,在5 min内使炉温迅速恢复至1 100 ℃。试样在1 100 ℃下保持20 min。

(5)试样急冷过程

①保温过程完毕后,立即由炉中取出试样,迅速使其受热端浸入流动水5～35 ℃中约(50±5)mm深,距水槽底不小于20 mm,调节水流量,使流入和流出水槽水的温升不得大于10 ℃。

②试样在水槽中急冷3 min后,立即取出,放在空气中自然干燥不小于5 min。在试样急冷过程中,及时关闭炉门,炉温度应保持在(1 100±10)℃范围内。

③观测和记录试样受热端面和其侧面的破裂情况。

(6)试样反复热交替过程

①当试样在空气中保持5 min后,炉温恢复到1 100 ℃,即可按上述规定反复急热急冷试样,直至实验结束。

②在热交替过程中,严禁试样与炉门或水槽发生机械损伤,反复热交替过程必须连续进行,直至实验结束。

【结果计算】

(1)用方格网直接测量实验前试样受热端面的方格数 A_1,实验后破损的方格数 A_2。按下式计算试样受热端面破损率:

$$P = \frac{A_2}{A_1} \times 100\% \qquad (1)$$

式中　P——试样受热端面破损率,%;

A_1——实验前试样受热端面方格数,个;

A_2——实验后试样受热端面破损的方格数,个。

破损率取整数。当 $P = (50±5)\%$ 时,称试样受热端面破损一半。

(2)试样耐急冷急热次数的计算方法如下:

①在急冷过程中,试样受热端面破损一半时,该次急热急冷循环可作为有效的计算。

②在检验过程中,试样受热端面若受外力作用而破损,则其检验结果应作废。

【注意事项】

当试样受热端面破损一半时,即为实验结束。

【思考题】

(1)试样的尺寸对热震稳定性实验结果有何影响?

(2)为什么碱性制品不宜用水冷法测试热震稳定性?

实验十四 耐火材料抗渣性的检测(静态坩埚法)

【实验目的】

(1)掌握静态坩埚法测定耐火材料抗渣性的检验方法。

(2)了解耐火材料抗渣性检验的其他三种方法,以及每种测定方法的适用条件。

【实验原理】

目前抗渣性的测定方法很多,常用的方法有:

(1)静态坩埚法:适宜于各种炉渣对耐火材料抗渣侵蚀性能比较实验。

(2)静止试样浸渣通气法:适宜于高炉用耐火材料抗渣性实验。

(3)转动试样浸渣通气法:适宜于高温下、熔融的动态炉渣对耐火材料的冲刷、侵蚀性实验。

(4)回转渣蚀法:适宜于高温下,熔融的动态炉渣对耐火材料的渗透、冲刷性实验。

本实验采用第一种检测方法,将耐火材料试样制成坩埚状,坩埚内装有炉渣置于炉内,高温下炉渣与坩埚试样发生反应。以炉渣对试样剖面的侵蚀量(深度、面积、面积百分率)和渗透量(深度、面积、面积百分率)评价材料抗渣性的优劣。本实验涉及的有关定义如下:

①抗渣性:耐火材料在高温下抵抗溶渣渗透、侵蚀和冲刷的能力。

②侵蚀面:试样与炉渣发生反应,导致试样剖面腐蚀、变形和破坏的部分。

③渗透面:试样与炉渣发生反应,导致试样剖面出现明显的被炉渣浸润(含浸蚀)的斑痕部分。

④侵蚀深度:以与炉渣接触的试样原表面为起点,试样剖面被侵蚀的长度。单位为 mm。

⑤渗透深度:以与炉渣接触的试样原表面为起点,试样剖面被渗透(含侵蚀)的长度。单位为 mm。

⑥侵蚀面积百分率:试样剖面被炉渣侵蚀的面积与试样剖面总面积之比的百分率。

⑦渗透面积百分率:试样剖面被炉渣渗透的面积(含侵蚀面积)与试样剖面总面积之比的百分率。

【实验设备及材料】

(1)天平:感量不大于 0.01 g。

（2）游标卡尺：分度值为 0.02 mm。

（3）电热干燥箱：工作温度为室温至 300 ℃。

（4）渣侵蚀及渗透测量装置：应能精确测量试样被炉渣侵蚀和渗透的量的大小，并能提供试样实验前后的图片加以说明。

（5）实验炉：电炉或其他类型的炉子，能根据升温曲线加热和保温，最高使用温度不低于 1 650 ℃，炉腔内最大温差小于等于 10 ℃，保温期间装样区温度波动小于等于 10 ℃。

（6）热电偶及温度测量装置：能满足炉子升温、控温的要求。

（7）炉渣：应与实验材料在使用条件下所遇到的渣的成分相一致且应粉碎至 0.1 mm 以下，混合均匀。

【实验内容及步骤】

（1）试样制备：试样制成长×宽×高分别为 70 mm×70 mm×(65～70) mm 的长方体，或 ϕ70 mm×(65～70) mm 的圆柱体，尺寸偏差不得大于 0.5 mm，沿试样成形方向，在试样顶面的中心，钻取内径为 40～42 mm，深度为(35±2.0) mm 的坩埚，坩埚的内壁和底部应磨平，内部不允许有裂缝。一般同一实验温度需用两个试样。

（2）试样干燥：坩埚试样和炉渣应在实验前于(110±5)℃ 干燥 2 h。

（3）试样测量：用游标卡尺测量坩埚孔直径和深度，精确到 0.5 mm。

（4）试样加热：称取 2 份约为 70 g 的等量炉渣填满坩埚试样，如有必要也可将炉渣捣实。将装好炉渣的坩埚试样放入炉腔的均温区，每个坩埚试样之间距离约 20 mm。每只坩埚试样底部需垫同材质的约 30 mm 厚的垫板，垫板上铺高温垫砂。也可将坩埚试样置于较大的坩埚中，防止损坏炉子。按 50 ℃ 间隔选择实验温度或根据需要选择实验温度。按 5～10 ℃/min 速率升至比炉渣熔融温度低 50～100 ℃ 时，再按 1～2 ℃/min 速率升温，直至实验温度。

（5）试样保温及冷却：根据炉渣性质或根据需要确定保温时间，通常为 3 h。保温结束后，坩埚试样随炉自然冷却至室温。沿坩埚的轴线方向对称切开。

【结果计算】

在坩埚试样剖面上，用彩笔标记 65 mm×65 mm 的区域作为测量区的总面积 S(不包括坩埚凹面的面积)。测量坩埚试样剖面被炉渣侵蚀及渗透的量的大小。如果需要，可将实验后画有侵蚀面和渗透面边线的坩埚试样剖面照相，并描述坩埚试样被炉渣侵蚀和渗透的情况。

（1）计算机测绘：在坩埚试样剖面上，沿侵蚀面和渗透面的边，用彩笔分别画出侵蚀面和渗透面的边线，将坩埚试样剖面的图像扫描到计算机，由计算机计算出坩埚试样剖面被炉渣侵蚀和渗透的深度(两侧和底面)、面积及侵蚀面积百分率和渗透面积百分率。

（2）手工计算：在坩埚试样剖面上，沿侵蚀面和渗透面的边，用彩笔分别画出侵蚀面和渗透面的边线，用求积法分别计算出坩埚试样剖面的总面积、被炉渣侵蚀和渗透的深度(两侧和底面)、渗透面积、侵蚀面积及侵蚀面积百分率和渗透面积百分率。

按下式计算侵蚀面积百分率：

$$C = 100C_1/S \qquad\qquad (1)$$

式中　S——坩埚试样剖面的总面积，mm^2；

　　　C_1——坩埚试样剖面被侵蚀的面积，mm^2。

按下式计算渗透面积百分率：

$$P = 100P_1/S \qquad\qquad (2)$$

式中　S——坩埚试样剖面的总面积，mm^2；

　　　P_1——坩埚试样剖面被渗透的面积，mm^2。

实验结果修约至整数，实验结束后，如发现坩埚试样剖面已严重开裂或碎裂，相关参数已无法测量，应在实验报告中注明。计算机测绘两次重复测量的偏差应小于等于5%；手工计算两次重复测量的偏差小于等于10%；手工计算和计算机测绘的偏差应小于等于10%。

【注意事项】

(1)坩埚试样剖面仅指平面部分。

(2)定形制品的试样制取部位，按该制品标准的技术条件规定取样。

【思考题】

(1)放入坩埚中的炉渣捣实与否对实验结果有影响吗？

(2)制作实验坩埚时应注意什么？

实验十五　耐火材料抗氧化性的检测

【实验目的】

掌握含碳耐火材料抗氧化性的原理及检测方法。

含氧化抑制剂的含碳耐火材料和不含氧化抑制剂的含碳耐火材料的实验原理、设备、步骤等是不同的,因此分开阐述。该方法适用于镁碳砖、铝碳砖抗氧化性的测定。

抗氧化性:规定尺寸的试样,在高温氧化气氛中抵抗氧化的能力。

碳化:对碳质材料(如沥青或树脂)结合或浸渍的耐火材料试样,除去挥发成分,以保留其残存碳的热处理过程。

含氧化抑制剂的含碳耐火材料

【实验原理】

将试样置于高温炉内,在氧化气氛中按规定的加热速率加热至实验温度,并在该温度下保持一定时间,冷却至室温后切成两半,测量其脱碳层厚度。

【实验设备及材料】

(1)高温炉:应能以规定的加热速率(见实验内容及步骤第(5)条)将规定尺寸的试样加热至实验温度(见实验内容及步骤第(4)条),并保持一定的时间,其均温区的最大温差不得大于 20 ℃。

(2)鼓风装置:应满足实验内容及步骤第(3)条的规定。

(3)转子流量计:介质为空气,流量为 1~10 L/min。

(4)氧化铝管:其长度应满足实验内容及步骤第(3)条的规定。

(5)游标卡尺:分度值为 0.05 mm。

【实验内容及步骤】

(1)试样的制备

①数量:每组试样为 2 个。

②形状和尺寸:试样边长为(50±2)mm 的立方体或直径与高度为(50±2)mm 的圆柱体。对厚度小于 50 mm 的砖(制品),以其厚度作为立方体试样的一维尺寸或圆柱体试样的高,并应在实验报告中注明。

③制备:每组试样应在同一块砖(制品)来制取。如果知道砖(制品)的压制方向,则应在制取的试样上作标记。

(2)将试样放在约 30 mm 厚的镁质垫片上,压制面向上(如果已知),置于炉内均温区。试样不得叠放。试样之间、试样与炉壁之间的距离均不得小于 50 mm。热电偶的端点应位于两试样之间,比试样高约 10 mm。

(3)将鼓风装置、流量计、氧化铝管依次相连。将氧化铝管从炉门上的预留孔水平插入炉内距炉壁约 5 mm 处。从供电开始,以 4 L/min 的流量向炉内通空气。

(4)实验温度推荐为 1 400 ℃。

(5)应以下列升温速率将试样加热至实验温度(表4.6)。

表4.6　不同温度范围的升温速率

温度范围	升温速度
室温 ~ 1 000 ℃	8 ~ 10 ℃/min
1 000 ℃ ~ 实验温度	8 ~ 10 ℃/min

(6)保温时间一般为 2 h。保温时温度波动不应超过±5 ℃。

(7)保温结束,停止供电并停止通空气。试样随炉冷却至约 100 ℃取出,置于干燥器中冷却。

(8)将试样沿立方体(或圆柱体)轴线方向垂直切成两半,然后用游标卡尺,分别于立方体试样两个切面每边中点的垂直平分线上,或圆柱体试样两个切面相互垂直的直径上,测量脱碳层(包括变色层)厚度。

【结果计算】

(1)按下式计算每个试样的脱碳层厚度,至小数点后第 1 位。

$$L = \frac{(l_1 + l_2 + l_3 + l_4) + (l_1' + l_2' + l_3' + l_4')}{8}$$

式中　L——脱碳层厚度,mm;

　　　l_1、l_2、l_3、l_4——自试样一个切面四边测量的脱碳层厚度,mm;

　　　l_1'、l_2'、l_3'、l_4'——自试样另一个切面四边测量的脱碳层厚度,mm。

(2)实验砖(制品)的抗氧化性,以两个试样脱碳层厚度的平均值表示。

不含氧化抑制剂的含碳耐火材料

【实验原理】

将试样首先进行碳化,测定残存碳含量,称量碳化后的质量。然后置于高温炉内,在氧化气氛中按规定的加热速率加热至实验温度,并在该温度下保持一定时间,冷却至室温后,称量氧化后的质量。利用所测数值,计算其失碳率。

【实验设备及材料】

(1)高温炉:应能以规定的加热速率(见实验内容及步骤第(4)条中⑤的规定)将规定尺寸的试样加热至实验温度(见实验内容及步骤第(4)条中④的规定),并保持一定的时间,其均温区的最大温差不得大于20 ℃。

(2)鼓风装置:应满足实验内容及步骤第(4)条中③的规定。

(3)转子流量计:介质为空气,流量为1~10 L/min。

(4)氧化铝管:其长度应满足实验内容及步骤第(4)条中③的规定。

(5)工业天平:最大量程为1 000 g,感量为0.01 g。

(6)炉子:应能容纳碳化盒,并能满足实验内容及步骤第(2)条中②的规定。

(7)碳化盒与盖板:用3 mm厚,适于在1 000 ℃下使用的耐热钢制作,其尺寸应如图4.24所示。

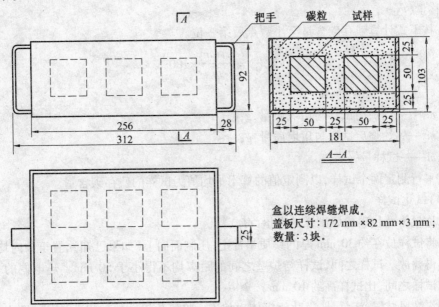

图4.24 碳化盒和盖板

(8)冶金焦:粒度为0.5~2 mm,使用前应于碳化盒中在(1 000±10)℃预烧2 h,然后储存在干燥条件下。

【实验内容及步骤】

(1)试样的制备

①数量:每组试样应为三个。

②形状和尺寸:试样应为边长(50±2) mm的立方体。对厚度小于50 mm的砖(制品),以其厚度作为试样的一维尺寸,并应在实验报告中注明。

③制备:每组试样应在同一块砖(制品)来制取。如果知道砖(制品)的压制方向,则

应在制取的试样上作标记。

（2）碳化试样

①装样：在碳化盒底上放一层厚约 25 mm 的冶金焦，将试样放在焦层上，试样之间、试样与盒壁之间的距离均约 25 mm（见图 4.24）。需要时，用与试样尺寸相同、化学组成类似的其他试样填空。倒入冶金焦，使试样埋在其中，然后并列放上三块盖板。

②碳化：将装好试样的碳化盒置于炉中，使热电偶端点距盒壁约 10 mm。以 8 ~ 10 ℃/min 的速率升温至（1 000±10）℃，保持 5 h。然后，碳化盒随炉冷却，至约 100 ℃ 移出，取出试样，置干燥器中冷却至室温，除去黏于试样上的焦炭。

（3）测定残存碳含量

①将一块碳化后的试样，取其一半，用振动研磨机磨至粒度小于 0.125 mm。

②取约 5 g 粉末试样，放入已恒量的坩埚中，称量（m_1）。

③将坩埚置于高温炉中，从低温开始逐渐升温至（1 100±100）℃，保温 2 h，冷却至室温后，称量（m_2）。

④按下式计算残存碳含量至小数点后第一位。

$$c(\%)=\frac{m_1-m_2}{m}\times100\%$$ （1）

式中　c——残存碳含量，%；

　　　m_1——灼烧前试样与坩埚质量，g；

　　　m_2——灼烧后试样与坩埚质量，g；

　　　m——试样量，g。

⑤平行测定两个试样，以测定值的算术平均值为试样的残存碳含量。

（4）氧化试样

①称量另两块碳化后试样的质量（M_1）。

②将试样放在约 30 mm 厚的镁质垫片上，压制面向上（如果已知），置于炉内均温区。试样不得叠放。试样之间、试样与炉壁之间的距离均不得小于 50 mm。热电偶的端点应位于两试样之间，比试样高约 10 mm。

③将鼓风装置、流量计、氧化铝管依次相连。将氧化铝管从炉门上的预留孔水平插入炉内距炉壁约 5 mm 处。从供电开始，以 4 L/min 的流量向炉内通空气。

④实验温度，推荐为 1 200 ℃。

⑤按表 4.6 中升温速率将试样加热至实验温度。

⑥保温时间一般为 2 h，保温时温度波动不应超过±5 ℃。

⑦保温结束，停止供电并停止通空气。试样随炉冷却至约 100 ℃ 取出，置于干燥器中冷却。

⑧于试样自炉中取出 1 h 内，称量其质量（M_2）。

【结果计算】

（1）按下式计算每个试样的失碳率，至小数点后第 1 位。

$$C_1 = \frac{M_1 - M_2}{M_1 c} \times 100\% \qquad (2)$$

式中　C_1——失碳率,%;

　　　M_1——试样碳化后的质量,g;

　　　M_2——试样氧化后的质量,g;

　　　c——试样的残存碳含量,%。

(2)实验砖(制品)的抗氧化性,以两个试样失碳率的平均值表示。

【注意事项】

(1)制备试样时如湿切,须用鼓风干燥箱在 40 ℃ 以下鼓风干燥至恒量;试样在潮湿状态下存放不得超过 30 min。

(2)试样研磨完毕,应随即称量(m_1),试样灼烧后,待坩埚冷却至室温,即应称量(m_2),以减少吸潮引入的误差。

【思考题】

(1)影响耐火材料抗氧化性的因素主要有哪些?

(2)加热速率的改变是否会影响失碳率的计算结果? 为什么?

实验十六 致密定形耐火制品 耐硫酸侵蚀性能的检测

【实验目的】

掌握致密定形耐火制品耐硫酸侵蚀性的检测方法。

【实验原理】

按规定方法制备的试样,放入浓度为 70%(m/m)沸硫酸中浸蚀 6 h。然后测定质量损失,以试样初始质量的百分率表示。

【实验设备及材料】

(1)刚玉质研钵或其他合适的粉碎装置。

(2)试验筛:筛孔为 0.63 mm、0.80 mm,应符合 GB/T 6003 的要求。

(3)天平:感量为 0.001 g。

(4)圆底三角烧瓶:容量为 500 mL。

(5)250 mm 长的螺旋冷凝管。

(6)沙浴或油浴器:恒温范围为室温至 300 ℃。

(7)玻璃砂芯坩埚:砂芯滤片平均滤孔为 40~80 μm,容量不小 30 mL。

(8)烘箱:能将温度控制在(110±50)℃。

(9)试剂

①70%(m/m)硫酸,用分析纯浓硫酸配制。

②氯化钡溶液,浓度为 50 g/L,用分析纯氯化钡(固体)配制。

③蒸馏水或纯度相当的水。

【实验内容及步骤】

(1)试样的制备

①样品应按 GB/T 10325 取样方案取样。

②从每个样品的中心部位和边角部位均匀敲取总重约 250 g 的碎块。

③把上述碎块置于粉碎装置中,随磨随筛至全部通过 0.80 mm 筛。

④用 0.63 mm 筛筛分全部通过 0.80 mm 筛试料,用蒸馏水冲洗筛上料,去除所有尘粒,即得粒径为 0.63~0.80 mm 的颗粒试样。

⑤把试样置于(110±5)℃烘箱中干燥至恒量,取出放入干燥器中冷却至室温。

(2)至少做两个平行实验。

(3)每个实验称已干燥试样 20 g(质量 m_1),精确到 0.001 g。

(4)把称好的试样放入 500 mL 圆底三角烧瓶中,倒入 200 mL 硫酸淹没试样。

(5)将装入试样的烧瓶置于沙浴或油浴器中,接上螺旋冷凝管,开启冷凝水至试样酸蚀时间结束时止;约 30 min 加热至微沸并保持 6 h 后,从沙浴或油浴器中取出烧瓶,自然冷却 1 h,轻轻倒掉浮在残存试样上面的澄清酸液。然后倒入约 300 mL 蒸馏水,将烧瓶中的溶液和所有残存试样逐步倒入预先干燥并称量至 0.001 g 的玻璃砂芯坩埚中,自然过滤酸液。用蒸馏水反复清洗过滤坩埚中的残存试样,直至向滤液中加几滴氯化钡溶液后无白色絮状物产生为止。

(6)将残存试样连同坩埚一起置于(110±5)℃的烘箱中干燥至恒量,取出放入干燥器中冷却至室温。

(7)称量装有残存试样坩埚的质量,精确到 0.001 g。计算残存试样质量 m_2。

【结果计算】

(1)根据下式计算试样的酸蚀质量损失,用初始质量的百分率表示:

$$R_A = \frac{m_1 - m_2}{m_1} \times 100\%$$

式中　R_A——试样的酸蚀率,%;

　　　m_1——试样的初始质量,g;

　　　m_2——残存试样质量,g。

(2)计算结果保留至小数点后 2 位。

【注意事项】

(1)使用硫酸时一定要戴橡胶耐酸碱手套,轻拿轻放,避免与还原剂、碱类、碱金属接触。稀释或制备溶液时,应把酸加入水中,避免沸腾和飞溅。

(2)如果皮肤直接接触硫酸,要用棉布先吸去皮肤上的硫酸,再用大量流动清水冲洗,最后用 0.01% 的苏打水(或稀氨水)浸泡,切勿直接冲洗!

(3)对于实验中产生的废硫酸,要缓慢加入碱液-石灰水中,并不断搅拌,反应停止后,用大量水冲入废水系统。

【思考题】

(1)影响耐火材料耐酸性的因素主要有哪些?

(2)显气孔率高低是否会影响耐火材料的耐酸性优劣? 为什么?

(3)在哪些耐火材料中要特别关注其抗硫酸性能?

实验十七　耐火材料抗碱性的检测

【实验目的】

掌握耐火材料抗碱性的检测方法,其适用于高炉内衬用黏土质、高铝质、碳化硅质及铝质耐火材料抗碱侵蚀性实验。

【实验原理】

在 1 100 ℃温度下,K_2CO_3 与木炭反应生成碱蒸气,对耐火材料试样发生侵蚀作用,生成新的碱金属的硅酸盐和碳酸盐化合物,使材料性能发生变化。

耐火材料抗碱性:耐火材料在一定温度条件下抵抗碱金属蒸气化学侵蚀的能力。

【实验设备及材料】

(1)实验装置示意图如图 4.25 所示。

(2)实验炉

①卧式抗碱实验加热炉 1 台,最高加热温度为 1 300 ℃,炉膛直径不小于 110 mm,保温期间恒温区长度不小于 100 mm,温差不大于±8 ℃。

②一氧化碳气体发生炉 1 台,一氧化碳气体发生量不小于 1.0 L/h,一氧化碳气体经过滤、清洗后,纯度达到 98% 以上。

(3)温度测量及控制装置

①用带保护套管的(外径 8 mm)铂铑-铂热电偶进行温度测量,保护套管顶端必须与石墨坩埚接触。

②配套控温毫伏计 0 ~ 1 600 ℃两块。

(4)石墨坩埚

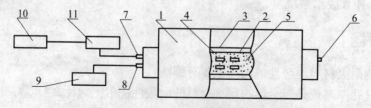

图 4.25　耐火材料抗碱性实验装置示意图

1—加热炉;2—石墨坩埚;3—刚玉管;4—试样;5—K_2CO_3 与木炭混合粉;6—出气管;7—进气管;8—热电偶;
9—毫伏计;10——氧化碳发生器;11—过滤装置

①带盖坩埚材质选用石墨化 100% （X 射线峰值完整）的石墨加工而成,坩埚盖与坩

埚以粗牙丝扣连接。

②坩埚内径为 80 mm,厚 5 mm,高 80 mm。

(5)试剂:化学纯 K_2CO_3 和粒径小于 2.0 mm 的木炭粉,按 1∶1(质量)的配比拌匀。

(6)氮气:瓶装工业氮气。

【实验内容及步骤】

(1)试样的制备

①形状和尺寸:试样为立方体,尺寸为 20 mm×20 mm×20 mm,偏差不大于±0.1 mm。平行度、垂直度的偏差均不大于1%。

②制备:试样在 4 块整砖中按图 4.26 所示部位切取,研磨成立方体,要求试样六面光滑,棱角完整,相对面平行。1~4 号试样做抗碱实验,5~8 号试样做常温耐压强度测定,其余试样备用(参见 GB 5072,4.4 条)。

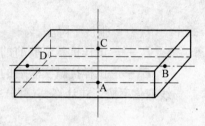

图 4.26　取样部位示意图

③数量:每组试样 16 个。

(2)试样尺寸测量:用千分之一游标卡尺测量,并记录试样的三维尺寸,精确至±0.1 mm。

(3)装样:

①木炭粉须先在 150 ℃下烘干 30 min。K_2CO_3 必须与木炭在加热状态下混匀,以免吸潮。

②装样时,必须首先在坩埚底层铺试剂 5 mm 厚装第一层试样,然后铺试剂 3 mm 再装第二层,不允许木炭与 K_2CO_3 有分层现象。试样与坩埚壁之间的间隙不小于 3 mm。

③装好试样的石墨坩埚旋上石墨盖并留一扣空隙,送进炉管中,置于炉内的恒温区,在炉管进气方向石墨坩埚前,装入少量 3~5 mm 的木炭块。

④测温管与通气管在炉管同一端,测温热电偶保护套管必须接触石墨坩埚,以保证测温的准确性。

⑤装好试样后,炉管两端严格密封,出气管引出室外。

(4)加热

①一氧化碳气体发生炉升温至(950±5)℃,将发生的一氧化碳通入炉管中,同时接通加热炉的电源,按 10 ℃/min 升温至(1 100±8)℃,保温 30 h。

②炉温达到 1 100 ℃后,按(1±0.1) L/min 的流量将30% CO+70% N_2 的混合气体通入炉管中。

(5)冷却

①保温结束后,试样随炉自然冷却到 300 ℃以下,停气同时夹住炉管两端进出气管,以免外界空气吸入。

②继续冷却至室温,取出试样。

(6)强度测量。

【结果计算】

(1)目测评定

一类:表面黑色无缺损,断口仅侵蚀1~4mm;

二类:表面黑色边角缺损严重,有细小裂缝,整个断口为灰黑色,只有核心少量未侵蚀;

三类:表面黑色且有明显裂缝,边角缺损严重,整个断口黑色。

(2)结果计算

强度下降率按下式计算,以百分率表示:

$$P_t = \frac{P_0 - P_1}{P_0} \times 100\% \tag{1}$$

式中　　P_t—— 强度下降率,%;

　　　　P_0—— 试样抗碱实验前的常温耐压强度,MPa;

　　　　P_1—— 试样抗碱实验后的常温耐压强度,MPa。

线变化率按下式计算,以百分率表示:

$$L_c = \frac{L_1 - L_0}{L_0} \times 100\% \tag{2}$$

式中　　L_c—— 抗碱实验后试样线变化率,%;

　　　　L_1—— 抗碱实验后试样长度,mm;

　　　　L_0—— 抗碱实验前试样长度,mm。

计算每个试样的线变化率,取算术平均值。线膨胀以"+"号表示,线收缩以"-"号表示。

(3)显微结构检验:观察碱侵蚀后试样的显微结构,并根据表4.7内容划分等级。

表4.7　碱侵蚀后试样显微结构的等级划分

显　微　结　构	等级
空隙多被无定形碳充填,砖多被碱侵蚀生成含钾的硅酸盐或碳酸盐化合物(砖保持原状,裂纹较小)	一类
空隙多被无定形碳、K_2CO_3充填,砖局部和颗粒料周边被碱侵蚀生成钾霞石和石榴子石化合物(砖裂纹较大)	二类
空隙多被无定形碳、K_2CO_3、铝酸钾充填,砖几乎完全被碱侵蚀生成钾霞石和石榴子石化合物(砖破裂)	三类

【注意事项】

(1)应将强度下降率作为主要评价依据,线变化率作为评价辅助依据。

(2)显微结构检验根据实际需求作判断参考。

【思考题】

(1)影响耐火材料抗碱性的因素主要有哪些?

(2)在哪些耐火材料中要特别关注其抗碱性能?

综合(创新)型实验

实验十八　耐火材料的试制

1. 综合(设计)型实验的准备阶段

(1)选题

在以下不同材质的耐火砖中选择一种试制。

①黏土质耐火砖的试制；

②高铝质耐火砖的试制；

③硅质耐火砖的试制；

④方镁石质耐火砖的试制。

(2)查阅文献

通过查阅大量的中外文献资料,熟悉所选耐火砖组成、结构、制备工艺及性能表征等多方面的知识和理论,了解所选耐火砖的国内外研究现状、存在问题及发展趋势。

(3)编写开题报告

内容包括:①题目;②该耐火材料制品的重要作用及应用领域;③该耐火材料制品的国内外研究现状、存在问题及发展趋势;④详述实施该项目的实验方案、实验内容及实施手段等;⑤工作计划与日程安排;⑥提出该项目预期达到的目标。

(4)开题报告的审阅

开题报告经指导教师审阅,教师根据现有的实验条件、经费与时间安排,同意批准后方可进行实验准备。

2. 综合(设计)型实验的实施阶段

以硅砖为例,说明实施阶段的各项内容:

(1)组分的设计及配方的计算

根据预期目标及实验条件选择硅砖的三元系统,进行组分设计。与硅砖制品有关的三元系统中有实际意义的主要有:$CaO-Al_2O_3-SiO_2$ 系统、$CaO-FeO-SiO_2$ 系统、$CaO-Fe_2O_3-SiO_2$ 系统、$Na_2O-Al_2O_3-SiO_2$ 系统等。

根据组分设计,选择所需的原料(主要包括硅石、废硅砖、石灰、矿化剂、有机结合剂等),并对用料的粒度、用量、级配等提出具体的要求。准备好所需原料后,计算制备耐火砖时原料的实际配方及各种配比。

(2)配料与混练

根据设计好的配方及配比,称取硅石(分粗、中、细多级颗粒级配以满足最紧密堆积原则)、废硅砖(分粗、中、细多级颗粒级配以满足最紧密堆积原则)、石灰(转换成石灰乳备用)、矿化剂、有机结合剂等原料,备用。

先将硅石和废硅砖的中-粗骨料倒入塑料桶内,搅拌混匀,再加入结合剂,用玻璃棒搅拌(1~2) min,使之分布均匀并使骨料充分润湿。再加入细粉、矿化剂及石灰乳(可同时加入,也可先加入细粉、石灰乳,拌匀后再加矿化剂)搅拌 3 min,使之均匀。

将混合好的泥料在混碾机上充分混练,直至满足以下标准:

①用手捏即成团(但不出水),轻搓后即散开,表明水分适当;

②手捏成团,泥料致密,无明显孔隙表明粒度级配合理;

③当泥球核心为骨料,每个泥球内只有一个骨料颗粒时,表明混合均匀。

将初混的泥料"困料"处理,即在室温和平常湿度下贮放 3~4 h,然后再二次混练。

(3)半干法成型

用游标卡尺测量模具内径,计算其横断面积,并根据横断面积计算出坯体每得到 1 MPa压力(压强)所需总压力。

分别以不同的成型压力压制生坯,计算出各个坯体的体积密度,并制作出成型压力-体积密度曲线图。在成型操作过程中,加压、卸荷、脱模等过程要轻、慢。

对成型过程中生坯产生下述缺陷:飞边、掉角、孔洞、颗粒碎裂、层裂纹等作仔细观察并分析产生原因,改进配方和工艺加以克服。

(4)干燥

将压制好的生坯砖在空气中自然干燥 4 h 后,放入干燥器中依制定的干燥制度干燥,使砖坯中水分能缓慢均匀地排出,防止产生开裂现象。

(5)烧成

硅砖在烧成过程中会发生相变,是一个复杂的物理化学过程,并有较大的体积变化。要根据砖坯在烧成过程中发生的一系列物理化学变化及相变等因素制定合理的烧成制度。烧成实验可在硅钼炉中进行,实验程序如下:

①烧成用的仪器、设备及器具。

a. 放置生坯砖的器具:根据耐火砖的易烧性确定最高烧结温度及范围,选择适用的耐火匣钵。

b. 高温电炉:根据最高烧成温度选用。常用电炉的发热元件为硅钼棒或硅碳棒,根据最高烧成温度决定使用哪种煅烧温度。硅碳棒电炉,一般可耐 1 300 ℃,硅钼棒电炉一般可耐 1 600 ℃。

c. 热电偶:用标准热电偶在一定条件下校正。

d. 辅助设备用器具:长柄钳子、石棉手套、防护眼镜或面具等。

e. 要求:高温炉容易损坏,在实验中要求学会硅碳棒或硅钼棒电炉的安装技术,如炉膛的装配、万用表使用、硅碳(钼)棒电阻的测量及连接方式(并、串联等)、电阻值的计算等。此外,应掌握与电炉箱配套的仪表(电流表、电压表、电位差计、变压器)的使用方法及接线方式等,有时控制仪表均装在控制箱内,要学会使用与维修。

②根据砖坯在烧成过程中发生的一系列物理化学变化及相变等因素制定合理的烧成制度。要考虑如下问题:

a. 600 ℃以下,根据坯体自由水的去除,α 石英和 β 石英的转变以及伴随的体积效应等因素,制定合理的升温速度;

b. 600~1 100 ℃,根据砖坯的体积变化、应力状态等因素,制定合理的升温速度;

c.1 100～1 300 ℃、1 300～1 350 ℃、1 350～1 430 ℃都属于高温阶段,要分别根据不同阶段的体积变化幅度、相变强度、压力等因素,制定合理的升温速度和保温时间。

d. 降温:根据降温过程中的相变及应力状态制定合理的降温速度。

要求:在此实验中要求记录升温和降温过程,以时间为横坐标,以温度为纵坐标,绘出温度-时间曲线。待炉温冷却至100 ℃以下后,取出坯体,观察记录烧成前后的外观特征、质量、尺寸,并列表计算坯体在烧成前后的直径方向、高度方向的线膨胀率、失重率、体积密度等。

(6)耐火砖的性能测试

①耐火砖断面的观察分析:敲开耐火砖,观察并分析断面特征(颜色、颗粒分布均匀程度、颗粒结合是否牢固、气孔形态、大小、含量、是否有掉渣洞、黑心等)。

②测试耐火砖的气孔率、吸水率、体积密度及常温抗压、抗折强度等。

③利用 SEM 观察耐火砖断面的组织结构特征及断裂特征。

④利用 XRD 半定量化确定耐火砖的物相组成。

⑤磨制薄片,在光学显微镜下观察并分析:晶体的形态、种类、粒径,玻璃相的分布与含量,气孔的形状、大小、分布等组织结构特征。

3. 综合(创新)型实验的结束阶段

(1)实验过程中要大量有针对性地查阅资料、文献以夯实理论基础、拓展研究思路、增强创新能力。

(2)将实验得到的数据进行归纳、整理与分类并进行数据处理与分析,找出规律性或用数理统计方法建立关系式或经验公式。如果认为某些数据不可靠可补作若干实验或采用平行验证实验,对比后决定数据取舍。

(3)根据拟题方案及项目要求写出总结性实验报告。实验报告内容包括:该耐火材料的重要作用及应用领域;国内外研究现状、存在问题及发展趋势;选题依据;实验原理、方法、仪器设备、制备工艺过程、性能表征手段等;实验结果分析与讨论(针对实验过程的原始数据,结合性能表征结果,运用所学知识进行分析和讨论;并尝试建立经验关系式,如成型压力与体积密度、吸水率、收缩或膨胀率;烧成制度与体积密度、吸水率、收缩或膨胀率以及材料显微结构等的关系);存在的问题及下一步拟作的工作;结论;参考文献;附件。

(4)成绩评定,由指导教师根据学生在实验过程中的表现和实验报告的撰写质量考核完成。

4. 实验安排

(1)分组

由指导教师根据实验人数,专业特点统一协调并进行分组,一般为5～6人/组,并要求各组实验专题重点有所侧重,即可根据目前国内外研究动态、存在的问题及科技发展方向制定系列的、渐变的实验技术路线和实施方案。实验贯穿课程理论学习的整个过程中,以利于学以致用,有的放矢,提高学习的积极性。

(2)实验部署

由理论教学教师在学期初始布置任务,实验教学教师原则上不专门安排理论课堂教学,实验教学可稍微安排在理论教学的中后期阶段。

参考文献

[1] 全国耐火材料标准化技术委员会,中国标准出版社第五编辑室. 耐火材料标准汇编(上册)[G]. 3版. 北京:中国标准出版社,2007.

[2] 全国耐火材料标准化技术委员会,中国标准出版社第五编辑室. 耐火材料标准汇编(中册)[G]. 3版. 北京:中国标准出版社,2007.

[3] 全国耐火材料标准化技术委员会,中国标准出版社第五编辑室. 耐火材料标准汇编(下册)[G]. 3版. 北京:中国标准出版社,2007.

[4] 徐恩霞. 无机非金属材料工艺实验[M]. 内蒙古:内蒙古人民出版社,2008.

[5] 施惠生. 无机非金属材料实验[M]. 上海:同济大学出版社,1999.

[6] 于帆. 耐火材料生产质量控制新技术与质量缺陷防治实用手册[M]. 北京:当代中国音像出版社,2004.

[7] 钱之荣,范广举. 耐火材料实用手册[M]. 北京:冶金工业出版社,1992.

[8] 中国冶金百科全书总编辑委员会(耐火材料编辑委员会),冶金工业出版社(中国冶金百科全书)编辑部. 中国冶金百科全书:耐火材料[M]. 北京:冶金工业出版社,1997.

[9] 宋希文. 耐火材料工艺学[M]. 北京:化学工业出版社,2010.

[10] 胡宝玉,等. 特种耐火材料实用技术手册[M]. 北京:冶金工业出版社,2004.

材料科学与工程类实验实习教材

序号	书　名	作者	出版时间	定价	版次	开本
1	"十二五"国家重点图书出版规划项目 应用型学校图书 材料科学基础实验教程	李慧等	2011.9	18.00	1.1	16
2	"十二五"国家重点图书出版规划项目 应用型学校图书 材料基础实验教程(有课件)	徐家文等	2010.12	24.80	1.1	16
3	机械工程材料实验教程	姜　江等	2009.2	12.80	1.3	16
4	高分子科学实验教程	汪建新等	2009.10	30.00	1.1	16
5	无机非金属材料专业实验	周永强等	2002.11	28.00	1.1	16
6	"十二五"国家重点图书出版规划项目 应用型学校图书 无机胶凝材料与耐火材料实验教程	杨力远等	2012.4	38.00	1.1	16
7	材料成型及控制工程生产实习教程	吴士平等	2008.7	26.00	1.1	16